普通高等教育旅游专业“十三五”规划教材

旅游气候学

（第2版）

吴章文 编著

中国林业出版社

内容简介

《旅游气候学》(第2版)包括气象学基础、天气学基础及灾害性天气、旅游气候与小气候、气象要素观测与气候资料整理4篇15章。全书图文并茂，紧密结合作者多年来的旅游工作实践，系统阐述了旅游名城、风景名山、森林公园、景观地段的旅游气候资源、小气候特征、气候与旅游、与旅游者的相互影响及其研究方法。

本书作为国内旅游气候学教材，突出了科学性、系统性、新颖性等特点，具有鲜明的时代特征和广泛的应用前景。它可作为生态旅游、游憩与保护、风景园林等专业的专业基础课教材，也可供旅游业、林业、自然保护、环境保护、规划设计等科研、教学、生产人员参考应用。

图书在版编目(CIP)数据

旅游气候学/吴章文编著. -2版. -北京：中国林业出版社，2016.8
普通高等教育旅游专业“十三五”规划教材
ISBN 978-7-5038-8543-3

Ⅰ.①旅… Ⅱ.①吴… Ⅲ.①旅游-应用气候学-高等学校-教材 Ⅳ.①P46②F590

中国版本图书馆CIP数据核字（2016）第108742号

中国林业出版社·教育出版分社

策划编辑： 许玮
责任编辑： 张东晓
电　话：（010）83143560　　**传　真：**（010）83143516

出版发行　中国林业出版社（100009　北京市西城区德内大街刘海胡同7号）
E-mail：jiaocaipublic@163.com　电话：（010）83143500
网　址：http：//lycb.forestry.gov.cn
经　销　新华书店
印　刷　北京市昌平百善印刷厂
版　次　2016年8月第2版
印　次　2016年8月第1次印刷
开　本　787mm×1092mm　1/16
印　张　17
字　数　392千字
定　价　39.00元

第 2 版序

公元 2001 年 4 月，《旅游气候学》的出版是气候学理论与旅游实践应用紧密结合创造出的一门边缘科学，是学术界的一项创新。

作为专业基础课教材和科研、设计人员的重要参考书，在经历了 15 年的广泛应用后，作者又在基础理论和灾害性天气部分增添了许多与旅游开发利用及趋利避害的气象、气候知识，使原书内容更加丰富。特别是将空气负离子和植物精气列为大气的重要成分，这无论在气象学还是在气候学中是可贵的首创。

空气负离子与植物精气，是广泛存在于自然界的客观物质，但长期以来未受到应有的关注。20 世纪末本世纪初，在著名林业科学家吴楚材及其科研团队的研究推广中才唤起人们的关注与重视。目前，已在森林旅游中推广应用。如今本书作者又将其作为气象要素纳入教材，并提出植物精气应当成为选择和配置造林、绿化树种的重要依据，这对旅游气候的研究和应用又更向前推进了一大步，十分可贵。

综观全书，既有理论阐释，又有实例列举，更有科技创新，是一本系统性、创新性、前沿性、实用性皆备的好书。故欣然为之作序。

原北京林业大学校长、博士生导师
原中国林学会林业气象分会理事长
原中国老教授协会常务副会长
现中国老教授协会顾问
贺庆棠 教授 林学博士

2016 年 8 月 8 日

第1版序

《旅游气候学》是本难得的好书。说它难得，是因为作者编写的难度大；称它是好书，是因为此书系统性、前沿性和实用性皆备。它的出版，称得上是国内旅游界和气象界的一件喜事，值得庆贺。该书为旅游和气象从业人员提供了有关旅游气候方面的大量知识，阐述了气候资源在旅游活动中独特的作用和巨大的吸引力。它的问世，无疑会受到旅游界、气象界及各界人士的欢迎。

该书的第一大特点是系统性。全书共分气象学基础、天气学基础、旅游气候、气象要素观测与气候资料整理四大部分，既全面介绍了有关气象学的基本知识，又将气候与旅游巧妙地结合起来，布局合理，环环相扣，一气呵成。

第二大特点是前沿性。首先表现在该书的立意上，作者在气象、旅游、林业等诸多领域均有较深的研究，能将气候与旅游的关系单独提出来并著之成书，实属难能可贵。其次是书中作者的独特见解，如将气象要素与空气负离子和植物精气等生态旅游资源联系起来，大大丰富了旅游资源的内涵，并把该领域的研究推向了一个新的层次。

第三大特点是实用性。该书既为气象从业人员提供了气象学的基本知识与操作技能，又扩大了旅游从业人员的视野，还为各旅游景区、森林公园、自然保护区等地的开发和建设提供科学的指导依据，能收到立竿见影的效果。

众所周知，当今世界旅游业正处在飞速发展的时期，我国的情况更是如此。在传统的旅游项目服务于大众的前提下，我们还应不断创新。创新不仅只限于经营管理的策略上，更应反映在旅游学科基础理论知识的研究上。唯有如此，才能使旅游业永葆青春活力。气象要素在旅游风景中的体现相当普遍。“山以水为血液，以草为毛发，以烟为神彩，故山得水而活，得草木而华，得烟云而秀美。”可见气象要素在风景旅游中能起到点睛之笔的作用。而“一山有四季，十里不同天”“人间四月芳菲尽，山寺桃花始盛开”等由于气候资源不同而造成的景观差异也常常是吸引游客的一大原因。该书的出版恰好填补了国内此领域研究的空白。

《旅游气候学》着眼于全与新，实与准，而且重点突出，抓住了旅游业发展当中的新发现、新变化、新特点、新成就，是一本应时而生的颇具价值的专业书。它的出版，将对国内旅游气候的基础研究产生积极的推动作用，故乐为之序。

曾任　中国气象学会气候专业委员会主任委员
中国气象科学研究院第一副院长、研究员　张家诚　气象学家
世界气象组织气候专业委员会委员

2001年3月

第 2 版前言

《旅游气候学》自 2001 年 4 月由气象出版社出版发行后，分别于 2002 年 4 月第二次印刷，2006 年 1 月第三次印刷，2010 年全部售完。由于编著者 2010 年 11 月退休，忙于《生态文化概论》《生态旅游学》等书稿的撰写，耽搁了此书第二版的整理。2014 年开始《旅游气候学》的修改、增补，2015 年底完成第二版初稿，并得到中南林业科技大学旅游学院的资助，使此书在中断五年后得以再版。

《旅游气候学》第二版与第一版比较，有如下异同：第一，保持了原书的基础理论和框架结构；第二，纠正了第一版中的错漏；第三，在气象学基础部分增加了大气温室效应、大气阳伞效应、空气负离子、植物精气、臭氧空洞等与旅游开发利用相关的内容；第四，在灾害性天气部分增补了雾霾、沙尘暴、冰冻等旅游中需注意防护和躲避的灾害性天气的发生发展规律及案例；第五，首次将空气负离子和植物精气作为大气成分列入气象学范畴，并在气象要素观测部分补充了空气负离子的测定方法等。其目的是唤醒人类，特别是旅游者和旅游经营者更加重视对这两种强身健体的大气成分的关注和利用。

本书修改、增补过程中，得到中南林业科技大学旅游学院博士生导师钟永德教授的关心和支持；森林旅游研究中心硕士研究生刘冲自始至终帮助搜集整理资料，参与反复修改、增补，在此一并表示感谢。

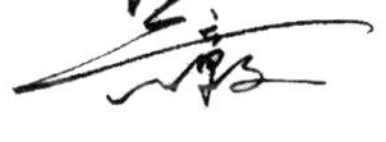

2016 年 1 月 12 日

第1版前言

旅游是非定居者出于和平目的的旅行和逗留而引起的经济与文化、休闲等社会活动的总和。目前全球旅游业总收入已超过了钢铁工业、军火工业和石油工业而跃居首位。我国旅游业诞生于改革开放的年代，30多年来取得了长足的发展和进步。在全球旅游业排行榜上，接待海外旅游者人数已位居第五，1999年旅游外汇收入达141亿美元，名列第七；在国内各产业中，已成为国民经济第三产业中的支柱产业，并进一步成为国民经济新的增长点。当前，我国旅游业又面临中国经济格局的新改变，加入WTO，融入全球一体化经济的新形势。在挑战与机遇并存的时刻，对旅游业不断进行创新已是一件迫在眉睫的事情。

在旅游业高速发展中，高等院校的旅游专业应运而生。1993年，中南林学院成立了全国第一个森林旅游系，招收了第一届森林旅游本科学生。此后，西北林学院、北京林业大学、东北林业大学、南京林业大学、西南林学院等林业院校相继创办了森林旅游或森林游憩与保护专业。气象景观、气候条件，既是人类赖以生存的自然环境，又是旅游环境的重要组成部分，还是一种重要的旅游资源，因此，“旅游气候学”成为旅游专业的一门必修课。为满足高等旅游教育发展的需要，笔者根据使用过八轮的旅游气候学讲义，编写了这本《旅游气候学》教材，作为引玉之砖。

“旅游气候学”是气象学一个新的分支，是高等院校旅游专业的一门专业基础课，其目的在于使学生掌握必要的气象学基本理论和测定技术，了解气象与旅游业的关系，为学习“生态学”“森林旅游学”“旅游规划设计”“导游业务”等专业课程以及今后能独立解决旅游工作中的气象气候问题奠定坚实的基础。

全书分为四篇十四章，前三篇为基础理论与实践应用部分，第四篇是技能技巧训练部分。在编写过程中，力求做到理论联系实际，内容安排、取材深度、编写篇幅适合专业需要；为开拓学生思路，有的章节列举了几类范例(如旅游气候资源)。书中基础理论部分主要参考非气象专业的气象学教材，实践应用部分主要来源于笔者的科研成果。

在本书的编写过程中，得到了北京林业大学森林气象学博士、气象学教授、博士生导师贺庆棠校长的指导。中南林学院孟明浩、胡卫华、张咏等同志参加了校对工作。在此表示衷心感谢！

由于笔者水平有限，书中难免有错漏和不妥之处，恳请读者批评指正。

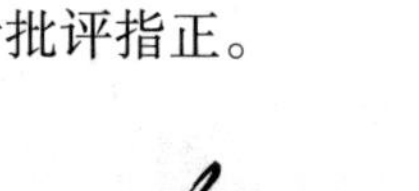

2001年3月

目 录

第 2 版序
第 1 版序
第 2 版前言
第 1 版前言

第 0 章　绪　论 ……………………………………………… (1)
0.1　气象学概述 ……………………………………………… (1)
0.2　气候学发展简史 ……………………………………… (2)
0.3　气象、气候与旅游 …………………………………… (3)

第 1 篇　气象学基础

第 1 章　大　气 ……………………………………………… (6)
1.1　大气的组成 ……………………………………………… (6)
1.1.1　干洁空气 ……………………………………………… (6)
1.1.2　主要大气成分的性质 ……………………………… (6)
1.2　大气的铅直分层 ……………………………………… (9)
1.2.1　对流层 ………………………………………………… (9)
1.2.2　平流层 ………………………………………………… (10)
1.2.3　中间层 ………………………………………………… (10)
1.2.4　热层 …………………………………………………… (11)
1.2.5　外大气层 ……………………………………………… (11)
1.3　大气温室效应 ………………………………………… (11)
1.3.1　大气温室效应 ………………………………………… (11)
1.3.2　温室气体 ……………………………………………… (11)
1.4　大气阳伞效应 ………………………………………… (12)
1.5　臭氧空洞 ……………………………………………… (12)
1.5.1　臭氧层 ………………………………………………… (12)
1.5.2　臭氧层的作用 ………………………………………… (12)

1.5.3 臭氧层空洞 …… (13)
1.6 植物精气的作用 …… (13)
1.6.1 植物精气的化学成分 …… (13)
1.6.2 植物精气的主要作用 …… (13)
1.6.3 植物精气的保护与开发利用 …… (14)

第2章 太阳辐射和地面净辐射 …… (15)
2.1 辐射的基本知识 …… (15)
2.1.1 定义 …… (15)
2.1.2 辐射的基本特征量 …… (16)
2.1.3 辐射定律 …… (16)
2.1.4 物体的吸收率、反射率和透射率 …… (16)
2.2 太阳辐射 …… (17)
2.2.1 概述 …… (17)
2.2.2 太阳在天空中的位置 …… (17)
2.2.3 太阳辐射光谱 …… (19)
2.2.4 太阳常数 …… (19)
2.3 到达地面的太阳辐射 …… (20)
2.3.1 太阳辐射在大气中的减弱 …… (20)
2.3.2 影响减弱的因子 …… (20)
2.3.3 到达地面的太阳辐射能 …… (21)
2.3.4 地面吸收的太阳总辐射 …… (22)
2.3.5 太阳总辐射的日变化和年变化 …… (23)
2.3.6 光合有效辐射 …… (24)
2.3.7 日照 …… (24)
2.4 地面有效辐射 …… (25)
2.4.1 地面辐射 …… (25)
2.4.2 大气辐射 …… (25)
2.4.3 地面有效辐射 …… (25)
2.5 地面净辐射 …… (26)
2.6 太阳辐射对人体的影响 …… (27)
2.7 大气中的光现象 …… (27)
2.7.1 天空蓝色 …… (27)
2.7.2 曙暮光 …… (28)
2.7.3 朝晚霞 …… (29)
2.7.4 日月变扁 …… (29)
2.7.5 星光闪烁 …… (30)
2.7.6 海市蜃楼 …… (30)

2.7.7 虹和霓 …… (31)
2.7.8 晕和假日 …… (31)
2.7.9 华和峨眉宝光 …… (32)
2.7.10 极光 …… (32)

第3章 空气温度 …… (34)
3.1 近地层气温及其变化 …… (34)
3.1.1 近地层气温变化的原因 …… (34)
3.1.2 近地层气温的变化 …… (35)
3.2 对流层中气温随高度的分布 …… (36)
3.3 空气的绝热变化和大气稳定度 …… (37)
3.3.1 空气的绝热变化 …… (37)
3.3.2 大气的稳定度 …… (38)
3.4 气温与旅游 …… (39)

第4章 大气中的水分 …… (41)
4.1 空气湿度 …… (41)
4.1.1 空气湿度的表示方法 …… (41)
4.1.2 相对湿度的日变化和年变化 …… (43)
4.1.3 相对湿度随高度的变化 …… (44)
4.2 蒸发 …… (44)
4.2.1 蒸发过程的物理实质 …… (44)
4.2.2 水面蒸发 …… (45)
4.2.3 蒸发量 …… (45)
4.3 凝结和凝华 …… (45)
4.3.1 大气中水汽含量达到过饱和状态的过程 …… (46)
4.3.2 凝结(华)核的作用 …… (46)
4.4 水汽凝结物 …… (47)
4.4.1 露和霜 …… (47)
4.4.2 雾凇 …… (47)
4.4.3 雨凇 …… (47)
4.4.4 雾 …… (48)
4.4.5 云 …… (48)
4.5 降水 …… (49)
4.5.1 降水形成的一般物理过程 …… (49)
4.5.2 降水种类 …… (50)
4.5.3 降水距平和降水相对变率 …… (51)
4.6 大气中的水分现象与旅游 …… (51)

4.6.1 奇异的大气降水现象 …………………………………… (51)
4.6.2 水汽凝结现象与旅游 …………………………………… (52)

第5章 气压与风 …………………………………………… (55)
5.1 气压 ……………………………………………………… (55)
5.1.1 气压的定义和单位 …………………………………… (55)
5.1.2 海平面气压和等压线 ………………………………… (55)
5.1.3 气压随高度的分布 …………………………………… (56)
5.1.4 等压面 ………………………………………………… (57)
5.2 作用于运行空气质点上的力 …………………………… (57)
5.2.1 水平气压梯度力 ……………………………………… (57)
5.2.2 水平地转偏向力 ……………………………………… (58)
5.2.3 惯性离心力 …………………………………………… (59)
5.2.4 摩擦力 ………………………………………………… (59)
5.3 风与气压场 ……………………………………………… (60)
5.3.1 自由大气中的风与气压场 …………………………… (60)
5.3.2 摩擦层中的风与气压场 ……………………………… (61)
5.4 风的变化 ………………………………………………… (62)
5.4.1 风的阵性 ……………………………………………… (62)
5.4.2 风的日变化 …………………………………………… (62)
5.4.3 风的年变化 …………………………………………… (62)
5.4.4 风随高度的变化 ……………………………………… (62)
5.4.5 大气环流 ……………………………………………… (63)
5.6 地方性风 ………………………………………………… (64)
5.6.1 山谷风 ………………………………………………… (65)
5.6.2 海陆风 ………………………………………………… (66)
5.6.3 峡谷风 ………………………………………………… (66)
5.6.4 焚风 …………………………………………………… (67)
5.7 风与旅游 ………………………………………………… (67)

第2篇 天气学基础及灾害性天气

第6章 天 气 ……………………………………………… (70)
6.1 天气和天气学定义 ……………………………………… (70)
6.2 天气图简介 ……………………………………………… (71)
6.2.1 地面天气图 …………………………………………… (71)
6.2.2 高空天气图 …………………………………………… (71)
6.3 气团及其天气 …………………………………………… (72)
6.3.1 气团定义 ……………………………………………… (72)

6.3.2 气团源地 …………………………………………………………… (72)
6.3.3 气团分类 …………………………………………………………… (73)
6.3.4 我国主要气团及其天气 …………………………………………… (73)
6.4 锋及其天气 …………………………………………………………… (74)
6.4.1 锋的定义 …………………………………………………………… (74)
6.4.2 锋的分类 …………………………………………………………… (74)
6.4.3 锋面天气 …………………………………………………………… (75)
6.5 高、低气压中的天气 ………………………………………………… (78)
6.5.1 低压及其天气 ……………………………………………………… (78)
6.5.2 高压及其天气 ……………………………………………………… (80)
6.6 高空槽脊及其天气 …………………………………………………… (81)

第7章 灾害性天气 …………………………………………………………… (83)
7.1 寒潮 …………………………………………………………………… (83)
7.1.1 寒潮标准 …………………………………………………………… (83)
7.1.2 寒潮源地和路径 …………………………………………………… (83)
7.1.3 寒潮天气 …………………………………………………………… (85)
7.2 热带气旋和台风 ……………………………………………………… (85)
7.2.1 定义和标准 ………………………………………………………… (85)
7.2.2 台风源地 …………………………………………………………… (86)
7.2.3 台风结构和天气 …………………………………………………… (86)
7.2.4 台风路径 …………………………………………………………… (87)
7.2.5 台风的活动状况 …………………………………………………… (88)
7.3 旱涝 …………………………………………………………………… (89)
7.3.1 旱涝指标 …………………………………………………………… (89)
7.3.2 干旱的时间和地理分布 …………………………………………… (90)
7.3.3 雨涝的时间和地理分布 …………………………………………… (91)
7.4 冰雹 …………………………………………………………………… (91)
7.4.1 冰雹的结构和形成过程 …………………………………………… (92)
7.4.2 冰雹形成的条件 …………………………………………………… (92)
7.4.3 冰雹的地理分布和出现季节 ……………………………………… (93)
7.4.4 冰雹的预防和人工消雹 …………………………………………… (94)
7.5 大风和龙卷风 ………………………………………………………… (94)
7.5.1 大风 ………………………………………………………………… (94)
7.5.2 龙卷风 ……………………………………………………………… (94)
7.6 雾霾(灰霾) …………………………………………………………… (95)
7.6.1 雾霾的概念 ………………………………………………………… (95)
7.6.2 雾和霾的区别 ……………………………………………………… (96)

7.6.3 霾的观察预报等级 …………………………………… (96)
7.6.4 霾的危害 …………………………………… (97)
7.7 沙尘暴 …………………………………… (98)
7.7.1 沙尘天气的相关概念 …………………………………… (98)
7.7.2 沙尘天气的等级划分 …………………………………… (99)
7.7.3 沙尘源地 …………………………………… (100)
7.7.4 空气污染指数 …………………………………… (100)
7.8 冰冻 …………………………………… (101)
7.8.1 冰冻的相关概念 …………………………………… (101)
7.8.2 冰冻的危害 …………………………………… (102)

第3篇 旅游气候

第8章 气候学基础 …………………………………… (106)
8.1 气候的定义 …………………………………… (106)
8.2 气候的成因 …………………………………… (107)
8.2.1 太阳辐射 …………………………………… (107)
8.2.2 环流因素 …………………………………… (108)
8.2.3 地理因素 …………………………………… (109)
8.2.4 人类活动 …………………………………… (110)
8.3 季节 …………………………………… (111)
8.3.1 天文季节 …………………………………… (112)
8.3.2 自然天气季节 …………………………………… (112)
8.3.3 候温季节 …………………………………… (113)
8.3.4 统计季节 …………………………………… (114)
8.3.5 物候季节 …………………………………… (114)
8.4 气候带和气候型 …………………………………… (114)
8.4.1 气候带 …………………………………… (114)
8.4.2 气候型 …………………………………… (119)
8.5 气候的变迁 …………………………………… (121)
8.5.1 地质时期的气候变迁 …………………………………… (121)
8.5.2 历史时期的气候变迁 …………………………………… (122)
8.5.3 近代气候的变迁 …………………………………… (122)
8.5.4 现代气候的变迁 …………………………………… (123)
8.5.4 气候变迁的原因 …………………………………… (124)

第9章 中国旅游气候 …………………………………… (126)
9.1 中国气候特征 …………………………………… (126)
9.1.1 季风性明显 …………………………………… (126)

9.1.2 大陆性很强 …… (129)
9.1.3 温度差异大 …… (132)
9.1.4 降水复杂化 …… (136)
9.2 四季气候与旅游 …… (138)
9.2.1 春季 …… (138)
9.2.2 夏季 …… (141)
9.2.3 秋季 …… (142)
9.2.4 冬季 …… (144)
9.3 部分旅游城市的气候特征 …… (145)
9.3.1 冰城哈尔滨 …… (145)
9.3.2 首都北京 …… (146)
9.3.3 大都市上海 …… (147)
9.3.4 羊城广州 …… (148)
9.3.5 “天府”之都成都 …… (149)
9.3.6 唐城西安 …… (149)
9.3.7 避寒胜地海南岛 …… (150)
9.4 山地旅游气候概述 …… (152)
9.4.1 山岳气候与旅游 …… (152)
9.4.2 高山旅游与气候 …… (152)
9.5 风景名山的旅游气候特征 …… (153)
9.5.1 黄山 …… (153)
9.5.2 庐山 …… (154)
9.5.3 峨眉山 …… (155)
9.5.4 五岳 …… (155)
9.6 云雾景观资源 …… (158)

第10章 林区旅游气候资源 …… (164)
10.1 张家界的气候资源 …… (164)
10.1.1 光能资源 …… (166)
10.1.2 热量资源 …… (168)
10.1.3 水分资源 …… (170)
10.1.4 气候资源的利用 …… (171)
10.2 桃源洞的旅游气候资源 …… (172)
10.2.1 光能资源 …… (172)
10.2.2 热量资源 …… (174)
10.2.3 水分资源 …… (175)
10.2.4 风向风速 …… (178)
10.2.5 旅游的气象气候障碍 …… (179)

10.2.6 桃源洞的气候与旅游 …………………………………… (179)
10.3 阳明山的旅游气候资源 …………………………………… (180)
10.3.1 资料来源 …………………………………… (180)
10.3.2 气候特征 …………………………………… (180)
10.4 三爪仑的旅游气候资源 …………………………………… (183)
10.4.1 三爪仑森林公园概况 …………………………………… (183)
10.4.2 景区自然环境 …………………………………… (183)
10.4.3 旅游气候资源 …………………………………… (184)
10.4.4 气象气候障碍 …………………………………… (188)

第11章 小气候 …………………………………… (190)
11.1 小气候的概念 …………………………………… (190)
11.2 小气候形成的物理基础 …………………………………… (190)
11.2.1 作用面(层)的概念 …………………………………… (190)
11.2.2 小气候形成的物理基础 …………………………………… (191)
11.3 裸地小气候 …………………………………… (192)
11.3.1 气温 …………………………………… (192)
11.3.2 空气相对湿度 …………………………………… (193)
11.3.3 风 …………………………………… (193)
11.4 坡地小气候 …………………………………… (193)
11.4.1 坡地上的日照 …………………………………… (193)
11.4.2 坡地上的辐射 …………………………………… (194)
11.4.3 坡地上的温度和湿度 …………………………………… (194)
11.4.4 坡地上的风和降水 …………………………………… (196)
11.5 森林小气候 …………………………………… (196)
11.5.1 林内辐射 …………………………………… (196)
11.5.2 林内温度 …………………………………… (198)
11.5.3 林内湿度和降水 …………………………………… (199)
11.5.4 林内风速 …………………………………… (200)
11.6 城市小气候 …………………………………… (201)
11.6.1 城市的辐射和光照状况 …………………………………… (201)
11.6.2 城市的温度状况 …………………………………… (202)
11.6.3 城市的风状况 …………………………………… (202)
11.6.4 城市的湿度和云雾降水等状况 …………………………………… (202)
11.7 森林公园小气候 …………………………………… (203)
11.7.1 日照少，日射弱 …………………………………… (203)
11.7.2 气温低，日较差小 …………………………………… (203)
11.7.3 空气清洁，相对湿度大 …………………………………… (204)

11.7.4 静风频率大，平均风速小 …… (204)
11.7.5 空气负离子浓度高 …… (205)
11.7.6 植物精气成分多，相对含量高 …… (205)
11.7.7 气象景观丰富，感觉舒适时间长 …… (205)
11.8 景观地段小气候 …… (206)
11.8.1 青城山景观地段小气候 …… (206)
11.8.2 索契国家公园景观地段小气候 …… (208)

第4篇 气象要素观测与气候资料整理

第12章 日照与空气温度的测定 …… (212)
12.1 日照的测定 …… (212)
12.1.1 乔唐式日照计构造 …… (212)
12.1.2 安装和使用 …… (213)
12.1.3 维护 …… (213)
12.1.4 日照记录纸和记录整理 …… (213)
12.2 空气温度的测定 …… (214)
12.2.1 百叶箱 …… (214)
12.2.2 玻璃液体温度表的测温原理和温标 …… (214)
12.2.3 干湿球温度表、最高和最低温度表 …… (215)
12.2.4 自记温度计 …… (217)

第13章 空气湿度、蒸发、降水、风、气压和空气负离子的测定 …… (221)
13.1 空气湿度的测定 …… (221)
13.1.1 干湿球温度表 …… (221)
13.1.2 通风干湿表 …… (223)
13.1.3 空气湿度的查算 …… (223)
13.1.4 毛发湿度表 …… (225)
13.1.5 毛发湿度计 …… (226)
13.2 蒸发的测定 …… (227)
13.2.1 小型蒸发器构造 …… (228)
13.2.2 安置 …… (228)
13.2.3 观测和记录 …… (228)
13.2.4 维护 …… (228)
13.3 降水的测定 …… (229)
13.3.1 雨量器 …… (229)
13.3.2 虹吸式雨量计 …… (230)
13.4 风的测定 …… (231)
13.4.1 EL型电接风向风速计 …… (231)

13.4.2 轻便风向风速表 …………………………………………………………………… (233)
13.5 气压的测定 ……………………………………………………………………………… (234)
13.5.1 构造和原理 ……………………………………………………………………… (234)
13.5.2 观测和记录 ……………………………………………………………………… (235)
13.5.3 空盒气压表的读数订正 ………………………………………………………… (235)
13.6 空气负离子的测定 ……………………………………………………………………… (237)
13.6.1 构造和原理 ……………………………………………………………………… (237)
13.6.2 空气离子测量仪的使用 ………………………………………………………… (238)
13.6.3 观测和记录 ……………………………………………………………………… (239)
13.6.4 维护 ……………………………………………………………………………… (240)

第 14 章 气候资料的统计整理 ……………………………………………………………… (241)
14.1 地面气象记录月报表和年报表简介 ………………………………………………… (241)
14.1.1 地面气象记录月报表 …………………………………………………………… (241)
14.1.2 地面气象记录年报表 …………………………………………………………… (241)
14.2 气温资料的统计和整理 ……………………………………………………………… (242)
14.2.1 平均气温 ………………………………………………………………………… (242)
14.2.2 气温日较差和年较差 …………………………………………………………… (242)
14.3 平均初、终霜日和无霜期的统计和整理 …………………………………………… (242)
14.4 降水资料的统计和整理 ……………………………………………………………… (243)
14.4.1 平均降水量 ……………………………………………………………………… (243)
14.4.2 降水量(或降水日数)的年变化 ………………………………………………… (243)
14.4.3 降水变率 ………………………………………………………………………… (244)
14.4.4 各级降水量的频率和保证率 …………………………………………………… (245)
14.5 风资料的统计和整理 ………………………………………………………………… (245)
14.5.1 风向频率 ………………………………………………………………………… (245)
14.5.2 风玫瑰图 ………………………………………………………………………… (246)

第 15 章 小气候观测方法 …………………………………………………………………… (248)
15.1 短期观测 ……………………………………………………………………………… (248)
15.1.1 短期流动观测方法 ……………………………………………………………… (248)
15.1.2 短期定位对比观测法 …………………………………………………………… (248)
15.2 长期定位观测 ………………………………………………………………………… (249)
15.2.1 森林气象观测的目的 …………………………………………………………… (250)
15.2.2 森林气象站观测场的建立 ……………………………………………………… (250)
15.2.3 森林气象站观测的项目、时间和观测程序 …………………………………… (251)

参考文献 ……………………………………………………………………………………… (253)

第0章　绪　论

0.1　气象学概述

地球周围围绕着一层深厚的大气层，简称大气。人们习惯称大气为空气。大气不断地进行着增热与冷却、水分蒸发与凝结、辐射能的吸收与放射等物理过程。伴随这些物理过程的发生，出现冷、暖、干、湿、风、云、雨、雪、光、声、雷、电等物理现象。大气中物理现象和物理过程的发生、发展和变化，首先决定于太阳辐射，同时也与大气本身的物理性质和下垫面状况有关。研究大气中所发生的各种物理现象和物理过程的科学称为气象学。

气象学的任务，一是要研究和掌握大气的变化规律；二是要根据所掌握的变化规律，预测大气的变化和发展过程。

气象学上常用太阳辐射、温度、湿度、风向、风速、降水量等可用仪器定量测定的物理量，以及云、雾、霜、能见度等许多目测定性的天气现象来说明大气物理现象，这些用来定性定量描述大气物理过程和物理现象的因子称为气象要素。

气象学的范围广，涉及的问题很多，解决问题的方法也各不相同。随着科学技术的发展，气象学出现了许多分支，其中最基本的是天气学、气候学、大气物理学和小气候学。气象学的基本理论和科学技术应用于其他领域后，又出现了许多分支，如：军事气象学、航海气象学、航空气象学、水文气象学、农业气象学、林业气象学、商业气象学、医疗气象学等。当代，随着旅游事业的发展，又出现了旅游气象学这个新的分支。1988 年卢云亭教授提出了风景气象与风景气候的概念。1996 年王利溥先生编写的《旅游气象学》讲义在云南林学院启用，都可以说明是这个新分支学科的萌芽。

天气是指一定地区较短时间内，由各项气象要素一定的组合所决定的大气状态，也就是说一个地区某一瞬间大气状态和大气现象的综合称为天气。研究天气过程的发生发展规律，并运用这些规律预报未来天气的学科，称为天气学。

气候是在一定地区较长时段中大气的统计状态，是各种天气的综合表现，一般是用气候要素的统计量表示。气象要素的多年平均值、累积值、极端值(包括出现时间)、频率、保证率以及湿润度或干燥度等两个或多个气象要素组合的综合值称为气候要素。气候要素是反映一地气候特征的主要气候资料。此外，记载当地气候状况的各种文献和地方志等也是重要的气候资料。气候要素统计量往往随着时间和空间的转换而发生变化，这种变化称为气候变化。长时间的气候变化称为气候变迁。研究气候形成、分布和变化规律，综合分析、评价各地气候资源及其与人类关系的学科，称为气候学。

按照时间尺度，气候学可分为古代气候学、近代气候学和现代气候学；按照空间尺度，有世界气候、区域气候(如亚洲气候、中国气候、日本气候、西北气候)、地方气候(如湖南气候、溆浦气候、阳明山气候)和小气候等。

小气候的铅直范围和水平范围都很小。它是在具有相同大气候特征的范围内，由于下垫面构造和特性不同，使热量和水分收支不一样而形成的近地层特殊气候，称为小气候。

0.2 气候学发展简史

气候学是人类对气候认识的总结，它必然带着深远的社会影响。气候学是自然科学的一个组成部分，它必然会随着科学技术的进步而发展。自然科学的发展是以社会生产的发展为基础的。据考证，在350万年前，全球气候比较温暖，冬夏差别不大，一年四季花果盛开，人类处于满足于依靠自然的赐予而生活的年代(即社会发展中的原始社会)。但是，大约从350万年以后，气候变冷了，出现了第四纪冰河时期，人类为了战胜寒冷，把夏季植物果实种子留到冬天，开始了农业；把幼小的动物饲养到冬天，开始了牧业；从植物和兽皮中找到了衣着，从洞穴中找到了住宅，发明了火。总之，随着冰河时期的到来，人类在同寒冷冬天的斗争中开始了生产劳动，出现了最早的产业——农业和牧业，被称为“第一次浪潮”。人类在生产劳动过程中，必须知道一定的有关自然的知识，导致了古代自然科学知识的产生，古代气候学知识也在这样的条件下诞生。随着生产劳动技能的提高，古代气候知识不断丰富，到了封建社会阶段，古代气候学已极为丰富，丰富的古代气候学知识为当时的生产和生活作出了巨大贡献。

奴隶社会和封建社会的古代气候学知识虽然内容很丰富，但仍属于古代科学的范畴，当时的朴素辨证的认识仍属于直观经验的结果，并带有臆测性质。

15世纪下半叶，在欧洲出现了“第二次浪潮”，科学技术和生产力迅速发展，工业成为新的产业，资本主义社会代替了封建社会。自然科学开始向精确化、专业化发展。17世纪上半叶陆续出现观测仪器。17世纪后半叶和18世纪许多气象学极为重要的物理学规律相继发现。从18世纪起，气象台站逐步发展形成，开始积累气象资料，1817年德国人洪堡德(H. V. Humboldt)绘制出全球等温线图，这被认为是近代气候学的开始。以后经过沃耶伊科夫(A. N. Boeukob)和柯本(W. Koppen)等人的努力研究和发展，气候学逐渐形成了一门自然科学。

竺可桢先生1916年发表的《中国之雨量和风暴说》是我国近代气候学最早的论文，以后他又在台风、季风、区域气候、农业气候、物候学和气候变迁等方面作过大量具有开创性意义的工作。抗日战争前夕，我国各省(市)建立了40多个气象站和100多个雨量站，开始出版中国气候资料。这一时期，涂长望、张宝堃、沈孝凰、李宪之、黄仕松、赵九章、叶笃正、朱岗崑等人的理论研究都为我国近代的气候学作出了重要贡献。新中国成立后，我国气候学的研究得到了前所未有的发展和进步，1953 年和 1955 年出版了《中国气候图集》(上、下集)，1973 年出版了《中国高空气候图集》，1979 年出版了《中华人民共和国气候图集》，在气候普查、山区气候调查、农业气候调查、气候区划、气候变迁、气候形成等方面也都做了大量的研究。

现代气候学诞生在 20 世纪 70 年代。1972 年 2 月在瑞士日内瓦召开的"世界气候大会"以及在会上提出的"世界气候计划"被认为是现代气候学诞生的明显标志。从此以后，气候学以引人注目的新面貌出现在世界科技界。现在世界上有高效能的巨型及微型计算机，有了卫星及雷达等探测手段，又有系统论、控制论等现代科学方法，使气候学研究又有了充分的科学技术基础，可以说"第三次浪潮"促进了现代气候学的诞生和发展。

任何一门学科都是整个自然科学系统中的一个组成部分，同时它本身也是由许多分支学科组成的一个复杂系统，气候学也是如此。气候学的基本理论在应用中不可能满足每个应用对象的特殊要求。例如：工业、农业、交通运输业、旅游业和各项具体活动所相关的灾害与抗灾能力是不同的，它们的有利与不利的大气条件也是不同的，因此就有各种不同的应用气候数据问题和区划问题。应用气候就是气候学基本理论联系具体应用对象的一个中间环节，由基本理论到应用气候之间，体现为一般到特殊的转化过程。气候是一个环境因子，应用在各个行业、每项工程和活动中，起着把气象学同各门科学技术联结起来的纽带作用。应用气候学事实上是气候学与其他学科之间的边缘科学。气候学和工程学、技术科学之间形成了一系列边缘学科，为数众多的应用气候学就是这些边缘学科中的一个重要组成部分。例如，农业气候、林业气候、建筑气候、医疗气候、城市气候等都是相应的技术学科同地面大气层之间气候关系的应用气候学。随着旅游业的飞速发展，气候学在旅游这个应用点上的迅速结合，必然诞生出新的分支——旅游气候学，这是社会生产发展的必然，也是科学技术发展的必然。研究旅游地的开发建设、旅游资源的保护利用、人类各种旅游活动与天气、气候之间相互关系的科学称为旅游气候学。

0.3 气象、气候与旅游

气象、气候与人类旅游活动有直接或间接的关系。在不同的气象和气候条件下可以形成不同的自然景观和旅游环境，北方的冰雪景观、山地的云雾景观是旅游者直接观赏的内容。由于气候变化，影响山体、水体、动植物及各种人文景观发生变化，而这些变化又依其特定的功能作用于旅游者，这是气候对旅游的间接作用。气候犹如一个无比巨大的容器，把人类以及赖以生存的植物、动物和微生物尽装其内，人类的全部活动都在一定的气候环境中进行。例如人们选择外出旅游地，冬天避寒、夏天避暑就是选择适宜的气候环境。舒适是人类的本能要求，追求适宜的气候是人们外出旅游的重要动机之一。但是，一次计划周密的旅游活动，往往被意外的天气过程所打扰。例如：大雾或暴雨阻碍了交通，旅游计划被迫改变的事情时有发生。人类旅游活动受气候和景观变化的制约，在同一地区，出现淡季、旺季和平季的变化，在世界各国范围内出现旅游热点、热线和冷点、冷线，形成游客时空分布的不均衡性。这些既说明气象和气候有直接的造景功能和间接的育景作用；又说明气象气候条件既是开展旅游活动的有利因子，也是开展旅游活动的障碍因子，这就要求旅游者在安排游程时考虑气象气候因素，以应付不测风云，趋利避害，因地制宜，因时制宜，调整旅游项目和内容。

气象和气候条件，是旅游开发的重要背景因素之一。各旅游城市、旅游点都有各自不同的气候条件，制定旅游规划时，必须全面收集和研究当地气象、气候资料，对其有利和不利之处进行评价，以根据气象条件、气候特征设计和安排适合当地的旅游项目和旅游设施。

第1篇

气象学基础

大气是由多种气体成分与水汽、杂质混合而成。研究大气中各种物理现象和物理过程的科学称为气象学。

第1章 大 气

1.1 大气的组成

大气是一种混合气体，由多种气体成分与水汽、杂质混合而成。

1.1.1 干洁空气

不含水汽、杂质的空气，称为干洁空气。不含水汽的空气称为干空气。离地表25km以下，干洁空气的成分及其含量见表1-1。干洁空气中，主要气体是氮、氧、氩和二氧化碳等气体，氦、氖、氪、氙等惰性气体的含量极少。在90km以下，除臭氧外，其他气体成分的相对组成基本不变。

表1-1 干洁空气的成分

气 体	含量(按体积,%)	气 体	含量(按体积,%)
氮	78.09	氦	5.24×10^{-4}
氧	20.95	氪	1.0×10^{-4}
氩	0.93	氢	5.0×10^{-5}
二氧化碳	0.03	氙	8.0×10^{-6}
氖	1.8×10^{-3}	臭 氧	1.0×10^{-6}

实际大气是含有水汽的湿空气。此外，大气中还含有大量固体和液体微粒。

空气中各主要成分对人类活动和天气变化的影响分述如下。

1.1.2 主要大气成分的性质

(1)氧气

氧气是生物呼吸必需的气体。大气中氧的含量很高，也很稳定，可以满足植物需要。土壤中植物根部的呼吸，细菌和真菌的活动都要消耗氧气，可是氧的补充过程十分缓慢，氧的含量常常不足。在土壤水分过多和土壤板结情况下，植物有时会出现缺氧中毒现象。

(2)氮气

氮是大气中含量最多的常定气体成分。自然条件下，大气中的氮通过植物的根瘤菌作用，被固定在土壤中，成为植物所需的氮肥。闪电时，大气中的氮和氧结合成氮化物，随降水进入土壤，被植物吸收利用。

(3)二氧化碳

二氧化碳来源于燃料的燃烧，有机物的腐烂分解以及生物的呼吸等。二氧化碳吸收和放射长波辐射的能力强，影响空气温度，也是植物光合作用制造有机物质不可缺少的原料。

大气中，二氧化碳含量不多，平均只有0.03%，且集中在20km以下的低层大气中。二氧化碳含量随地区有差异，人烟稠密的工业区高，可达到或超过0.05%；农村中含量低。二氧化碳含量也随时间而变化，一般白天少于夜间，夏季少于冬季。

自工业革命以来，由于大量燃烧煤、石油和天然气等化学燃料，大气中二氧化碳浓度不断增加。夏威夷岛冒纳罗亚观察台和两极监测站的记录指出，1958年二氧化碳浓度为315ppm①，1984年为345ppm，年增长率超过1ppm。多数科学家认为，到21世纪中叶，二氧化碳浓度仍将继续增加。关于全球二氧化碳含量增加能否导致空气温度升高以及对气候的影响等问题仍在研究中。

(4)臭氧

德国科学家舍拜恩1840年电解稀硫酸时，发现一种有特殊臭味的气体，其分子量是氧原子(O)的3倍，将其称为臭氧。同年法国科学家克里斯蒂安·弗雷德日也称这种有异味的气体为臭氧。臭氧是大气中的微量气体，总量约33亿t。

臭氧是氧的衍生物，又名三原子氧，分子式为O_3。臭氧在常温、常压、浓度较低时无色，当浓度达到15%时为淡蓝色，有鱼腥臭味，液化后呈暗蓝色，固态时呈蓝黑色。

大气中臭氧含量虽少，但很重要。臭氧集中在10~60km高度之间，在20~25km附近浓度最大，称为臭氧层。臭氧吸收了对生物有害的紫外线辐射(波长为0.2~0.3μm，以及0.30~0.36μm)，起到了保护地面生物的作用；在臭氧集中的高度上大气增暖，大约在50km附近出现一个暖区。臭氧含量随纬度的分布是由赤道向极地减少，并随季节变化，一般春季含量最多，秋季最少。

(5)空气负离子

空气负离子是大气中带负电荷的单个气体分子及离子团的总称。空气负离子是从大气成分中的氧气衍生出来的一种无色无味的气体，已成为低层大气中到处都有的成分。在自然状态下，空气分子的极性呈中性，即不带电荷，但在宇宙射线、紫外线、微量元素、辐射、雷击闪电等作用下，空气分子会失去一部分围绕原子核旋转的最外层电子，使空气发生电离。逃离了原子核束缚的电子称为自由电子，带负电荷。当自由电子与其他中性气体分子结合后形成带负电荷的空气负离子。以每立方厘米空气中的空气负离子个数为浓度单位，即个/cm^3。

空气负离子具有杀菌、降尘、清洁空气、提高人体血液氧含量、增强人体免疫力、强身健体、治疗疾病等多种功效，对人体有益，被称为“空气维生素”和“生长素”。空气负离子浓度是评价空气清洁度的重要指标。

---

① ppm表示该物质的体积分数10^{-6}。

空气负离子的空间分布很不均匀，瀑布和森林环境中空气负离子浓度较高，人口稠密的城市和工业区较低；动态水高于静态水，瀑布高于溪流；针叶树种林分高于阔叶树种林分。

(6)植物精气

植物精气是植物新陈代谢过程中，植物的花、叶、茎、根、芽等油腺组织不断分泌的一种浓香型挥发性物质。精气的主要成分为芳香性碳水化合物，国外称“芬多精”，国内称“植物精气”。所谓植物精气就是植物的器官和组织在自然状态下释放出的气态有机物称为植物精气。地球上，有植物的地方就有植物精气。

植物精气广泛存在于自然界，是一种对人类健康有益，不可小视的大气成分。已作为康体保健的资源应用于旅游业，是一种无形资产。植物精气可通过呼吸道和皮肤表皮进入人体，被人体吸收后，可促进免疫蛋白增加，有效调节植物神经平衡，增强人体抵抗力。具有止咳、降血压、治疗肺结核、神经官能症、心律不齐、冠心病、水肿、体癣、烫伤、肠炎等多种疾病。

(7)水汽

水汽来自海洋、江河湖泊和潮湿陆地的蒸发，以及植物的蒸腾。大气中水汽含量不多，且集中在2~3km以下的低层，由空气的垂直运动把水汽带到高空，才能凝结并成云致雨，所以水汽是天气变化的主要角色。水汽吸收和放射长波辐射的能力很强，凝结时又释放潜热，它对空气温度有一定的影响。

水汽含量随地区的差异比较显著，一般低纬度地区比高纬度地区多；海洋上空比陆地上空多。随着空气的水平运动，海洋上空的水汽被带到大陆，所以离海越远，水汽含量越少。水汽含量随时间变化，在我国夏季多于冬季。

(8)液体和固体微粒(凝结核)

大气中总有许多固体和液体微粒，它们悬浮在空中。固体微粒的来源有：岩石或土壤风化后的尘粒，各种燃料燃烧产生的烟粒，海水飞溅经蒸发后余下的盐粒，火山爆发时的火山尘埃，流星燃烧后的灰烬，还有植物花粉、微生物和细菌等。液体微粒有水滴和冰晶等悬浮在大气中的水汽凝结物。这些微粒使空气混浊，水平能见度[①]降低。但是，它们吸收太阳辐射，其中固体微粒常常又是水汽凝结的核心(水汽凝结在微粒表面)称为凝结核，所以对气温有一定影响，对云、雾和降水的生成有重要作用。

固体微粒多分布于低层大气中，其特点是陆地上空多于海洋上空；城市多于农村。它们随时间的变化是夜间多于白天，冬季多于夏季。

(9)大气中的污染物

现代工业和交通运输业迅速发展，工厂的烟囱、汽车和火车的排气管排出大量废气和灰粒，经扩散进入大气。因此，各地的大气成分中人为地增加了若干种含量多变的有毒气体和物质，它们污染大气，引起了人们的关注。据监测，目前已有百十余种大气污染物，其中对人类环境威胁较大，影响范围较广的污染物有煤粉尘(二氧化硫

① 水平能见度是指正常人视力能将目标物从背景中区别出来的最大水平距离。白天一般选择离观测点不同距离的目标物，作为估计能见度的依据；夜间则选取观测站周围一定亮度的固定灯光来估计。

与烟粒混合而成)、二氧化硫、一氧化碳、二氧化氮、硫化氢和氨以及雾霾、PM2.5等。二氧化硫或氮化物等气体被云雾中的水滴吸收和转化，降下的雨水呈酸性，称酸雨。酸雨使土壤和水体酸化，导致植物叶片枯萎或落叶，乃至死亡。酸雨又能腐蚀建筑物。

目前，解决大气污染的措施有工程措施和生物措施，如采用集尘器和清洗器在排气前清除污染物以及造林绿化等。

1.2 大气的铅直分层

在地球引力作用下，大约空气质量的一半集中在离地面5.5km以下的大气层内。随高度增加空气密度减小，到700~800km高度处，空气分子间的距离已达几百米，这里的空气密度已很小。但是，无论在哪个高度上，空气密度都不会减小到零。所以严格来说，大气层和宇宙空间之间不存在截然的界面。尽管如此，气象学家们根据极光①现象的出现与否，确定了大气物理上界为1000~1200km。

20世纪以来，气象部门用无线电探空仪、火箭和气象卫星等遥测仪器，探测了高层的大气状况，发现铅直方向上大气的物理性质有差异。世界气象组织主要根据温度的铅直分布、大气成分和电离特征等，将大气分为对流层、平流层、中间层、热层和外大气层五层，如图1-1所示。

1.2.1 对流层

对流层位于大气最低层，它的下界与地面相接。对流层的上界高度随纬度、季节和天气状况而异，每日不等。平均来说，低纬度地区的上界高度为17~18km，中纬度地区为10~12km，高纬度地区为8~9km；且夏季高于冬季。

对流层中，随高度增加气温降低，高度每增加100m温度平均降低0.65℃。正由于下层空气的温度高于上层，所以对流发展旺盛，取名对流层。显然，赤道地区的气温高于极地，对流强，对流层比极地厚。对流层内大约集中了大气质量的3/4，以及全部水汽。空气在对流过程中，把水汽和固体微粒带至高处，水汽凝结并成云致雨，所以大部分天气现象出现在对流层内。

从地面向上，厚度为600~1500m的大气层称为扰动层或摩擦层。这一层中气流受地面摩擦作用的影响最大，大气的不规则运动，即湍流(也称乱流)强盛。摩擦层以上是自由大气。摩擦层内，由地面到10m或100m以下，称近地面层。近地面层是地球上生物生活的环境。地面向上，厚度为2m的大气层称贴地层。贴地层内的大气状态对农作物和苗木生长颇为重要。

在对流层和平流层之间，有一个厚度为数百米到1~2km的过渡层，称对流层顶。对流层顶以上才是平流层。通常，对流层以上的大气区域称为高层大气。

---

① 极光是出现在高纬度地区高空的一种辉煌闪烁的彩色光弧或光幕，多见于晴夜。

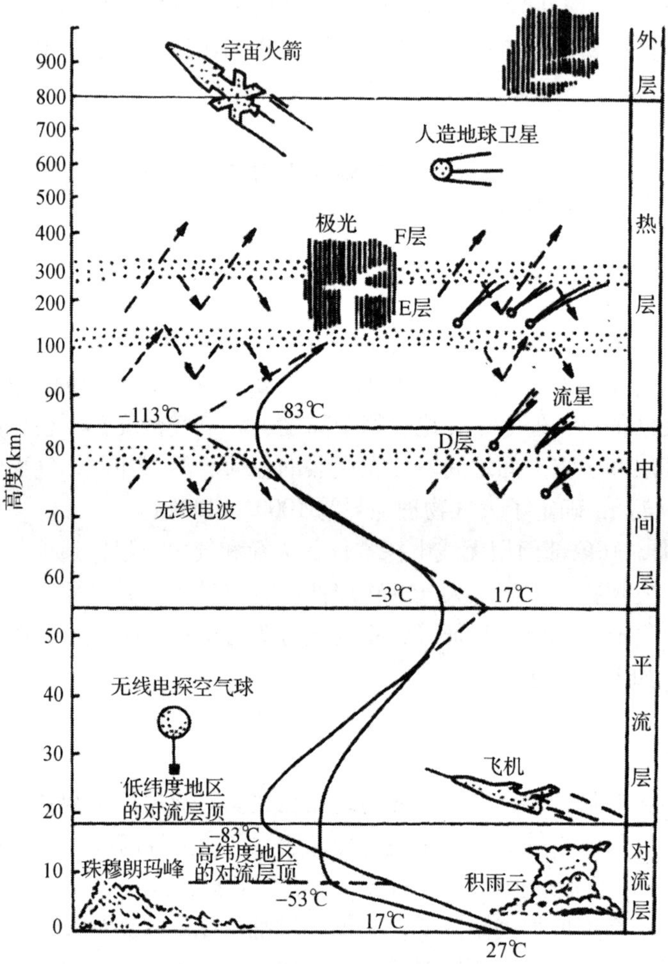

图 1-1　大气铅直结构示意图

1.2.2　平流层

自对流层顶至离地面 55km 左右的空间为平流层。平流层内，25km 以下，空气温度随高度不变或微升；25km 以上，高度增加空气温度显著升高；50km 左右处，温度可达 270～290km，其原因是臭氧吸收了大量的太阳紫外辐射。平流层中对流很弱，大气以水平运动为主。

1.2.3　中间层

自平流层顶至离地面 85km 左右的空间为中间层。该层特点是，高度增加空气温度降低。虽然这里的温度分布有利于对流发展，但因空气稀薄，对流运动十分微弱。

60km 以上，在强烈的太阳辐射照射下，气体分子被电离，这里已是电离层的最低层。

1.2.4 热层

从中间层顶至离地面800km左右的空间为热层，又称电离层。热层中的气体分子吸收了波长小于0.175μm的太阳紫外辐射，所以随高度增加空气温度显著递增。在热层顶部，温度可高达1000K或更高。高温使气体分子电离为原子，电离层的中层和上层都在热层内。短波的无线电波经过电离层时，电波被折射而返回地面，这一层对远距离无线电通信起着重要作用。

1.2.5 外大气层

热层顶以上就是外大气层，简称外层。这里空气十分稀薄，受地球引力很小；空气温度也是随高度增加而升高，可高达数千度。外大气层的上部多为质子组成，在1000km高度以上。这些带电的微粒不断向星际空间逃逸，所以外大气层又称为散逸层。

1.3 大气温室效应

1.3.1 大气温室效应

太阳以电磁波形式在宇宙空间传输能量。地球的热量全部来自太阳。地球表面包围着一层大气，地球表面吸收太阳辐射后又以长波辐射形式向外放射辐射，使大气增温。大气也不断向四周放射波长更长的长波辐射，其中向下到达地面的部分称为大气逆辐射。如果没有大气，根据地球获得的太阳能和地球向宇宙辐射的能量相等，推算出地球表面的温度为-18℃，而地球表面平均温度为15℃，二者相差33℃。有了大气层的保温作用，地球表面的温度才适宜人类的生存和万物生长。大气对地面的这种保温作用称为“大气温室效应”，又称“花房效应”。

1.3.2 温室气体

大气成分中，起保温作用的气体主要有二氧化碳、甲烷、一氧化二氮、氯氟烃、臭氧及水汽等。当这些气体在大气中的浓度增加时，地球表面和近地层大气温度升高。因此，这些气体被称为温室气体。

二氧化碳是温室效应的主角，它的作用占所有温室气体作用的60%以上。在以往1万年的时间里，由于大气层中二氧化碳浓度是基本恒定的，所以地球上年平均温度也是相对比较稳定的。然而仅仅1个半世纪以来，人类社会和经济的发展使1万年来都变化不大的二氧化碳浓度急剧上升。二氧化碳的迅猛增长，是从1840年的工业革命开始，经济的高速发展，需要消耗大量的煤和石油这类化石能源。数不清的烟囱和数以亿万计的机动车辆都在不停地向大气中喷吐着二氧化碳。而在发展经济、大量释放二氧化碳的同时，大片森林、草场和农田作物等绿色植被，成为新建工业城市和设施的牺牲品。工业的突飞猛进，使能够吸收二氧化碳的植物面积大幅度减少，使大气中二氧化碳的浓度不断上升。越来越多的二氧化碳气体，就像是温室大棚又加厚了一层，使温室里保持了更多的热量。

在过去的100多年里，尤其是最近50多年中，人类活动过度排放温室气体，特别是二氧化碳，使其在大气中的浓度超出了过去40万年间的任何时候，使得在20世纪全球平均气温升高了0.3%~0.6%。20世纪是过去2000年中最温暖的100年。早在20世纪80年代初，世界气候组织预言，21世纪将是地球5万年来最热最难受的100年。1996年联合国政府间气候变化专门委员会公布的报告中，预测2100年二氧化碳倍增后全球平均气温的升值为1.0~3.5℃。

如今，世界上人口在迅速增加，全球人类活动仍在使大气环境恶化，大气污染与温室气体会继续增长。这些温室气体在大气中的生命史是100年左右，它们今天被释放到大气以后，将对今后100年内气候变化产生影响。所以气候学家预言，21世纪将是一个炎热的世纪。

1.4 大气阳伞效应

悬浮在大气中的尘埃粒子反射和吸收太阳辐射，特别是减少紫外线的透过，使到达地面的太阳辐射减少，从而引起地面气温降低。换句话说，尘埃弥漫在空中，把太阳光反射回太空，从而减少和削弱了到达地面的太阳辐射，这样地表温度就降低了，尘埃就像给地球撑着的一把遮阳伞，使地球免受太阳暴晒，称为阳伞效应，亦可称为大气凉伞效应。

阳伞效应是大气中尘埃的气候效应，大气中尘埃有自然和人为两种来源。沙尘暴、火山喷发、森林大火、海啸溅起盐雾微粒等是自然源。工业革命以来，人类大量消耗化石燃料向大气中排放的大量烟尘、微粒和污染物等人为源。北半球排放人为粒子情况是1880年约120亿t；1970年约480亿t；2000年约760亿t。

1.5 臭氧空洞

1.5.1 臭氧层

离地面10~55km的平流层中臭氧浓度较大。据科学家分析，在离地面25km的高空中，臭氧浓度约0.428mg/m^3，每平方厘米空气中约有5×10^{13}个臭氧分子。由于离地面20~30km的大气层里，集中了90%的臭氧。臭氧浓度最大，储量最多，总量约30亿t，被称作臭氧层。

臭氧层是一个浓度不均匀、厚度不均匀、形状不断变化的大气层。

1.5.2 臭氧层的作用

臭氧能吸收太阳辐射中的大部分短波紫外线，阻挡过多的紫外线到达地面，使人类和地面生物免受紫外线的伤害。

太阳辐射光谱中的短波紫外线能杀死细菌芽孢、病菌、真菌、霉菌芽孢、病毒等微生物和内杆菌毒素；能杀死甲肝、乙肝等病毒，消毒杀菌效果好，常用于种子消毒、蔬菜水果保鲜，空气消毒除异味；医院用低浓度紫外线照射为化疗后的肿瘤患者增强免疫力，避免感染。洗臭氧浴能排除体内毒素，达到美容、保健效果。因此，臭氧被称为绿色环保元素。但是，若臭氧浓度过大，能抑制植物生长，伤害人体，成为无形杀手。当臭氧浓度为0.3mg/m^{3}时，人的眼、鼻、喉有刺激感觉；若臭氧浓度为2.14~4.28mg/m^{3}时，呼吸1~2h，人会感到眼睛发干、头痛头晕、记忆力下降、思维紊乱；若臭氧浓度再大会使人致癌。

1.5.3 臭氧层空洞

臭氧层空洞是指臭氧层中臭氧遭受破坏，正在衰减或枯竭，浓度减少达33%以上的空间区域。臭氧层空洞可简称臭氧空洞。臭氧虽然总量少、浓度低，集中分布在平流层高空，但是其浓度变化对地球和人类生命有重大影响。

科学研究表明，大气中的臭氧浓度正在减少，特别是在南极、北极、青藏高原的上空更为严重。南极上空，自1980年以来，每年9~10月臭氧浓度减少幅度可能达到40%，出现“臭氧层空洞”。

有研究表明，在过去10~15年间，每到春天南极上空平流层中的臭氧都会发生急剧的、大规模的耗损，极地上空臭氧层的中心地带，近95%的臭氧被破坏。从地面向上观测，高空的臭氧层已极其稀薄，与周围相比如同形成了一个“洞”，直径达上千公里。臭氧空洞由此得名。1987年臭氧空洞的面积约1016km^2，1998年面积达2300km^2，2000年9月美国国家航空航天局(NASA)拍摄的照片显示，臭氧空洞面积大约为2850km^2。南极上空的臭氧空洞面积在扩大，臭氧耗损在加剧。

臭氧层空洞的出现是臭氧层中臭氧不断耗损的结果。其原因除了太阳辐射、大气环流等因素外，人为活动的干扰破坏也不可小视。

1.6 植物精气的作用

1.6.1 植物精气的化学成分

植物精气是广泛存在于自然界的气态化合物，地球上有高等植物的地方就有植物精气。植物释放出的气态物质十分丰富，不同的植物释放的化学成分不同，即使同一种植物的不同部位所释放的气态化合物的成分和含量也不尽相同。吴楚材等人从156个树种、18种纯林林分的325个样品中分析出442种化合物(化学成分)，其中，单萜烯81种，倍半萜烯106种，双萜烯、两倍半萜烯、三萜烯等及其他成分255种。植物精气的主要成分为芳香性碳水化合物萜烯。

1.6.2 植物精气的主要作用

对植物而言，植物精气可以招蜂引蝶，传播花粉和种子；可以杀死细菌、抑制病毒，进行自我保护。对人体来说，植物精气接触人体皮肤、黏膜或被人体呼吸道吸收后，能刺激和促进人体免疫蛋白分泌，从而提高人体免疫力、调节人体植物神经平衡力、增强记忆力、增强体质、延年益寿。据研究，植物精气中的单萜烯、倍半萜烯具有麻醉、镇痛、驱虫、抗菌、利尿、杀虫、止泻、镇静、祛痰、芳香、强壮、抗炎、抗癫痫、抗肿瘤、抗组胺、抗风湿、降血压、增加生长激素、增加维生素、促进胆汁分泌等多种生理功效。

1.6.3 植物精气的保护与开发利用

我国是最早利用植物精气的国家之一。例如，名医华佗用丁香加麝香等制成香囊、香球用于治疗呼吸道病症和止吐止泻；孔子在黄莲树下传授经文；唐代孙思邈《千金翼芳》中提出“山林深处，固是佳境”；明代龚廷赞在《寿世保元》中写道“山林逸兴，可以延年”等说明我们的祖先早在四五千年前就开始利用植物释放的芳香气体治病养生。当代盛行的森林浴健身、植物精油美容等，其实都是对植物精气的粗浅利用。在科学技术高度发达的今天，人们应当科学地开发利用植物精气，深入研究各树种、各种林分所含的精气成分的种类及其含的多寡，培育出有助不同疾病治疗和康复的游憩养生林，以满足不同疾病患者和不同亚健康人群的不同需求。植物精气应当成为选择和配置造林、绿化树种的重要依据。

深度开发利用植物精气的前提是必须保护珍稀名贵树种。例如，崖柏是一种珍稀濒危树种，而市场上对崖柏根雕、崖柏精油、崖柏手链炒作得火爆，这种炒作对崖柏树种的保护极为不利，相关部门应加强监管和干预。

自然界植物种类繁多，植物精气资源极为丰富；但不是每种植物所释放的气体都对人体有益。例如，夜来香不宜放置于卧室，漆树会引起部分人群过敏，沙棘释放的气体既无对人体健康有益的成分，也无有害的成分，但沙棘却是炼治烫伤药的上好原料。

复习思考题

1. 为什么说对流层对人类环境特别重要？对流层中除干空气气体外，还有什么成分，每种成分有哪些作用？
2. 大气铅直分层的依据是什么？简述各层的主要特点。对流层的厚度从冬季到夏季有什么变化，为什么？
3. 臭氧分布在哪些高度上，对地球上的生物和大气环境有什么影响？
4. 何谓臭氧空洞？阐述臭氧空洞的成因及其对人类健康的影响。
5. 空气负离子是怎样产生的？为什么可以用空气负离子浓度评价空气清洁度？
6. 什么是植物精气？它有哪些功效？

第2章　太阳辐射和地面净辐射

太阳辐射给地球提供了热能和光能，它是大气运动的原动力，是天气变化和气候形成的基础。太阳辐射也是植物生长发育过程中的必要条件。

2.1　辐射的基本知识

2.1.1　定义

一切物体，其绝对温度在零度以上时都能发射电磁波，向四周传输能量，这种过程称为辐射，传递的能量就是辐射能。辐射是自然界中最重要的能量传输形式，它不同于分子传导和对流，辐射能的传递，不需要媒介物质。

辐射体发射电磁波，说明了辐射的波动性。电磁波的传递速度等于光速(3.0×1.0^8m/s)。电磁波的波长与传播速度有以下关系：

$$\lambda = \frac{c}{\gamma} \tag{2-1}$$

式中，λ 为波长，常用单位为微米(μm)；c 为光速；γ 为振动频率，单位赫兹(Hz)。

电磁波的波长范围很广，从波长为10nm的宇宙射线到波长为数千米的无线电波。图2-1是各种辐射的波长范围。

从微观来看，辐射是由大量微粒子流组成，所以辐射还有粒子性。这些微粒称为光子，每个光子具有一定的能量。在研究植物光合作用的能量转换时，需要应用辐射的粒子性概念。

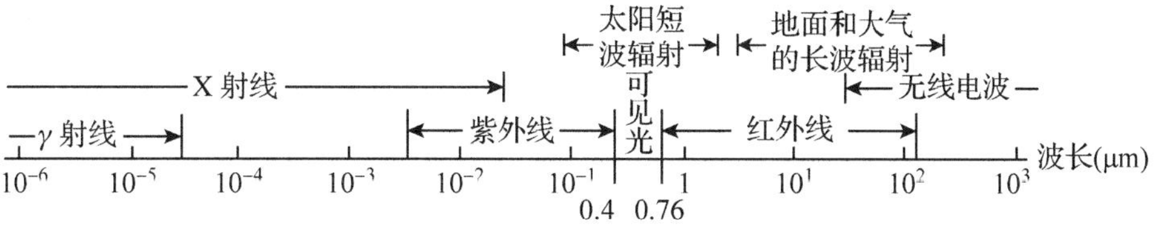

图2-1　电磁波的波长范围

2.1.2　辐射的基本特征量

为了说明各种物体的辐射状况，常用下列物理量：

①辐射通量　它是指单位时间通过任一表面的辐射能，单位是焦耳/秒(J/s)或瓦(W)。

②辐射通量密度　它是指单位时间内通过单位面积的辐射能(包括发射的、传输的或接受的辐射能)，现在法定计量单位为瓦/米^2(W/m^2)。气象学中过去常用的单位是卡/(厘米^2 · 分)[cal/(cm^2 · min)]，两者的关系如下：

$$1\ \text{cal}/(\text{cm}^2 \cdot \text{min}) = 697.8\ \text{W/m}^2$$

2.1.3　辐射定律

①斯蒂芬—波尔兹曼定律　该定律说明了黑体辐射的总能量(E，各波长发射的能量之和)与发射体绝对温度(T)的四次方成正比，可用下式表示，

$$E = \sigma T^4 \tag{2-2}$$

式中，σ 为斯蒂芬—波尔兹曼常数，$\sigma = 5.68 \times 10^8$ W/(m^2 · K^4)。如太阳，其光球层的平均温度为6000K，把太阳视作黑体，则 $E = 7348 \times 10^4$ W/m^2。

②维恩位移定律　该定律说明了黑体辐射中能量最强的波长(λ_{max})与发射体的绝对温度(T)成反比，可用下式表示，

$$\lambda_{max} \cdot T = 常数 \tag{2-3}$$

式中，常数为2884μm · K。公式表明黑体的温度越高，辐射能量最强的波长越短。以太阳为例，$\lambda_{max} = 0.48$μm，即太阳光谱中的蓝绿色光的辐射能量最强。

2.1.4　物体的吸收率、反射率和透射率

投射到物体上的辐射能一部分被吸收，一部分被反射，一部分透过物体，如图 2-2 所示。物体吸收、反射和透射的辐射能(E_a、E_r、E_t)与入射到该物体上的总能量(E)的百分比，分别称为吸收率(a)、反射率(r)和透射率(t)，即

$$\frac{E_a}{E} = a,\ \frac{E_r}{E} = r,\ \frac{E_t}{E} = t$$

根据能量守恒定律，有

$$a + r + t = 1$$

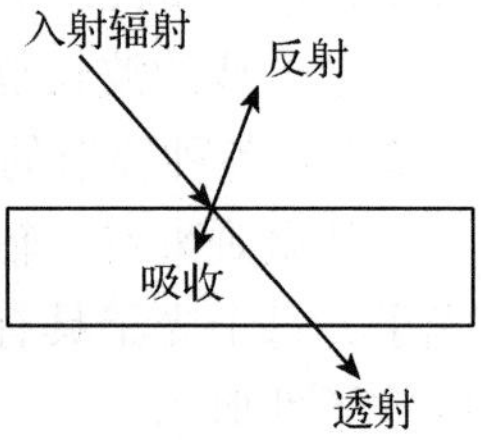

图 2-2　物体对辐射的吸收、反射和透射

物体的吸收率、反射率和透射率随辐射波长和物体性质而变化。图 2-3 是杨树叶片的透射率、反射率和吸收率。由图 2-3 可见，在 0.40 ~ 0.76μm 波长范围内，叶片的吸收率远大于反射率和透射率；在 1.5μm 以内的红外区，叶片的透射率和反射率大，吸收率很小。

如果物体能全部吸收入射的辐射能，即 $a = 1$，这种物体称为绝对黑体，简称黑体。自然界中不存在黑体，但在一定的波长范围内，可把某些物体近似地视作黑体。如潮湿的黑色土壤在 8 ~ 10μm 波段内可认为是黑体。

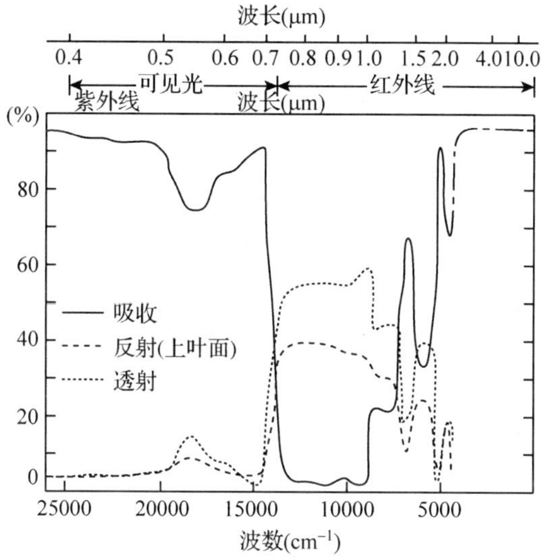

图 2-3　杨树叶片的吸收率、反射率和透射率

2.2　太阳辐射

2.2.1　概述

太阳是距地球最近的一颗恒星。日地间平均距离是 1.495×10^8 km，每日不等。1 月 2 日，地球离太阳最近，距离为 1.47×10^8 km，称近日点。7 月 4 日，地球离太阳最远，距离为 1.52×10^8 km，称远日点。

人们常见的太阳发光表面，称为光球。光球是由米粒状、大量发光的微小斑点组成，到达地球表面的太阳辐射就是由光球发射的。光球表面有太阳黑子和比较亮的光斑。太阳黑子是太阳表面的短期形成物。黑子生存时间 1 日或 1 年不等，平均为 2～3 个月。黑子的大小极不相同，从依稀难辨的小黑点到直径为 3×10^4 km 的黑子都有。据长期观测资料表明，太阳黑子的数目具有 4 年、8 年、11 年和 80 年等四种周期性变化，至于变化原因尚不能很好地解释。但已经发现太阳黑子的周期性变化对地球上的高层大气和气候有一定影响。例如，太阳黑子多时，地球上雷雨和风暴也多。20 世纪以来，还发现太阳黑子多的年份，北京地区多严寒。看来，研究太阳黑子的变化对长期天气预报有着重要意义。此外，还发现树木年轮宽窄交替的周期和太阳黑子活动的 11 年周期是一致的。

2.2.2　太阳在天空中的位置

太阳在天空中的位置常用太阳高度角(h)和方位角(A)来标定。

(1)太阳高度角

太阳高度角是太阳光线与某测定点地平面的夹角，简称太阳高度，如图 2-4 所示。图中 *NESW* 是观测点“*O*”的真地平，*Z* 是天顶，*OZ* 是铅垂线，*NZSZ′*是子午圈，*NOS*

是过测点“O”的子午线，M 是太阳，$\angle MOK = h$，h 为太阳高度。

同一时刻，各纬度上的太阳高度角不等，即使正午时刻也只有个别地区的太阳高度是 90°，称直射；多数地区的太阳高度角小于 90°，称斜射。图 2-5 是北半球春分日正午时太阳高度的分布。由图 2-5 可见，该日太阳直射赤道，其他地区均为斜射。

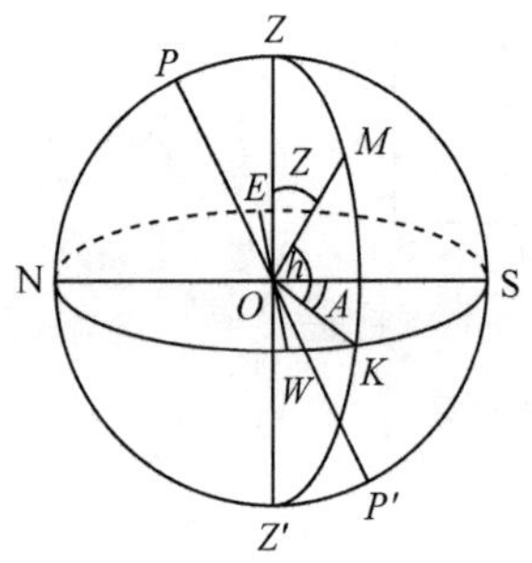

图 2-4　太阳高度角和方位角

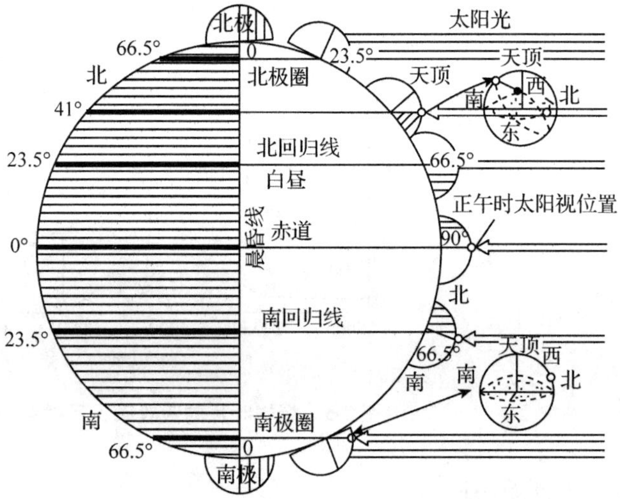

图 2-5　北半球春分日正午时太阳高度

太阳高度具有周期性的日变化规律，即正午时刻最大，日出和日落时为零。图2-6是北京地区夏至日太阳高度的日变化曲线。

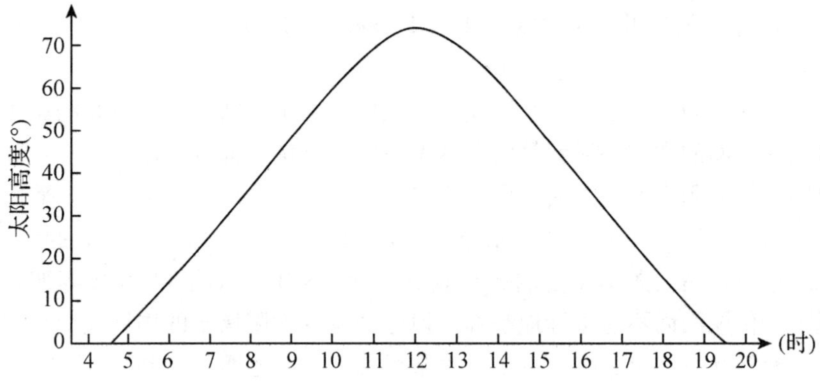

图 2-6　北京地区夏至日太阳高度日变化

就北半球来说，北回归线以南至赤道范围内，一年中有两天正午时太阳直射，赤道上分别是春分日和秋分日。北回归线上，只有夏至日的正午，太阳直射地面。北回归线以北地区，无直射，但全年仍以夏至日的太阳高度最高，冬至日最低。

(2)太阳方位角

太阳方位角是太阳光线在地平面上的投影线与测定点子午线之间的角度，即图2-4中的$\angle KOS = A$。正午时，$A = 0°$，定为正南，顺时针取正值，即正西为 90°；逆时针取负值，即正东为 $-90°$。

一年中只有春分日和秋分日，太阳才是东升西落。北半球，春分日后，太阳日出时的方位逐渐向北偏，纬度越高，偏角越大；夏至日偏角最大，以后偏角又渐渐减小。秋分日后，日出时的方位向南偏，直到冬至日，向南偏的角度最大，以后偏角又逐日减小，春分日为 -90°。

2.2.3　太阳辐射光谱

太阳是一个炽热的气体球，表面温度约 6000K，越向内部温度越高，中心约 1500 万℃。光球表面大约以 $7.3 \times 10^7 W/m^2$ 的速率不停地向四周发射能量。

太阳辐射能随波长的分布称为太阳辐射光谱。大气上界的太阳辐射光谱曲线如图 2-8 中的平滑曲线。太阳发射的能量绝大部分集中在 0.15 ~ 4μm 波段内，因波长比较短，所以称太阳辐射为短波辐射。太阳辐射能中，紫外光谱区（$\lambda < 0.4\mu m$）的能量约占总能量的 7%。这种高频率的辐射能杀死细菌和病毒，但过强时则会产生蛋白质凝固、血球溶解和生长停止等不良后果，幸而平流层中的臭氧吸收了大量紫外辐射，地面上的生物免受其害。可见光谱区（0.4 ~ 0.76μm）的能量约占总能量的 50%，其中又分红、橙、黄、绿、青、蓝、紫等色光。植物叶片吸收红橙光和蓝紫光，进行光合作用，合成有机物。太阳辐射能最强的波长（0.475μm）也在可见光光谱区内。该光谱区既有热效应，又有光效应，所以太阳辐射俗称阳光或日光。红外光谱区（$\lambda > 0.76\mu m$）约占总能量的 43%，它只提供热量。太阳辐射光谱分布如图 2-7 所示。

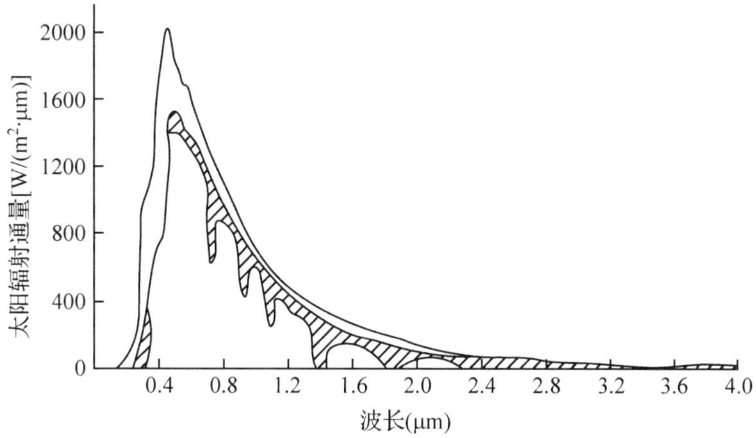

图 2-7　太阳辐射光谱

2.2.4　太阳常数

太阳常数是指地球大气上界，日地间平均距离的情况下，单位时间通过与太阳光束垂直的单位面积的能量，以 S_0 表示。1981 年世界气象组织规定太阳常数的取值为 $1.367 kW/m^2$ [即 $1.96 cal/(cm^2 \cdot min)$]。每天的日地距离不等，太阳常数稍有差异。

2.3 到达地面的太阳辐射

太阳常数是到达大气上界的太阳辐射通量，当它通过大气层时，被大气中的各种气体分子以及悬浮的微粒吸收和散射，所以到达地面的太阳辐射显著减少。图 2-7 中的锯齿形曲线就是被大气吸收后，地面上的太阳辐射光谱曲线，影线区表示被各种气体所吸收的量。

2.3.1 太阳辐射在大气中的减弱

(1) 大气对太阳辐射的吸收

大气中的氧、水汽、二氧化碳和臭氧等气体分子选择性地吸收一部分太阳辐射能。臭氧主要吸收紫外辐射。氧、水汽和二氧化碳主要吸收红外辐射。在可见光谱区中，也有几个氧的吸收带，但吸收的量不多。

云和雾也能吸收太阳辐射，吸收率随云状而异。

(2) 大气对太阳辐射的散射

大气中的各种气体分子、悬浮的水滴和尘埃等微粒都能连续地把入射的电磁波，以相同的波长向四面八方发射，这种现象称散射。散射只改变辐射方向，不改变辐射性质。散射有分子散射和粗粒散射等两种。

空气分子的直径小于太阳辐射波长，其散射能力与波长的四次方成反比，称为分子散射。分子散射主要发生在可见光谱区，蓝光(0.425μm)的散射能力约为红光(0.650μm)的 5.5 倍，也比绿光和黄光的散射能力强。蓝光的能量比较多，又因人眼对蓝光视感好，所以人们常说蔚蓝色的天空。

水滴和灰尘等微粒的直径大于太阳辐射波长，它们对各种波长的辐射几乎具有同等的散射能力，称为粗粒散射。空气混浊或阴天和有雾时，天空便呈乳白色。

此外，天空有云时，云层表面能反射太阳辐射，云中水滴也能吸收太阳辐射。

虽然太阳辐射穿过大气层时被减弱，但平均来说，大约还有大气上界能量的 50%到达地面。

2.3.2 影响减弱的因子

太阳辐射穿过大气时辐射能被减弱，其减弱程度与阳光在大气中经历的路程和大气混浊程度有关，前者用大气光学质量(m)表示，后者用大气透明系数(p)表示。

(1) 大气光学质量

如果不考虑地表面的曲率(视作平面)和大气对阳光的折射(取作直线路径)，并令太阳高度 90°时，光线穿过大气到达地面所经历的路程是一个大气光学质量，即 $m=1$，如图 2-8 所示。以此为测量标准，可以导出在其他路径($h<90°$)时的大气光学质量为

$$m = \frac{1}{\sin h} = \sec z = \csc h \tag{2-4}$$

式中，z 为天顶矩，$h+z=90°$。大气光学质量是一无量纲的相对值，不同太阳高度下的大气光学质量见表 2-1。当太阳高度低于 10°时，式(2-4)的误差太大，不适用。

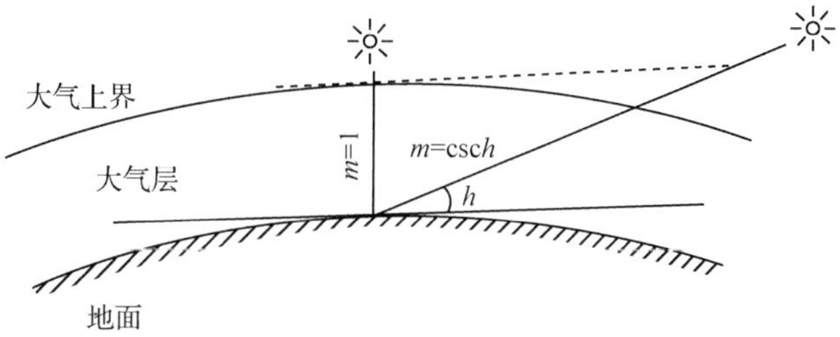

图 2-8　大气光学质量和太阳高度

表 2-1　大气光学质量

太阳高度(°)	0	5	10	20	30	40	50	60	70	80	90
大气光学质量	∞	11.47	5.76	2.92	2.00	1.56	1.31	1.15	1.06	1.02	1.00

(2)大气透明系数

大气上界，太阳辐射的输入通量为 S_0，在大气中传输时辐射通量被减弱，余下的量为 S'_b，S'_b与 S_0的关系是

$$S'_b = S_0 \cdot e^{-km} \tag{2-5}$$

式中，k 为质量减弱系数；S'_b为经过大气层后，垂直于太阳光的单位面积、单位时间内所接受的太阳辐射能，称为太阳直接辐射。

当 $m=1$ 时，式(2-5)可写成

$$\frac{S'_b}{S_0} = e^{-k} = p$$

可见，大气透明系数 p 是太阳辐射穿过一个大气光学质量的透射率，p 值小于 1。把 p 代入式(2-5)，得

$$S'_b = S_0 \cdot p^m \tag{2-6}$$

式(2-6)是气象学上著名的比尔定律。该定律说明太阳辐射经过大气层时按指数律减弱。

2.3.3　到达地面的太阳辐射能

到达地面的太阳辐射能由两部分组成：即太阳直接辐射和太阳漫射辐射，两者之和称为太阳总辐射，简称总辐射。

(1)地平面上接受的太阳直接辐射

因阳光斜射，地平面上接受的太阳直接辐射通量 S_b小于 S'_b，如图 2-9 所示，S_b与 S'_b的关系是

$$S_b = S'_b \cdot \sin h \tag{2-7}$$

由图 2-9 看出，太阳辐射投射与日光垂直的 A'面(正方形)上的辐射与射到地平面 A

(矩形)上的辐射量相等，所以有

$$S'_b \cdot A' = S_b \cdot A$$

$$S_b = S'_b \cdot \frac{A'}{A}$$

即

$$S_b = S'_b \cdot \sin h$$

也可写成

$$S_b = S_0 \cdot p^m \cdot \sin h \qquad (2\text{-}8)$$

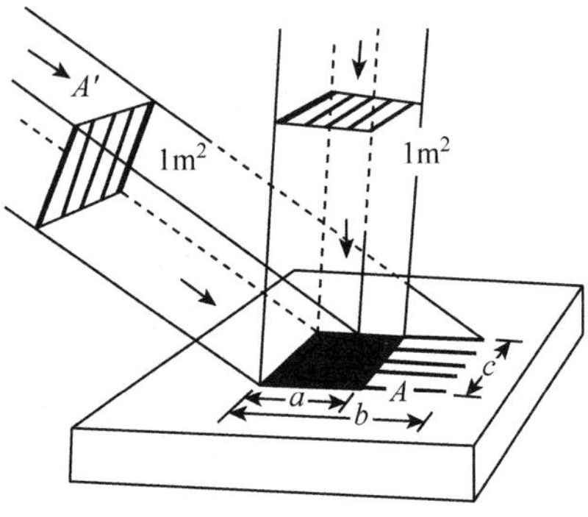

图 2-9　地平面上的太阳直接辐射

虽然地平面接受的太阳直接辐射与大气透明系数、大气光学质量和太阳高度等三者有关，但是大气光学质量也是太阳高度的函数，因此，S_b取决于 p 和 h 两个因子。当 p 一定时，S_b随太阳高度增高而增大；当 h 一定时，S_b随大气透明系数 p 增大而增加。

(2)太阳漫射辐射

太阳漫射辐射又称天空辐射(S_b)，它主要是指白天，地平面上接受的来自大气各方向向下的散射辐射。太阳漫射辐射是短波辐射，有光效应，称漫射光。阴雨天时，天空中的弱光就是漫射光，它对植物光合作用有效。

太阳漫射辐射通量也与太阳高度和大气透明系数有关。太阳高度增加，太阳辐射通过大气层时减弱少，供给散射质点的能量多，太阳漫射辐射也大。大气透明系数大，大气中含有的散射质点少，太阳漫射辐射通量则减小。

(3)太阳总辐射

太阳总辐射(S_t)是地平面上接受的太阳直接辐射和太阳漫射辐射之和，即 $S_t = S_b + S_d$晴天时，总辐射由两部分组成，而且 S_b远大于 S_d。阴天时，太阳被云遮蔽，总辐射等于太阳漫射辐射。

太阳总辐射如同 S_b和 S_d一样，也取决于太阳高度和大气透明系数。太阳高度是一天文因子，与大气状态无关。大气透明系数与云的关系十分密切。天空有云，特别是云量增多或云层增厚时，虽然散射质点增加，但是云的反射很强，大部分太阳直接辐射被返回宇宙，透过很少，所以太阳总辐射显著减少。

2.3.4　地面吸收的太阳总辐射

太阳总辐射输送到地面上，一部分能量被地面反射又返回大气中，地面透射为零，余下的能量便被地面吸收。如果地面反射辐射通量为 S_r，地面吸收的太阳总辐射为 $S_b + S_d - S_r$，用地面反射率表示，可写成

$$S'_t = (S_b + S_d)(1 - r) \quad 或 \quad S'_t = S_t(1 - r)$$

地面反射率随地面性质，湿润程度，太阳高度等因子而变化。表 2-2 中列举了若干种自然表面的反射率。

表 2-2　几种自然表面的短波反射率

表　面		状　况	反射率(%)
地　面			
	沙　地	浅色，干：太阳高度高	35
		太阳高度低	60
		灰色：湿	10
		干	20
		白色：湿	25
		干	35
	岩　石	沙岩渣土，干（太阳高度高）	20
		黑色煤渣土，干（太阳高度高）	5
		暗色，有机质土	10
	土　壤	黏土	20
		浅色沙土	30
植　被			
	草	一般草场	20
		死草：湿	20
		干	30
	作　物	谷类、烟叶	25
		棉花	20
	树　木	热带雨林	15
		桉树	20
		混交阔叶林(有叶)	18
		红松林	10
	雪		
		新雪：低密度	85
		高密度	65
		陈雪：干净的	55
		脏的	45

此外，人工措施可以改变地面性质和地面反射率，如在冰面或雪面上撒黑灰，可增加地面吸收率，加速冰雪融化。

2.3.5　太阳总辐射的日变化和年变化

太阳高度是影响总辐射的主要因子，所以总辐射也有日变化，其特征是：夜间总辐射为零，日出后逐渐增加，正午时出现最大值，午后又渐渐减少，如图 2-10 所示。晴天情况下，上述规律具有普遍性。如果一日中云量多变，则上述日变化规律常常被破坏。

一年中，太阳高度和昼长(或可照时数，见 2.3.7)有变化，所以太阳辐射也有年变化，一般是夏季最大，冬季最小。图 2-11 是北京地区总辐射的年变化，这里夏季正逢雨季，阴雨日多，太阳辐射显著减少，以致全年最高值出现在 5 月。各地总辐射年

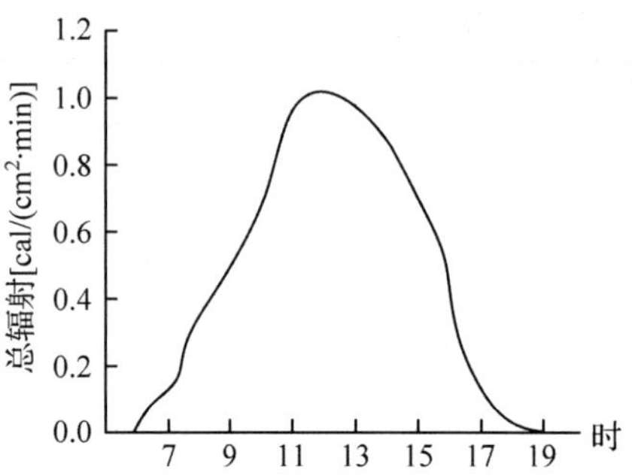

图 2-10　晴天北京地区总辐射日变化

(1983 年 10 月 2 日)

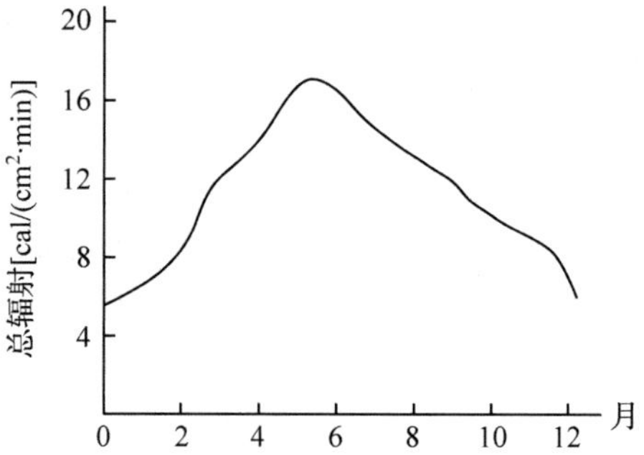

图 2-11　北京地区太阳总辐射年变化

变化型不完全一样，低纬度地区和干湿两季分明的地区稍为复杂些。

一日内，每一时刻太阳总辐射之和就是太阳总辐射的日总量。它不仅取决于太阳高度和大气透明系数，还和太阳照射时间有关。

一年内，太阳总辐射日总量之和就是太阳总辐射的年总量。

2.3.6　光合有效辐射

太阳辐射供给了植物光合过程所需要的光能。但是，只有波长在大约 0.4～0.7μm[①] 范围内的光对光合作用才是有效的，称为光合有效辐射区，以 PAR 表示。光合有效辐射区的能量约为太阳光谱区总能量的 40%～50%。光合有效辐射区的波长范围与可见光光谱区的波长范围(0.4～0.76μm)十分接近。因此，一般把太阳辐射中的可见光谱区作为光合有效辐射区。

光合有效辐射通量(Q)多用经验公式估算，常用的公式是

$$Q = 0.43S_b + 0.57S_d \tag{2-9}$$[②]

2.3.7　日照

日照是指太阳辐射中可见光的照射，常用日照时数和日照百分率表示。

日照时数是指日出(太阳中心出地平线)到日落(太阳中心入地平线)，太阳照射到地平面的实际光照时间，以小时为单位。日照时数用日照计测定。日照受季节、天气、纬度、地形等影响，各地日照时数有差异。

可照时数是不计天气状况，考虑了大气折射改正，从日出到日落太阳的可能光照时间。可照时数或用公式计算或查表(参见气象常用表 3 号)。可照时数随季节、纬度而改变。在北半球，夏季时可照时数随纬度增加而增长；冬季则反之。

在天文学上，从日出到日落太阳照射的时间称为昼长。昼长用公式计算。昼长略少于可照时数，昼长随季节和纬度的分布规律与可照时数一样。

日照百分率是某地日照时数与该地同期可照时数的百分比。日照百分率是相对值，它也说明了一地日照的多少。

---

① 有些文献中光合有效辐射区的波长范围取 0.38～0.71μm。

② 式(2-9)适用于正午最小太阳高度角大于 20° 的地区。

日出以前或日落以后的一段时间内，虽然太阳光不能直接照射地面，但阳光射入高层大气中，由于大气分子和尘埃对太阳光的散射作用，使天色仍有明亮，这种光称为曙暮光。

2.4 地面有效辐射

地面有效辐射由地面辐射和大气辐射两部分组成。地面有效辐射是长波辐射。长波辐射是指波长大于 4μm 的辐射，它只有热效应。

2.4.1 地面辐射

地面日夜不停地向上发射长波辐射，称地面辐射，以 L_0表示地面辐射通量，单位为 W/m^2。地面温度一般在 -40～40℃之间。如果把地面近似地视作黑体，则根据辐射定律可估算出地面长波辐射通量变动于(1.67～5.44)×$10^2 W/m^2$之间。L_0比太阳常数 S_0小得多，但是与到达地平面的太阳直接辐射通量相似。地面发射的电磁波长主要为 4～40μm，发射能量最大的波长是 10μm 附近。地面长波辐射通过大气层时，大气中的水汽、二氧化碳和水滴等吸收了绝大部分的地面辐射能，其中尤以水汽的吸收能力最强。可见，地面辐射是低层大气的主要能量源泉。

2.4.2 大气辐射

大气也是辐射体。大气吸收太阳直接辐射和地面辐射的同时，自身也夜以继日地向四周发射长波辐射。大气辐射中，射向地面的部分称为大气逆辐射，其辐射通量用 L_a表示。大气逆辐射传输到地面，大部分能量被地面吸收，反射不多。如果地面的长波吸收率是 A，那么地面吸收的大气逆辐射通量为 $A \cdot L_a$。

2.4.3 地面有效辐射

地面有效辐射是地面辐射与地面吸收的大气逆辐射之差，以 L_n表示。有

$$L_n = L_0 - A \cdot L_a \tag{2-10}$$

地面有效辐射说明了地面与大气间，在长波辐射的交换过程中，地面所获得或失去的净长波辐射能。当“L_n”为正值时，地面损失长波辐射能；“L_n”为负值时，地面获得长波辐射能。一般地面温度高于大气温度，地面有效辐射是“正”值，即地面常常是损失能量。地面有效辐射通量值决定于地面温度、大气温度和湿度以及云况。在其他条件相同情况下，地面温度高，地面辐射强，有效辐射大，地面损失能量多；大气温度高，或水汽含量多，大气逆辐射强，有效辐射小，地面损失能量少。云是影响地面有效辐射的重要因素。云量多，云层厚时，云犹如覆盖层，向下反射地面辐射，被地面吸收；云中微粒多，大气逆辐射强，也被地面吸收。因此，云多时，地面有效辐射损失的能量少，地面降温缓和，清晨最低温度不至于太低。晴朗少云的夜间，地面辐射强，失去的能量多，降温迅速，清晨最低温度也低。每当寒潮过境，夜间天空转晴，次日清晨的最低温度明显降低。

地面有效辐射和太阳总辐射一样，也有明显的日变化。晴天情况下，一般午后出

现最大值，然后渐渐减小，至次日清晨出现最小值。有云时，上述变化规律常被破坏。

2.5 地面净辐射

净辐射是指某一活动面或活动层上，一定时段内，输入辐射与输出辐射之差，以 R_n 表示。净辐射又称辐射差额或辐射平衡。

土壤表面、植被层或其他固体表面等都是活动面或活动层。白天增热时，活动面是热量的“源”，夜间冷却时，活动面是热量的“库”(详见第 8 章)。

对地面活动面来说，辐射能的收入项有：太阳直接辐射 S_b、太阳漫射辐射 S_d、地面吸收的大气逆辐射 $A \cdot L_a$。辐射能的输出项有：地面反射的太阳辐射 S_r、地面辐射 L_0。于是地面净辐射方程是

$$R_n = S_b + S_d + A \cdot L_a - S_r - L_0 \tag{2-11}$$

上式可改写为

$$R_n = S_t(1 - r) - L_n \tag{2-12}$$

式(2-12)表明，地面净辐射是地面吸收的太阳短波辐射与地面有效辐射之差。当收入的辐射能超过支出的辐射能时，地面净辐射为正值；反之，地面净辐射为负值。

净辐射可以是瞬时值，如辐射通量密度；也可以是某一时段的总值，如日总量，或月、季、年总量，单位为 J/m^2。

地面净辐射由 5 个分量组成，其中任一分量的影响因子，如太阳高度角、云况、大气透明系数、地面温度和大气温度等有变化时，都将不同程度地改变地面净辐射。

地面净辐射有日变化和年变化。晴天情况下，地面净辐射的日变化特征是：日出后 40～60min，净辐射由负值转为正值，尔后随太阳高度增加，净辐射逐渐增大，正午前出现最大值，午后净辐射渐渐减小，日落前 60～90min，净辐射由正值转为负值，图 2-12 是南京地区晴天净辐射日变化的实例。一日中云量多变时，上述典型状况被破坏，情况复杂得多。

一年中，一般是夏季各月地面净辐射为正值，冬季各月为负值。但是各地有差异，如北京地区全年净辐射都是正值，纬度稍偏北的齐齐哈尔地区，冬季出现了负的净辐射，如图 2-13 所示。一般来说，低纬度地区地面正值净辐射持续时间长，高纬度地区则比较短。

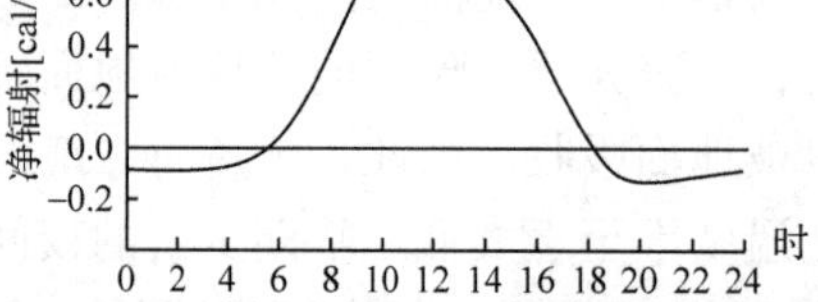

图 2-12 南京晴天净辐射的日变化

(1979 年 5 月 28 日和 31 日的平均，南京)

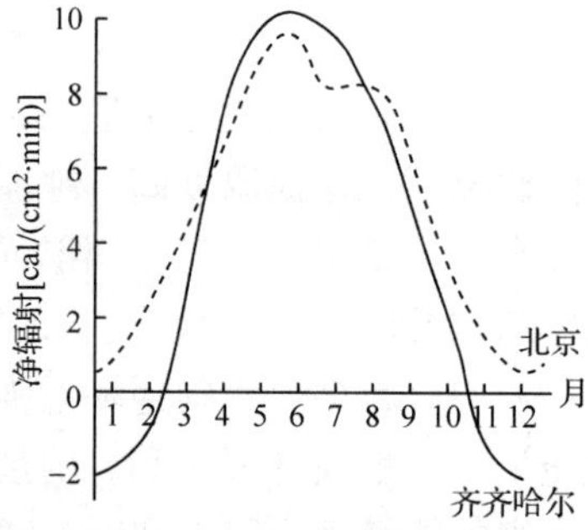

图 2-13 北京和齐齐哈尔地面净辐射的年变化

研究地面净辐射有非常重要的意义。地面净辐射是气候形成的主要因素，它决定了土壤中温度的分布以及近地面气温的高低。地面净辐射年总量是地表面一年中获得的有效能量，因此在估算一地光能利用率时用地面净辐射比总辐射更为合理。

2.6　太阳辐射对人体的影响

太阳辐射中的红外光谱区放射的红外辐射对人体皮肤有刺激作用，红外辐射因波长不同而产生的生物作用不同，长波红外辐射被皮肤表层吸收，短波红外辐射被皮肤深层吸收。人体皮肤接受长波红外辐射后，可引起块状红斑，停止照射后立即消失。过强的红外辐射，可穿透并损伤视网膜，引起白内障。因此，观察日全食时必须戴护目镜。较长时间接受红外辐射照射，会引起眼结膜、角膜疼痛发炎。反复多次接受红外辐射，皮肤容易出现色素沉着。当然，适量的红外辐射可以消毒、杀菌和取暖。

可见光辐射对人体高级神经有明显作用。红色具有温暖、兴奋作用，使人精神振奋，神经反应迅速，肌肉张力增强；但持续感知红色，使人很快疲劳。蓝、紫色具有凉爽和降低机体神经反应，使人镇静。黄色能促进心和肺的活动，增加机体抵抗力。绿是生命之色，绿色光不含对眼睛有害的光线，对人体神经系统、大脑皮层和眼睛视网膜最适合，多看绿色可以保护眼睛。

紫外光辐射按波长可分为三段：A 段，波长 0.32～0.4μm，一般情况下对人体影响不大，当它与某些医用化学物质相互作用时可产生光毒性、光过敏性、光致癌性的增强。B 段，波长 0.275～0.32μm 范围内，可抗佝偻病。C 段，波长 0.2～0.275μm 范围内的辐射，对机体细胞有强烈的破坏作用，可以用来消毒、杀菌，也可以使人致癌。因此，适当的晒太阳对人体身心健康有好处，高纬度少日照地区的人喜欢到西班牙去旅游，主要是为了追寻那里的阳光；而西班牙人也以能向全球出售阳光而自豪。英国人在有太阳的时候，可以停下手中的工作，到室外沐浴阳光。除纬度 60°以北的地区外，一般每天接近中午时，身体局部在太阳辐射下照射半小时，对身体健康和美容都有好处。

2.7　大气中的光现象

大气中经常发生各种色彩缤纷、绚丽辉煌的光学现象，它们是由于太阳和月亮的光线穿过大气层时，被选择地吸收、反射、散射和衍射所引起的。这些现象直接和间接与各种天气过程发生联系。它们不但是气象观测的主要对象和天气预报的重要依据，而且是旅游观赏的主要吸引物，是重要的旅游气象气候景观资源。

2.7.1　天空蓝色

晴朗的天空是蔚蓝色的，天气越是晴朗，天空蓝色越加澄澈。为什么晴朗的天空是蓝色的呢？并不是因为大气本身是蓝色的，也不是因为大气中含有某种蓝色的物质，而是因为太阳光线射入大气层之后，遇到大气分子和浮悬在大气中的微粒发生散射的结果。

大气分子和悬浮的微粒本来是不发光的，但是由于它们能把太阳光向四面八方散射出去，所以它们就成了散射光的光源。太阳辐射的可见光部分是由红、橙、黄、绿、青、蓝、紫七色组成的白色光，不同颜色的光，波长不同。波长较短的紫、蓝、青色光波最容易被散射，而波长较长的红、橙、黄色光的透射能力较强，它们能透过大气分子和微粒，保持原来的方向前进，很少被空气分子散射。对下层空气分子散射来讲，主要是蓝色光线被散射出来。所以天空呈蔚蓝色。

天空蓝色只是在低空才看得见，随着高度的增加，由于空气越来越稀薄，大气分子数量急剧减少，分子散射出的光辉逐渐变弱，天空亮度越来越暗，由蓝而青(8km 以上)，由青而暗青(11km 以上)，再逐渐变为暗紫色(13km 以上)。到 20km 以上的高空，散射作用几乎完全看不出来，天空就变成暗黑色的了。

低层大气中所见到的天空蓝色也不是一成不变的。当空气中的尘埃和小水滴较多时，由于它们的直径和太阳可见光的波长差不多，对各色光的散射程度基本相同，这些质点的散射光就是各色光的复合光，呈白色。这样一来，天空的蓝色散射光中就渗进了白色，而呈现淡蓝色，空气中尘埃杂质越多，天空蓝色也就越淡。天空纯蓝往往出现在雨后，空气非常洁净的时候，所以就有“雨过天青”的说法。

在天空中不同部位，蓝色程度也是不一样的。天顶蓝色最深，地平线附近蓝色较浅。这是因为越靠近地面层，大气中的尘埃和水汽等粗粒子越多，来自地平线附近的光线，在大气中通过的路程长，遇到的粗粒子多，粗粒子散射的白光和大气分子散射的蓝光混在一起，使蓝色变浅，给人们以混浊的感觉。而来自天顶的光线因遇到的粗粒子较少，分子散射的蓝色光成分大，所以蓝色就深一些。

有时空气中的水汽和尘埃较多，而且半径也较大，这些较大的粗粒子的散射和分子散射的性质大不相同，波长较长的黄、橙光被散射得多一些，而总散射量也显著增长，使天空呈现黄色。反过来，天空黄色可以表明大气中存在较大的水滴和尘埃，预示可能出现降水。因此，人们常说“天黄有雨”。

2.7.2 曙暮光

日出之前和日落之后，隐藏在地平线下面而照耀在高层大气中的太阳光，通过分子散射而到达地面的光线，称为曙光和暮光。

曙光和暮光的形成原因是完全相同的，只不过阴暗变化的顺序相反。曙光是由暗到明，暮光是由明到暗。曙光持续的时间叫黎明，暮光持续的时间叫黄昏。黎明和黄昏是白昼和黑夜交替的过渡阶段。如果没有大气分子散射引起的曙暮光，昼夜的交替，会在日出和日落的那一瞬间突然发生。曙暮光的形成可用图 2-14 表示。

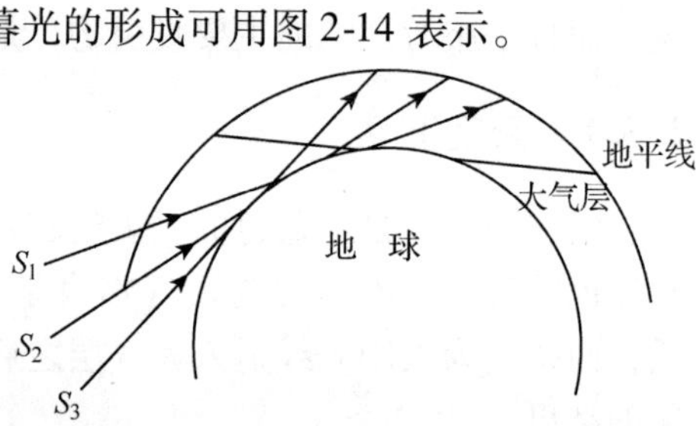

图 2-14 曙暮光的形成

曙暮光通常分为天文曙暮光、民用曙暮光和航海曙暮光。天文曙暮光是指早晨，当太阳圆面中心位于地平线下 18°时开始一直延续到日出的这一时段。在傍晚则是从日落开始到太阳圆面中心位于地平线下 18°时的那一时段。民用曙暮光则以太阳圆面中心位于地平线以下 6°为标准。航海曙暮光以太阳圆面中心位于地平线以下 12°为标准。三种曙暮光之间各相差 6°。

2.7.3 朝晚霞

朝霞和晚霞也叫曙霞和暮霞，是指日出和日落时，天空和山顶，特别是在太阳附近的天空和云层上各种色彩缤纷的光学现象。

早晚天边出现的彩色霞光的原因和天空蓝色的形成原因基本上是一致的。在日出和日落前后，阳光通过厚厚的大气层，将被大量的空气分子所散射。据计算，太阳在地平线附近所穿过的大气层厚度约为白天太阳当头时所穿过的厚度 35 倍。这时紫色和蓝色光就减弱得很厉害了，到达地平线上空时，已所剩无几了。余下的只是波长较长的黄、橙、红色光。这些有色光经地平线上空的大气分子和尘埃、水汽等杂质散射以后，那里天空看起来就带上了绚丽的色彩。如果有云，它会把光线反射过来，因此，云块也会染上橙红艳丽的色彩。所以民间有“朝霞暗红雨凄凄，晚霞青白行千里”“青霞白霞，无水烧茶”的谚语。这充分反映了朝晚霞的色彩和鲜艳程度与大气中水汽含量密切相关。水汽多的时候，霞光的彩色鲜艳或暗红，水汽少的时候，霞光发青发白。所以霞是天气变化的一种征兆。应该指出：简单地说“朝霞不出门，晚霞行千里”是不对的。因为东边有霞说明东边水汽多，西边有霞说明西边水汽多。而西方水汽多才是降水的征兆。因为在我们中纬度地区，天气系统总是自西向东移的。应该是“霞光暗红雨凄凄，霞光青白行千里”。另外有些谚语，如“日落胭脂红，不雨就起风”就表达得很清楚。“朝霞不出门，晚霞行千里”的说法，只在一种特定的情况下才是对的。那就是当整个天空乌云密布，只有东方露出一线光明，阳光照在层状云前端的边缘，而发出红色的光艳。这种朝霞的出现，当然不能出门。当乌云已经过去，西边零散飘着朵朵浮云，在夕阳反照下，放出万道金光，当然预示着晴天。但这已不是用霞预报天气，而是用云的变化来判断天气。

朝晚霞的色彩总是自地平线向上，依次为红、橙、黄、绿、青、蓝等色彩，有时某一种颜色可能不明显，但总的排列顺序是不会错乱和颠倒的，这可以从图 2-15 看出，射到地平线附近的阳光穿过的大气质量多，射到高层的阳光穿过的大气质量要少得多。

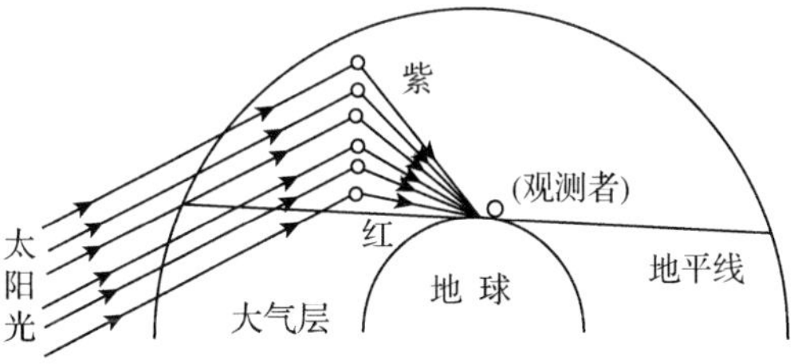

图 2-15　朝晚霞的形成

与霞有关的是太阳的颜色。白天太阳高度角大，通过大气层的路径较短，散射削弱较少，太阳光到达地面时，含有各种波长的光线，因此看来是白色的。早晚太阳穿过的大气路径长，散射削弱较多，特别是大气中所含水汽和尘埃多时，看起来就特别红了，所以早晚天边的太阳总是红彤彤的。

2.7.4 日月变扁

太阳和月亮在地平线附近时，看起来是扁的。这种现象是由于光线在大气中折射引起的。由于大气的密度是随高度而递减的，太阳光穿过大气层时，是一层一层地从光疏到光密。其入射角大于折射角，所以光线是走一条弯曲的道路。经过的路径越长，弯曲越厉害。日月下缘经过的路径比上缘长，所以弯曲程度下缘比上缘厉害。

另一方面，人的眼睛是一个很不精确的仪器，它往往产生错觉，习惯地认为光是直线传播的。无论光是经过怎样的路径达到的，眼睛总以为光是从到达眼睛的光线的切线方向来的，如图 2-16 中虚线所示。这样日月的视高度就比实际高度要高，而下缘比上缘更高，所以看起来就变扁了。

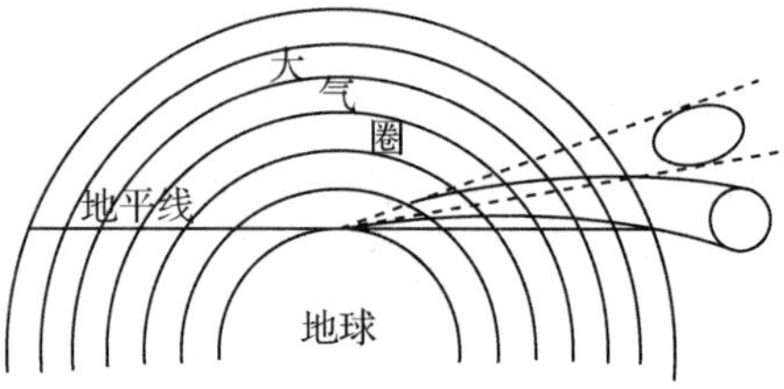

图 2-16　日、月变扁

当日月的高度角增大时，虽然也有变扁的现象，但不显著，所以人眼一般看不出来。由于同样的原因，人们眼睛所看见的星星离天顶的距离比实际的小，而且越近地平线，缩小越多。所以当太阳和月亮实际上还在地平线以下，没有出来时，我们就可以看见它。已经没入地平线之后，我们也仍能看见。这就使白昼长度要增加 8 ~ 12min，甚至更长一点。

2.7.5　星光闪烁

夜晚，天上的星星，特别是地平线附近的星星，常以震动的形式急速变化。时明时暗，上下跳动，左右摇晃。而且有时颜色也有变化，这就是所谓的星光闪烁，或者说是星星“眨眼”。这是由于大气处于不断的运动中，空气密度也相应地不断变化，因而使大气折射率发生变化。折射率变了，星光走过的路径就会发生变化。又因为不同光波的折射率是不同的，所以看起来，位置和颜色都不断地变化。

来自地平线附近的星光，由于穿过的大气层厚，又由于低层大气变化大，所以闪烁显著。地面的发光物也会有同样的闪烁现象。

星光闪烁往往反映出大气的不稳定，是天气变化的征兆，所以有“天上星星跳，风雨就来到”的谚语。

同样的原因，在炎热的夏天，地面上的目标物，由于强烈的增热，空气密度变化大，大气层结不稳定，折射率不断变化，远处看起来一些树木、房屋等会产生晃动，气象学上称为闪晃。这种闪晃也和星星闪烁一样，是天气变化的征兆，因为这是大气层结不稳定的表现。

2.7.6　海市蜃楼

海市蜃楼(蜃景)是一种奇异而美丽的幻景。在沙漠里和海湾上，或是在广大的陆地和水域上空，有时可以看见远处景物的倒立或直立，在垂直方向上扩大或是缩小的晃动的映象，称为海市蜃景。在早上看见的直立于天空的远处景物印象，称为上现蜃景。在中午和下午，看见远处的景物仿佛倒立于地下，称为下现蜃景。

上现蜃景是由于夜间强烈的辐射冷却，使近地面层气温显著降低，上下层空气密度差异很大，气温逆增，密度递减很快时出现的现象。由实物的顶和底两点发出的光经过折射不断地由光密到光疏，再全反射而弯曲地射入到人们眼中，所看到的物体的位置是弯曲的光线在人眼处的切线方向。因此，实物的象，看起来就成了上现蜃景。在我国山东蓬莱海边常常可看到上现蜃景。许多神话传说中都称为“蓬莱仙境”。在高纬度地区的冬春两季，当地面有积雪时，近地层温度很低，其上空若有暖空气入侵也会出现上现蜃景。所谓“海市”者，海上神仙的住所，它在“虚无缥缈间”。蜃，乃蛟龙之属，能吐气为楼，故曰海市蜃楼。

下现蜃景是由于地面强烈增热，使近地面层空气温度剧烈上升，而上层空气增热较慢，使空气上下层密度很不均匀，在密度逆增的情况下出现的现象。下现蜃景和上现蜃景的形成原因基本上是一样的。都是由折射和全反射而形成的。从实物顶、底向眼中所投射的光线是向下弯曲的，因此形成的像在实物的下方倒立着。通常所看到的下现蜃景中除物体的倒像外，还有天空背景的倒影。蓝色的天空在蜃景中看起来很像湖水，物体的倒像好似湖中倒影。由于出现下现蜃景时，大气层很不稳定，因而使蜃景摇晃，仿佛湖波荡漾，呈现出一片美丽的湖光倒影。这种假象曾经欺骗过很多沙漠中的旅行者。

夏天，当柏油马路晒得烫人的时候，在路面上常会出现这种蜃景。此外，当冬季海上较暖，上层如有从大陆吹来的冷空气时，也可能出现下现蜃景。

2.7.7　虹和霓

在“雨后复斜阳”的早晚时刻，在太阳对面的雨幕背景上，有时可以看到正对太阳中心的对日点周围，以对日点为中心的鲜艳夺目的彩色圆弧。它的内侧呈紫色，半径为 40°，外侧呈红色，半径为 42°，这种彩色的光弧，称为虹(或称主虹)。观测者正好处于太阳中心和虹的连线上。如果从高塔或航空器上看去时，主虹可呈完整的光环。

有时在虹的外围，另有一个主虹同心，颜色较淡，色带排列与主虹相反，内红外紫，比主虹宽 1 倍，其半径为内侧 50°外侧 54°的光弧，称为霓，或称副虹，或二次虹。

虹是“日照雨”的产物。是由于太阳光在较大的雨滴中经过两次折射和一次反射形成的。也就是阳光射到大水滴上，经过折射、分光、全反射、再折射回来的结果。

虹的色彩和宽度与雨滴的大小有关。雨滴越大，虹带越窄，色彩越鲜明；雨滴越小，虹带越宽，色彩越暗淡。由虹的色彩是否鲜明和宽度大小，可以判断雨滴的大小。虹的出现和当时天气及未来的天气变化有密切联系。我国有“东虹日头西虹雨”的谚语。因为中纬度地区，天气系统一般自西向东移动，如果东边有虹，太阳必然在西边。说明坏天气将移出本区，天气将好转。如果西边有虹，说明本地将受西边移来的坏天气的影响。

晴天，在一些瀑布附近也可见到彩虹，这是由于瀑布附近水雾缭绕，当太阳从对面照射通过水滴折射，形成彩色光弧。湖南桃源洞国家森林公园的珠帘瀑布附近，夏季晴天 14:00~18:00 时常有这种彩虹可观赏。

2.7.8　晕和假日

当日光和月光穿过冰晶组成卷云时，在日月的周围常可看到一些光环、光弧、光柱和光点，这些光学现象总称为晕。其中的亮光点，有时称为假日。晕是由冰晶对光线的折射和反射所引起的一组光学现象。

晕与天气有密切关系，“日晕三更雨，月晕午时风”说明出现晕是风雨将临的征兆。因为出现晕的卷层云是锋面云的前端，它常在锋面过境之前出现，所以晕是天气变坏的前兆。

2.7.9 华和峨眉宝光

在天空有大片高积云或层积云的时候，在日月的周围，以日月为中心，会出现半径较小的一种彩色光环。它的半径一般不超过5°，色彩排列与晕相反，最外缘呈淡红色，内缘呈淡蓝紫色，有时是一个光环，有时有几个光环，称为华。有的华可以和发光体(日月)连在一起称为华盖。

华是由光线穿过云中水滴或冰针时的衍射(绕射)作用形成的。水滴起着小孔的作用，冰针起着光缝的作用。我们知道，当光的波长与云中小孔的大小相近时，光线经过水滴(小孔)和冰针(狭缝)时就会绕过小孔或狭缝的边缘向云滴后面传播，这种光线偏折现象称为衍射或绕射。自光源发出的光绕过小孔时，则在小孔相对的一面，由于光的衍射作用而呈现色散现象。

从中间向两旁排列着彩色的光谱，内紫外红。波长越短的光，在衍射时偏折的角度越小。当太阳或月亮向外发出来的光遇到云滴时，由于衍射的结果，红光偏角最大，而紫光偏折角最小，因此，人会看到在日月周围有一外红内紫的彩色圆环，就是华。

华的大小与水滴的大小有关。因为衍射的偏角除与波长成正比外，还与水滴半径成反比。水滴小的云产生的华环半径较大，水滴大的云产生的华环半径较小。因此，华环由小变大，表示云中进行着蒸发，云滴变小，是天气转好的征兆。如果华环由大变小，说明云滴在增大，是天气变坏的征兆。所以我国有“大圈日头细圈雨”的谚语。

此外，由于云中水滴大小不一，因此，可以出现大小不同的华环，一个套着一个。有时可以观测到三、四个华同时出现，我们称之为多重华。

与华有关的是峨眉宝光。在多雾的山区里，每当早晨和傍晚的时候，如果有人站在山顶上，他的背后有太阳光射来，在他的前面弥漫着密云或浓雾(雾和云没有本质区别，笼罩着山顶的云雾，站在山顶的人看是雾，站在山下的人看是云，即云下看云是云，云中看云是雾)。这时他会看到在他前面的云雾天幕上会出现一个人影或头影，影子的周围环绕着一个彩色的光环，迷信的人以为这是菩萨显灵，称之为佛光。因为这种现象在我国四川峨眉山出现次数较多，所以常称为峨眉宝光或峨眉光。峨眉宝光不仅在峨眉山可以看到，在其他山上，以及在飞行的飞机上或在有浓雾的海岸上都可以见到。外国人称为灵光、光环或彩光。

峨眉宝光的大小与华相仿，其光环的色彩排列与华相似，所以又称为反日华。反日华是由于光线射入雾层之后，光经过水滴反射，其反射光再经过绕射而形成的。

2.7.10 极光

在高纬度(主要是极地)地区，高层大气中以射线、弧、带、帷幔或冠冕等形状而出现的一种特殊的发光现象，称为极光。

极光现象与太阳活动有密切的关系，当太阳活动较强的年份，在较低的纬度也可以观测到极光。我国 1956 年 9 月 7 日在新疆阿尔泰地区；1956 年 10 月 27 日和 1957 年 1 月 22 日在黑龙江呼玛都出现了极光；1957 年 3 月 2 日在黑龙江漠河也观测到了极光。

1956 年 9 月 7 日我国新疆阿尔泰所观测到的极光是这样的：当天日落后，天色很黑，一层薄薄的卷云笼罩着天空，只有几颗较亮的星星隐约可辨。极光出现之初，只是在正北方山丛上有一较暗的绯红色光幕，由暗而明，无移动现象，仔细观察可见光幕是由直立平行的明暗相间的山光束组成的。很像剧院开幕前只有很少几个水银灯照着的紫红色绒幕一样。光幕最高的仰角为 10°左右，宽度 45°左右。后来突然在光幕中出现了两条白色明亮的光柱，与光幕中的光束平行，而其高度却超过了光幕，很像两道垂直向上射出的探照灯光，不久而逝。这种光柱在十几分钟内出现了好几次。它出现的时间、位置和数量是没有规律的，形状也各不相同。有时在中间突然出现一个白色的光斑，有时却缓慢地出现两三条浅红色的光条。极光在刚开始和快消失时的强度较弱，在出现的中间时间强度较大。与此同时，光幕向各方向上扩展，而向西扩展多于向东扩展，明暗程度由西向东由亮转暗，扩展的最大范围约为仰角 15°~ 20°，方向角 80°~ 90°，以后极光亮度渐暗以至完全消失。

极光是由于太阳发射出现的微粒辐射，在地球磁场作用下，激发高层大气所产生的，也有人认为极光是由于紫外线特别强而引起的高层大气的一种强烈电离现象。

极光的形状是多种多样的。但基本上可以分为两类：其一是非射线结构的稳静形状的极光，通常以均匀的弧状或扩散的发光而出现；另一类是射线结构的极光。它常呈振动的幕状或帷幔状，自极光弧发出绚丽炫目的射线。第一类总是稳静地进行着，并不常有磁暴发生。而第二类极光亮度、色彩和形状都有极大变化，通常伴有磁场骚动。

极光可在 80 ~ 1100km 的高度上观测到，它占据大气层的厚度约 1000km。它的亮度在距其下限 5 ~ 10km 处最强，从此向上向下极光强度均迅速减弱。极光变化多端，鲜艳夺目，一般是黄绿色多，也有红、紫和蓝色。在黑龙江省北部地区，一年中有一天可以看到极光。我国的北极村漠河因能观赏到极光，每年夏天旅游者趋之若鹜。

复习思考题

1. 太阳辐射和地面辐射有哪些异同？说明它们差别的物理基础。

2. 地面净辐射中的各分量对它有何影响？地面净辐射和地面有效辐射有什么区别和联系？

3. 试将大气中的光学现象按折射、反射和衍射的不同以及大气中水相的不同进行分类，并制作出分类表格。

4. 峨眉宝光形成的物理原因是什么？

第3章　空气温度

地面接受太阳辐射、吸收热能，改变地面温度，也改善地面上部的空气温度和其下部的土壤温度。地面是指天气与土壤之间的交界面，它是具有一定厚度的浅薄土薄层，也称地面层。地面被认为是太阳与空气之间的热量转运站，因为空气吸收太阳短波辐射的能力甚微，空气的增热主要靠吸收地面放射的长波辐射。白天，贴地层的空气吸收地面辐射增温后热量逐层向上传递，空气逐层增温；夜间，地面辐射冷却，空气逐层向地面传递热量，逐层降温，越贴近地面降温越显著。地面与空气，空气与空气之间的热量交换形式，除了辐射之外，还有分子传导、对流、平流、乱流和水相变化发生的潜热转移。其中辐射地面与大气之间的主要热量交换形式，大气与大气之间的热量交换形式铅直方向主要是对流和乱流，水平方向主要是平流。空气在铅直方向大规模的升降运动称为对流。

3.1　近地层气温及其变化

气温是大气温度的简称，它随地点、时间和高度而变。一般情况下，气温是指百叶箱内离地面1.5m高度处的大气温度。

3.1.1　近地层气温变化的原因

(1)辐射热交换引起的气温变化

白天，近地面气层中辐射的输入有地面长波辐射和太阳短波辐射，还有空气分子发射长波辐射，即大气辐射(输出的)。由于输入辐射大于输出辐射，空气层中的热量有盈余，空气增热，温度随之升高，从而使一地的气温随时间逐渐升高。夜间，空气分子的长波辐射输出量超过了输入量，空气层中的热量减少，温度降低，这时一地的气温随时间逐渐下降。就一年来说，夏季类似于白天，冬季类似于夜间。可见，辐射热交换引起的气温变化具有周期性变化的特征。

(2)空气平流运动引起的气温变化

空气的平流运动是指空气分子在水平方向上的运动。空气平流有冷平流与暖平流之分。冷平流是指冷空气沿水平方向向较暖的区域流动，可使流经地区的气温降低。如冬季，当西伯利亚冷空气南下，入侵一地时，常使该地区气温大幅度下降。暖平流是指暖空气沿水平方向向较冷的区域流动，可使流经地区的气温升高。一般低纬度的空气温度比较高，输向高纬度地区时，可使那里的气温有不同程度的升高，这就是暖平流。冷平流和暖平流是非周期性的，任何时刻都可以出现。

(3)乱流运动引起的气温变化

由于地面受热不均匀，或地面粗糙不平，使小规模的空气产生无规则的运动，称为乱流。乱流运动经常出现。乱流总是把热量从较热的地方传输到较冷的地方。白天，由乱流运动使热量向上传输，因此气温升高。夜间，乱流运动将热量向下传输给地面，气温降低。

此外，空气的铅直运动，以及空气中的水相变化对气温也有影响。但是，最为经常性的，对近地层气温有影响的传热过程是上述三个物理过程。

3.1.2　近地层气温的变化

近地面气温随时间的变化如同地面温度一样，具有周期性的日变化与年变化的特点。

(1)气温的日变化

气温日变化的一般规律是，白天气温升高，夜晚气温降低，一日中有一个最高值和一个最低值。最高气温出现在正午后二时(14 时)左右。这是因为空气主要吸收地面长波辐射而增温，热量由地面传给大气需要经历一个过程。同样，日最低气温出现的时刻也稍落后于地面最低温度出现的时刻。

一日内，气温的最高值与最低值之差，称为气温日较差。气温日较差说明了一日中气温波动的幅度。气温日较差小于地面温度的日较差。气温日较差与正午太阳高度有关，随纬度而异。就各纬度上日较差的平均值来说，低纬度地区平均为 12℃，中纬度地区为 7～9℃，高纬度地区为 3～4℃。气温日较差随季节也不同。气温日较差和白天最高值、清晨最低值两者有关，最高气温决定于正午太阳高度，最低气温决定于夜晚冷却作用，与夜间长短有关。夏季时夜晚短，地面冷却时间短，降温不多，以致最低温度不太低，这期间气温日较差常常不是全年中最大值，表 3-1 中北京的资料说明了这一特点。

表 3-1　北京各季气温的日较差(分别以 1、4、7、11 月为代表)　℃

项　目	1 月	4 月	7 月	11 月
平均最高温度	-0.6	23.1	31.8	18.6
平均最低温度	-11.6	6.7	20.8	5.3
气温日较差	11.0	16.4	11.0	13.3

除纬度外，其他自然地理环境对气温日较差也有影响，如海洋上日较差小(2～3℃)，大陆上日较差大(15℃或超过 15℃)。盆地和河谷等凹陷地形，白天增热的空气少动，夜间空气冷却，沿坡地下滑沉于谷底，成为“冷空气穴”，因此盆地中气温日较差大。山冈、小山峰以及高山等凸出地形，坡地上的空气与周围自由大气热交换强，气温受周围空气的调节，白天不易升高，夜间不易降低，日较差小。

土壤性质不同，如砂土、深色土壤和干松土壤等上空的气温日较差，分别比黏土、浅色土壤和潮湿土壤等上空的气温日较差大。在我国西北的敦煌地区气温日较差可达 40℃左右，故有“早穿棉袄午穿纱”之说。沙漠地区气温日较差更大。

此外，气温日较差也随天气情况而异，阴天时气温日较差比晴天时小得多。

(2)气温年变化

气温年变化的一般规律是，夏季气温高，秋季时气温渐渐下降，冬季最低，春季时气温渐渐回升，一年中有一个最高值(即最热月)和一个最低值(即最冷月)，它们分别出现在夏至和冬至以后。就北半球中纬度地区来说，大陆上气温的最热月和最冷月分别出现在 7 月和 1 月，海洋上则分别出现在 8 月和 2 月。

一年中，最热月气温与最冷月气温之差称为气温年较差。气温年较差值与纬度关系密切，纬度增加，年较差增大，如图 3-1 所示。如我国漠河(53°25′N)气温年较差为 49℃(多年平均值)，广州(23°08′N)只有 15℃(多年平均值)。

同一纬度，海洋与大陆相比，海洋上的气温年较差比内陆地区的小。就中纬度地区来说，海洋上年较差 10～15℃，内陆地区年较差可超过 40℃。

此外，海拔高度增加，气温年较差减小。云量和降水多的地区，气温年较差比较小。

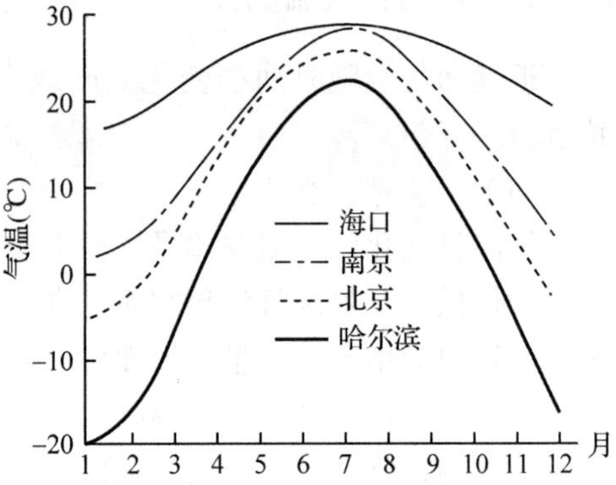

图 3-1　我国不同纬度的气温年变化曲线

3.2　对流层中气温随高度的分布①

绪论中已指出，气温随高度增加而降低是对流层的主要特征之一。当太阳辐射通过大气层时，大气可以直接吸收太阳辐射但量不多，增热作用不大。大气主要吸收地面发射的长波辐射而增热。因此，对大气来说，它的直接和主要的热源是地面。贴地层空气离地面近，获得的长波辐射热多，气温高，高度增加，气温降低。必须指出，上述气温高度的分布特征仅仅指的是一般情况。实际的气温观测表明，气温随高度的分布还有其他的形式。

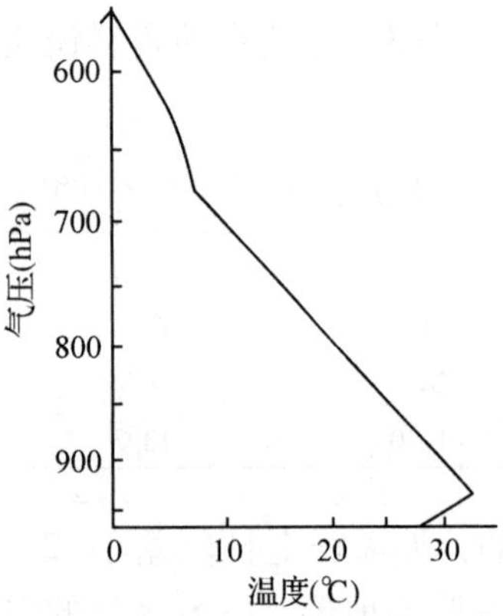

图 3-2　某地某时刻的温度层结

根据某地，某一时刻各高度上的气温测定值，可绘制成气温随高度的分布曲线，称为温度层结曲线或温度层结，如图 3-2 所示。对流层中各高度上温度分布的形式有：高度增加，气温降低；有些气层中，高度增加，气温增加，称为逆温层，简称逆温。此外，还可能出现高度增加，气温不变，称为等温层。

逆温层中，冷而重的空气在下层，暖而轻的空气在

① 气象学上，把某地，同一时刻气温随高度的变化称为“分布”，以区别于气温随时间的变化。某一高度上，同一时刻，各地气温也有差异，称为气温的水平分布。

上层。逆温层内空气的对流和乱流常被抑制，大气处于稳定状态，所以逆温层又称为阻挡层。根据逆温形成原因，有辐射逆温，平流逆温，下沉逆温，锋面逆温等，下面介绍前两种逆温。

①辐射逆温　晴朗微风(或无风)的夜间，地面辐射冷却剧烈，贴地面的空气降温多，远离地面的空气降温少，近地面气层出现了逆温现象，这种逆温称为辐射逆温。辐射逆温的厚度一般为200～300m左右，有时也可达或超过400m。辐射逆温形成于夜间，黎明时最强，日出后逆温层自下而上渐渐消失。辐射逆温多见于冬季大陆上，山谷中尤为常见，且持续时间长。在山区建立工厂时，必须调查当地逆温层的厚度和持续时间，为设计烟囱的高度提供科学依据，避免山谷中大气被污染。

②平流逆温　暖空气流经冷的地面，其底部受地表影响，温度降低，上层降温少，在近地面气层中出现了逆温现象，这种逆温称为平流逆温。冬季，海洋上的暖空气移到大陆上时，大陆上常出现平流逆温。虽然平流引起的逆温层并不厚，但水平范围很广，而且一日中任何时刻都可能出现。

实际大气中，有时是辐射冷却和平流降温同时存在，难以区分。在农林生产中逆温现象还是很有实用意义的，如人们常常选择逆温天气时施放烟雾剂。因为这时烟雾受逆温层阻挡，向水平方向扩散，弥漫于大气中，植株被笼罩在烟幕下，提高了防治病虫害的效果。

3.3 空气的绝热变化和大气稳定度

3.3.1 空气的绝热变化

一块空气有热量的收入或支出时，可以引起温度变化。但是，如果不与外界交换热量，仅由于空气本身的体积变化，也会引起这块空气温度的改变。空气块与环境不发生热量交换，称为绝热条件。绝热情况下的温度变化过程，称为绝热变化过程。上升的空气块，因为外界气压减小、气块体积膨胀，此时气块对外做功。因为气块上升过程中是绝热的，做功的能量全部依赖于气块本身内能的减少。因此，它的温度就会降低。反之，气功绝热下沉时，因外界压力增大、气块体积被压缩，外界空气对它做了功，所做的功全部用于增加它的内能，从而温度增高。可见，空气在铅直运动中会发生温度的绝热变化。

干空气，包括水汽未饱和的湿空气，在绝热上升或绝热下沉过程中的温度变化称为干绝热变化。它每上升100m，温度降低0.98℃，近似地视为1℃；下降100m则增温1°，这个温度变化率称为干绝热梯度(或干绝热直减率)，$\gamma_d = 1℃/100m$。

饱和湿空气，即在上升和下沉时空气块都维持饱和状态，这时，温度的绝热变化称为湿绝热变化。其温度变化率称为湿绝热垂直梯度(或湿绝热直减率)，用γ_m表示，数值为0.5℃/100m左右。γ_m比γ_d小，这是因为在湿绝热过程中，上升冷却引起凝结，凝结时释放出潜热，对气块有升温作用，缓和了气块上升冷却的程度。下沉增热时，空气块中携带的云滴蒸发，维持了空气的饱和状态，由于蒸发耗热，下沉时的增温也比干绝热情况为少。空气下沉时，如果没有携带云块，则下沉时按干绝热梯度改变其温度，即每下沉 100m，增温 1℃。

空气作铅直运动时，由于与周围空气进行热量交换所造成的温度变化，通常比其自身绝热变化小得多。所以，为了简单起见，考虑铅直运动中的空气温度变化时，可以把它当作绝热过程来看。

必须注意，干绝热梯度 γ_d 和湿绝热梯度 γ_m 指的同一块空气处在不同位置时的温差。但是，温度梯度 γ 表示不同高度上的不同空气块的温差，即表示大气层中温度的铅直分布。所以，γ_d 和 γ_m 的含义与 γ 是不相同的。也有人称 γ 为环境温度梯度。

3.3.2　大气的稳定度

据计算，大气层中温度的垂直梯度 $\gamma > 3.42$℃/100m 时，上层的空气密度大于下层的密度，可以造成自动对流现象。自由大气中，一般没有那么大的温度梯度，不会发生自动对流。但是，由于大气层温度铅直分布情况的不同，γ 值不同，已有的扰动和对流，有时可以得到发展而加强，有时则受到抑制而减弱。空气的铅直运动究竟是受到加强还是受到减弱，决定于大气的铅直稳定度。

大气的铅直稳定度可分为 3 种情况：①向上或向下运动着的空气块，具有返回原高度的趋势，则称这时的大气是稳定的；②如果离开原位向上或向下运动后，都将继续沿此方向运动，这时的大气称为不稳定的；③如果被推到另一高度后，既不继续沿此方向运动，也不回复原位，这时的大气便是中性状态。

大气是否稳定，决定于大气层温度铅直梯度 γ 值。现以未饱和空气为例说明。

图 3-3 中Ⅰ、Ⅱ、Ⅲ分别为不同的铅直梯度情况。圆圈表示空气块，圆圈内的数字表示气块移到不同位置上的温度。圆圈外的数字是环境的温度。

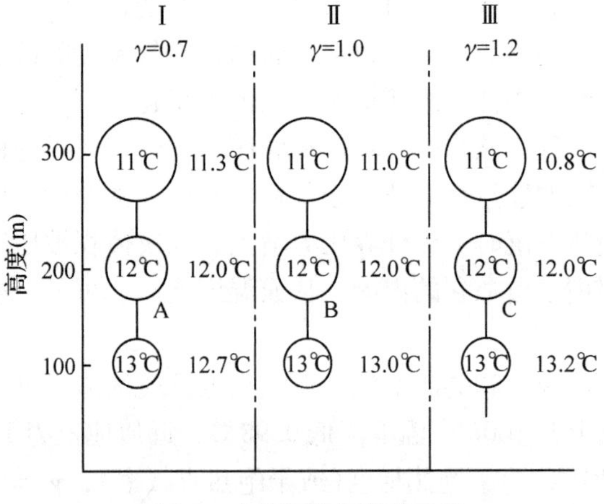

图 3-3　未饱和空气的稳定度

如果大气层温度铅直分布 $\gamma < \gamma_d$(如图 3-3 Ⅰ)，假设 $\gamma = 0.7$℃/100m，200m 处空气块 A 的温度为 12.0℃。该气块受外力作用上升到 300m，它按干绝热变化降温，温度降为 11.0℃，而周围温度为 11.3℃。此时，空气块的密度大于周围空气的密度，即它的重力大于它所受到的浮力，因而，空气块有返回原高度的趋势。如果空气块 A 从 200m 下降到 100m 处，它按干绝热变化升温，温度由 12.0℃升为 13.0℃，比周围空

气温度 12.7℃高些。这时，气块密度比四周空气的小，气块所受浮力大于重力，故有返回原高度的趋势。可见 $\gamma < \gamma_d$时，对未饱和空气而言，大气处于稳定状态。

如果 $\gamma = \gamma_d = 1.0$℃/100m（如图 3-3 Ⅱ），100、200、300m 三个高度上气温分别为 13.0℃、12.0℃和 11.0℃。运动的气块 B，不管上升或下降，其本身按干绝热变化，在任一高度上，气块温度均与周围气温相等。作用在空气块上的重力与浮力相等，不造成加速度。所以 $\gamma = \gamma_d$时，对未饱和空气而言，大气为中性状态。

如果 $\gamma > \gamma_d$（如图 3-3 Ⅲ），假定 $\gamma = 1.2$℃/100m。200m 高处的气块 C，上升到 300m，其本身温度按干绝热变化降温至 11.0℃，它高于周围空气的温度（10.8℃），则气块所受的浮力大于重力，因而加速上升。如果下降到 100m 处，其本身温度为 13.0℃，低于周围空气的温度（13.2℃）故要加速下降。由此可见，$\gamma > \gamma_d$时（称为超绝热状态），对未饱和空气而言大气处于不稳定状态。

由此可知，γ 越小，大气越稳定。在逆温情况下，$\gamma > 0$，大气极为稳定，阻碍对流和乱流的发展。γ 越大，则大气越不稳定。当地面强烈受热时，或高空有冷平流时，可出现不稳定状态，将有助于对流的加强和云的发展。

同理可以推知，对饱和空气而言，若 $\gamma < \gamma_m$，大气是稳定的；若 $\gamma = \gamma_m$，大气是中性的；若 $\gamma > \gamma_m$，则大气是不稳定的。

因为 $\gamma_m < \gamma_d$，当 $\gamma < \gamma_m$时，必然 $\gamma < \gamma_d$，因此，不论空气是否饱和，大气都是稳定状态。$\gamma < \gamma_m$称为绝对稳定。

3.4　气温与旅游

我们知道，人体内的温度变化是很小的，一般为 36.5～37.0℃之间。人体内与皮肤之间的温差要大于 2℃，才有利于人体的有效散热。人穿了衣服后，无论外界如何寒冷，只要人体表面仿佛在 33℃的空气中，就会感觉温暖。在 0.5m/s 的微风条件下，处于静止状态的裸露人体，要保持正常体温，环境温度应为 28～30℃；若从事轻微劳动，环境温度只需 22℃；若在静止状态下，穿少量衣服，环境温度只需 23℃。这说明在一定的环境中正常体温的保持除衣着外，还与人所处的状态有关。人的皮肤对 27～32℃之间的温度最敏感，高于或低于这一范围，感觉灵敏度降低，环境温度若高于 32℃，人就会产生热感，温度越高，热感越烈。

追求舒适是人的本能，也是提高工作效率的必要条件之一。据研究，有利于工作的环境温度是 15～20℃，17℃最适宜从事脑力劳动。超过这个温度范围，就或多或少地会影响工作效率。气象部门确定日最高气温高于 32℃的日子为“暑热日”，把日最高气温高于 35℃的日子称为“炎热日”，日最高气温高于 37℃的日子称为“酷暑日”。为避免受暑热和寒冷，夏季位于炎热地区的人们向北方气温凉爽的地区流动；冬季，位于严寒地区的人们向温暖和阳光充足的地区流动；内地的人向沿海避暑地流动，平原的人向山区凉爽的地方移动，这都是气候因子激发人们外出旅游。哈尔滨整个夏季的气温在 20～30℃之间，最热月（7 月）的平均气温为 22.7℃；长春夏季气温 21.5℃，最热月 7 月的平均气温为 23.0℃，在这些地区人们不会感到夏季的炎热。两湖盆地和长江下游地区，7、8 月间梅雨已过，在副热带高气压控制下，骄阳似火，地面最高温度平均可达 50~60℃，极值可达 80℃左右，发烫的大地源源不断地把热量传给大气，使平均气温升高到 28℃以上，成为我国夏季范围最大的高温区。长江流域三大火炉南京、武汉、重庆的夏季气温高，暑热天长，详见表 3-2。在这样的高温季节里旅游有一定困难，本区夏季最高气温一般出现在 14:00~15:00，必要的事务或旅游活动，应当尽量避开这段时间。

表 3-2　“三大火炉”气温比较

地区	最热月平均气温(℃)	最热月平均最高气温(℃)	最热月平均最低气温(℃)	暑热天数	炎热天数	酷热天数	极端最高气温(℃)
南京	28.2	32.2	24.8	48.2	17.1	3.0	43.0
武汉	29.0	33.0	25.9	59.7	22.0	4.5	41.3
重庆	28.6	33.5	24.7	67.9	33.8	13.7	44.0

气象上以候平均气温低于 0℃的时期作为严寒日的指标。我国冬季南北温差大，大兴安岭北部是我国最冷的地方，1 月平均气温达 -30℃左右，平均最低在 -39℃以下，1969 年 2 月 13 日漠河曾出现 -52.5℃的最低气温；而南岭以南 1 月平均气温一般在 10℃以上，海南岛南部和台湾南部能上升到 18℃以上。因此南方成为我国冬季的旅游热点，海南岛的三亚市，广西的北海市已成为我国的避寒胜地。当然冬季也有不少旅游者北上，领略那“长城内外，唯余蟒蟒，千里冰封，万里雪飘”的北国风光。

复习思考题

1. 对流层中气温随高度分布的形式有几种？为什么一般情况下气温随高度增加而降低呢？

2. γ、γ_d与 γ_m有哪些区别？为什么 $\gamma_d > \gamma_m$？

3. 为什么空气的铅直运动可视作绝热运动？在绝热过程中，气块温度变化的原因是什么？

4. 南京、武汉、重庆为什么会成为“三大火炉”？

5. 暑热日、炎热日、酷热日、严寒日的气象指标如何？

第4章　大气中的水分

空气湿度是说明大气干湿程度的物理量，它取决于空气中水汽含量的多少。空气中的水汽主要来自水体的蒸发。在一定条件下，水汽又凝结，出现云、雾等许多天气现象，并以雨、雪等降水物返回陆地和水面。地球上的水分就是通过蒸发、凝结和降水等物理过程构成了水分循环。

水是植物体的主要组成部分，树木体内一般含60%~80%的水分。一地的水分主要来源于降水，其中一部分贮存在土壤中，用于植物的生理活动。蒸发消耗一部分水。蒸发和降水又与空气湿度有关。

水是自然地理环境的重要组成部分，是自然界中最活跃的物质。大气中的水分是造景、育景的重要条件，是重要的旅游资源。

4.1　空气湿度

4.1.1　空气湿度的表示方法

(1)水汽压(e)

湿空气中，由水汽产生的压强称为水汽压，单位为百帕(hPa)。显然，大气中水汽含量多，水汽压大；水汽含量少，水汽压小。

在某一温度下，一定体积的空气能容纳的水汽分子数有一限度，如果水汽含量达到此限度，称为饱和空气。饱和空气中的水汽压称为饱和水汽压，也称为最大水汽压，以E_s表示。纯水面(平面)上的饱和水汽压仅与温度有关，可用马格努斯经验式计算，即

$$E_s = E_0 \cdot 10^{\frac{at}{b+t}} \tag{4-1}$$

式中，E_0为气温0℃时纯水面上的饱和水汽压，$E_0 = 6.1$hPa；t为蒸发面的温度，单位℃，气象学上用气温代替；a、b是与蒸发面性质有关的两个常数，水面上$a = 7.5$，$b = 235$，冰面上$a = 9.5$、$b = 265.5$。由式(4-1)可见，温度升高，饱和水汽压按指数律增大，同温度下，冰面上的饱和水汽压小于水面上的饱和水汽压，见表4-1。

表 4-1 不同温度下的饱和水汽压(hPa)

温度(℃)		-30	-20	-10	0	10	20	30
E_s	冰面	0.38	1.03	2.00	6.11	—	—	—
	水面	0.51	1.25	2.86	6.11	12.3	23.4	42.5

此外，饱和水汽压还与表面曲率和溶液性质等有关。

(2)相对湿度(u)

空气中的实际水汽压与同温度下饱和水汽压的比(用百分数表示)，称为相对湿度，即

$$u = \frac{e}{E_s} \times 100\% \tag{4-2}$$

相对湿度的大小反映了空气饱和的程度。当空气饱和时，$e = E_s$，$u = 100\%$；未饱和时，$e < E_s$，$u < 100\%$；过饱和时，$e > E_s$，$u > 100\%$。

相对湿度与水汽压、温度有关。在一定温度下，即饱和水汽压为定值时，相对湿度仅与水汽压有关，水汽压大，相对湿度也大；反之，水汽压小，相对湿度也小。在水汽压一定的情况下，相对湿度仅与温度有关，温度高，相对湿度小，温度低，相对湿度大。

(3)饱和差(d)

在某一空气温度下，饱和水汽压与实际水汽压的差值，称为饱和差，即

$$d = E_s - e \tag{4-3}$$

饱和差大，说明空气中水汽含量少，空气干燥；当空气饱和时，$u = 100\%$，$d = 0$。

(4)绝对湿度(a)

单位容积的湿空气中含有的水汽质量，称为绝对湿度，单位是千克/米^3(kg/m^3)。绝对湿度就是空气中的水汽密度。

如果绝对湿度的单位取 g/m^3，e 的单位取 mm，那么两者有如下的关系：

$$a = 289 \frac{e}{T} \tag{4-4}$$

式中，T 是以绝对温度 K 表示的气温。

由上式可知，当气温等于16℃(289K)时，在数值上 $a = e$。在一般温度下，当要求不很精确时，常常以 mm 为单位的水汽压值视作绝对湿度，必须注意两者的单位不同。

(5)露点温度(t_d)

在气压不变、水汽含量无增减情况下，未饱和空气冷却降温而达到饱和状态时，其温度称为露点温度，简称露点，单位为℃。虽然露点是一温度值，它却反映了空气中的水汽含量。露点温度对应的饱和水汽压即为实际水汽压，结合式(3-1)，可得出 e 与 t_d 的关系，即

$$e = E(t_d) = E_0 \cdot 10^{\frac{a \cdot t_d}{b + t_d}}$$

由上式看出，露点越高，水汽压越大；露点低，水汽压小。

空气经常处于未饱和状态，所以露点常常低于气温，只有空气呈饱和状态时，露点等于气温。气温与露点之差为温度露点差，两者的差值如同相对湿度一样，反映了空气的饱和程度：差值为正，说明空气处于未饱和状态，差值越大，空气越干燥；差值为零，空气饱和；差值为负，则空气处于过饱和状态。

4.1.2　相对湿度的日变化和年变化

(1)相对湿度的日变化

晴天情况下，相对湿度的日变化特点是：最高值出现在清晨，最低值出现在午后，如图4-1所示。由图可见，相对湿度的最高值与最低值出现的时间与气温相反。温度升高时，虽然蒸发加强，近地面层大气中的水汽含量增加，水汽压增大一些，但午后乱流强，低层大气中的水汽常被带到高空，导致了近地面层大气中的水汽含量增加不多。可是随温度增加时，饱和水汽压按指数律增大得很多，这样相对湿度反而减小。反之，温度降低时，相对湿度增大。可见，在相对湿度的日变化中，气温是影响相对湿度的主导因子。

必须指出，在阴天或多云天气下，上述相对湿度的日变化规律常被破坏。

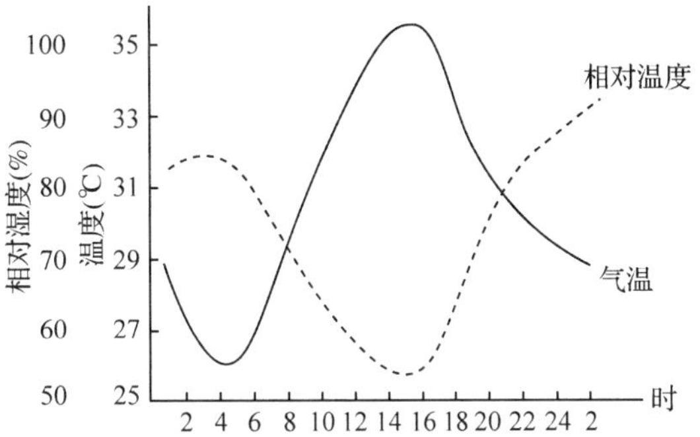

图4-1　相对湿度日变化

(南京，1981年7月6日)

(2)相对湿度的年变化

一般来说，冬季相对湿度最大，夏季最小，它与气温的年变化相反。但在我国季风气候区内，相对湿度的年变化与气温的年变化大体一致，夏季气温最高时，相对湿度最大，冬季或春季，相对湿度最小，如图4-2所示。其原因是，夏季我国大陆上的盛行气团来自海洋，带来充沛的水汽，水汽压大；冬季盛行气团来自干燥的内陆，水汽极少，水汽压小，春季气温回升快，相对湿度低。

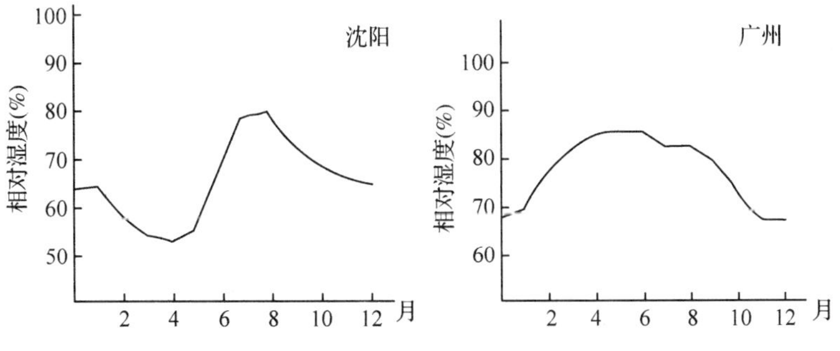

图4-2　相对湿度年变化

4.1.3 相对湿度随高度的变化

相对湿度随高度的分布比较复杂，难以用简单的规律来说明。大气中水汽含量或水汽压随高度增加而减小，1～2km 高处的水汽含量就减少到近地面层含量的 1/2；5km 高处减少到 1/10。气温也是随高度增加而降低，它影响了饱和水汽压。由于两者的递减率不等，其比值(相对湿度)可能随高度递减，也可能递增。一般说来，夏季白昼时，近地面的相对湿度小，高度增加，相对湿度增大，大约到 1.0～2.5km 高处达最大值，在此高度以上相对湿度随高度减小。表 4-2 中列出的观测数值说明了这一现象。相对湿度最大的一层也是对流发展最强烈的一层，常常形成云。夏季夜晚，冬季白天和夜间，近地面层相对湿度最大，高度增加，相对湿度减小。当出现逆温现象时，上述分布状态随之有变化。

表 4-2 各高度上相对湿度平均值

高度(m)	50	500	1000	2000	3000	4000
相对湿度(%)	70	70	77	70	56	64

4.2 蒸发

气象学中蒸发是指常温情况下(即温度低于沸点时)，液面上水的汽化现象，即水汽由液面上逸出。海洋、江河、湖泊等水体，以及土壤中的水都在不断地蒸发，其水汽进入大气中，随着空气的铅直运动和水平运动，水汽由地表带到高空，由水体上空被带到陆地上空。所以蒸发是水循环中的重要环节之一。

4.2.1 蒸发过程的物理实质

水有三态，即固态(冰)、液态(水)、气态(水汽)，也称为水的三相。在大气的各种成分中，只有水的三态能在常温和常压的情况下共存于大气中，而且各相之间能互相转换。水相间的转换称为水的相变。

从分子运动的观点来看，水分子一刻不停地、无规则地运动着，液面上(也称蒸发面)运动速度较大的水分子挣脱了水分子之间的引力，逸出水面，水汽分子进入空气中；同时，空气中的水汽分子受液面水分子的吸引，以及分子间的相互碰撞，其中有些分子也能返回液态水内。如果逸出水面的水分子数大于返回水面的水分子数，就出现了蒸发现象。

从水面逸出的水分子数决定于水体的温度。温度高，水分子运动速度大，逸出的分子数多；反之，水体的温度低，水分子运动速度小，水面上逸出的分子数少。返回水体的水分子数决定于靠近水面的空气中的水汽分子密度，即水汽压。实验证明，在两相共存的闭合系统中，当水面逸出的分子数等于返回液面的分子数时，液面上空的水汽含量达到饱和状态。在闭合系统中，这种平衡状态容易实现。但大气是流动的，液面(海洋、江河等)上空的水汽常被带到邻近陆地上空，因此多数情况下，大气处于不饱和状态，只要有水，蒸发过程不断进行。单位时间、单位面积的水面上逸出的水量称为蒸发率(E)，单位为千克/(米^2·秒)[kg/(m^2·s)]或克/(厘米^2·秒)[g/(cm^2·s)]。

4.2.2　水面蒸发

实验指出，水面的蒸发率与水面上空气的饱和水汽压同实际水汽压的差成正比，与水面上的气压成反比，并随水面上风速的增加而增大(不是正比关系)。其关系式如下：

$$E_w = C \cdot \frac{E_s - e}{P} \tag{4-5}$$

式(4-5)是道尔顿蒸发公式。式中，E_w是水面蒸发率；E_s是该水面温度(常用水面上的气温代替)下的饱和水汽压；e 是水面上空的实际水汽压；$E_s - e$ 是空气的饱和差；P 是气压；C 是与风速有关的比例系数。

由式(4-5)可以看出，饱和差($E_s - e$)大，蒸发率大。饱和差大，表明空气中还能容纳较多的水汽分子才达到饱和状态，水汽分子来自蒸发面上水的蒸发，所以蒸发率大。反之，饱和差小，蒸发率也小。

风速也影响蒸发率。静风时，蒸发面上空的水汽依靠分子扩散，十分缓慢。有风时，乱流强，风带走了蒸发面上空的饱和湿空气，并不断地输入不饱和的新鲜空气，这种空气能容纳的水汽多，加速蒸发，蒸发率大。

在静止空气中，气压也影响水面的蒸发率。因为气压的高低反映了空气分子的密度，压强大说明水分子挣脱液面时受的阻力大，抑制蒸发，蒸发率小。空气流动时，气压与其他气象因子相比，可忽略不计。

对纯净水面来说，蒸发率仅决定于气象因子，但是自然界中很少出现这种理想状况，如海水中常常溶有盐分。海水是溶液，溶液中分子间的吸引力比纯水分子间的力大。所以在相同气象条件下，溶液面的蒸发率小于纯水面的蒸发率。

4.2.3　蒸发量

蒸发率难以测定，日常工作中多用蒸发量。蒸发量是指一段时间(一日、一月或一年)内，由于蒸发而消耗的水量，以单位面积上失去水层的厚度计，单位毫米(mm)。目前，各级气象台站使用小型蒸发器测定蒸发量。必须指出，蒸发器所测得的蒸发量大于自然水面的蒸发量。因为蒸发器口径小，器身全部暴露于空气中，在阳光照射下，器内水温高，加速了蒸发。此外，蒸发器安装的高度，降水时雨水的溅失等也影响了观测记录。

如果下垫面①足够湿润，水分能持续并充分地供给蒸发的需要，这种情况下的蒸发量称为最大可能蒸发量，又称蒸发力(E_m)，单位同蒸发量。

4.3　凝结和凝华

气象学中，凝结是指大气中的水汽变为液态水的过程；凝华是水汽不经历液态阶

① 这里的下垫面是指地球表面，包括陆面、水面和冰雪表面等。

段，直接变为固态的冰晶。当大气中的水汽含量达到饱和状态，并有凝结核时，便出现凝结或凝华现象。

4.3.1　大气中水汽含量达到过饱和状态的过程

大气中水汽含量达到过饱和状态有两条途径：一是在一定温度下增加空气中的水汽含量，即水汽压增大，并出现实际水汽压大于该气温下的饱和水汽压，即 $e>E_s$。二是大气中水汽含量不变，空气冷却，气温降低，饱和水汽压随之减小，当实际水汽压满足饱和或过饱和状态，水汽凝结。大气中常见的凝结现象，以第二条途径居多。

显然，第一条途径中，必须具有蒸发源，且蒸发面的温度高于气温的情况下才有可能出现 $e>E_s$。如果冷空气流经暖水面，水面温度高于气温，暖水面蒸发，水汽分子进入冷空气中，水汽含量增加并达到过饱和状态，出现凝结现象。秋季和冬季早晨，在江、海、湖泊等大面积水体面上出现的雾(称蒸发雾)就属于这种过程。此外，雨后转晴，地面增热，土壤蒸发迅速，乱流弱时也可使贴地层空气中的水汽含量出现过饱和状态。

但是，自然界中以第二条途径为多，即空气冷却到露点以下，空气呈饱和或过饱和状态。大气中常见的降温过程有以下几种：

①绝热冷却　湿空气在绝热上升过程中，由于气压降低，体积膨胀，对外做功并消耗内能，温度降低。未饱和的湿空气上升时按干绝热递减率降温，到某一高度，水汽饱和，开始出现凝结现象，该高度称为凝结高度，凝结高度以上，饱和湿空气上升时则按湿绝热递减率降温，同时空气出现过饱和状态，水汽继续凝结。绝热冷却是自然界中水汽凝结最主要的过程，凝结的水量也多。

②辐射冷却　湿空气中，水汽分子和杂质等吸热和散热的能力很强，夜间，它们辐射冷却。又因近地面空气层与冷的地表(地面也辐射冷却)接触，热传导作用加剧了空气的冷却，温度下降。当气温降到露点以下时，湿空气中的水汽饱和，出现凝结现象。

③平流冷却　也称接触冷却。暖湿空气流经冷的地面，通过热传导使暖空气冷却，温度下降。当温度降到露点以下时，暖空气中的水汽达到饱和或过饱和状态，便出现水汽的凝结现象。

4.3.2　凝结(华)核的作用

在纯净空气中，水汽分子凝结成水滴是十分困难的。实验指出，纯净空气的相对湿度达到400%~800%，水汽分子才会自身凝结。实际大气中，这样大的过饱和状态是不存在的，可是云和雾却时常出现，甚至有时相对湿度还不足100%，凝结就开始了。因为空气中存在大量半径在 10^{-3}~$10\mu m$ 之间的微粒，水汽就以这些微粒为核心，凝结成水滴，这些核心称为凝结核。如果水汽直接在微粒周围凝华成冰晶，其核心称为凝华核。

空气中的凝结核有吸湿性凝结核和非吸湿性凝结核两种。能溶于水的凝结核是吸湿性凝结核，如盐粒等。非吸湿性凝结核是指不能溶于水但能被水浸润的凝结核，如尘粒、烟粒等。

凝结核能促进凝结的原因是凝结核吸附水汽分子的能力大于水汽分子的合并力。此外，凝结核使水滴半径增大，吸湿性凝结核使水滴成为溶液，这些对凝结过程都是有利的。

4.4 水汽凝结物

空气中的水汽凝结物有云、雾、露、霜、雾凇和雨凇等，它们出现的高度不同，有的凝结物生成在地面和近地面的物体上，有的凝结物生成于空中。下面分别介绍。

4.4.1 露和霜

露是近地层中的过饱和水汽，凝结在地面或近地面物体上的水珠。露出现于暖季晴朗微风(或无风)的夜间和清晨。天空晴朗，地面有效辐射强，地面冷却，与冷地面接触的空气温度下降(在0℃以上)，如果水汽含量出现过饱和状态，水汽就凝结在地面和近地面物体的表面上。

霜(亦称白霜)是寒冷、晴朗和微风(或无风)的夜晚，气温降到露点以下，空气中的饱和水汽凝结在地面和近地面物体(温度在0℃以下)上的白色松脆的冰晶。草上、树叶上、房顶和露天木板上都是水汽凝结出现霜最多的地方。

温带地区，一个晚上露的水量约为0.1~0.3mm，热带地区有时可达3mm。一年累计可有数十毫米。虽然露水量不多，但植物叶面上的露水可被植物利用。

4.4.2 雾凇

雾凇常见于冬季寒冷且有雾的天气里。根据雾凇的结构分为晶状雾凇和粒状雾凇两种。晶状雾凇常在微风、严寒(气温低于-15℃)时出现，它是空气中的水汽凝华而成的白色松脆的冰晶物，外形呈毛茸茸的针状，多出现在电线、树枝等细花物体上或其他物体的迎风面上。粒状雾凇常在浓雾、微寒(气温-7~-2℃)有风时出现，它是浓雾中过冷却的雾滴冻结在物体上，形成表面起伏不平的粒状乳白色冰层。由于冻结速度快，保留了雾滴的形状，这种雾凇可增至很大，且很重，对树木和电线等有很大的破坏力。

4.4.3 雨凇

雨凇是降落在地面物体上的过冷却的毛毛雨滴或小雨滴迅速冻结而成的毛玻璃状或透明的紧密冰层，外面光滑或略有隆突。雨凇常在气温0~3℃时出现，在垂直面上和水平面上均能生成，但以近地面物体的迎风面上为多，如树干和树枝上、电线上、柱上以及草上等。在细长物体(电线、树枝等)上的各面都可有雨凇粘附。

雨凇的厚度有时可达几厘米，能将树枝和电线压断，对交通运输、电信及农林业生产都有很大影响。如1977年10月26~29日，从辽宁到河北北部遭受严重的雨凇灾害。据河北省塞罕坝机械林场统计，全场有38133.3hm^2落叶松人工林和杨桦次生林受灾。受灾面积占全场有林地面积的52%。受灾区大部分树冠折断，有的树杆也折断。

灾区的电线上也挂了 7cm 厚的冰柱。

4.4.4 雾

雾是指悬浮于近地面气层中的大量微小的水滴或冰晶，使水平能见度小于 1000m 的一种天气现象。雾的下界接地，雾中水滴半径平均为 2 ~ 5μm。雾多乳白色，但城市和工业区出现雾时，也可带土黄色或灰色。在极寒冷的天气里(气温在 -20℃ 以下)，雾中以冰晶为多，可呈暗灰色。

根据雾的形成原因，可分为以下几类。

(1)辐射雾

晴朗少云，伴有微风(1 ~ 3m/s)的夜间，有利于空气的辐射冷却。当空气中水汽含量充足，达到过饱和状态时，水汽凝结生成雾，这种雾称为辐射雾。辐射雾的水平范围不大，厚度也只有数十米至数百米，多出现在低洼地区，持续时间短，日出后即消散。人们常说的“十雾九晴”指的就是辐射雾。

(2)平流雾

暖湿空气流经冷的地面时，空气冷却，当满足凝结条件时，可形成雾，称为平流雾。平流雾在以下几种情况下形成：①冷季时，低纬度的暖湿空气流经高纬度的寒冷地区，或海洋上的暖湿空气流经寒冷的大陆上。②暖季时，大陆上的暖空气流经较冷的海面上，如春末夏初山东半岛一带出现的雾。平流雾的范围广且厚，持续时间长，一昼夜间随时都可能形成。夜间，平流雾常常因辐射冷却而加强，这种雾称为平流辐射雾。

此外，暖湿空气沿山坡上升时，形成的雾，称为上坡雾。冷空气流经暖水面上，水面上空出现的雾，称为蒸发雾。冷暖气团交锋时，有时也会出现雾，称为锋面雾。

(3)雾的观测预报等级

气象部门按水平能见度大小，将雾的强度划分为 5 个等级：

①水平能见度距离为 1 ~ 10km 的称为轻雾。

②水平能见度距离低于 1km 的称为雾。

③水平能见度距离为 200 ~ 500m 的称为大雾。

④水平能见度距离为 50 ~ 200m 的称为浓雾。

⑤水平能见度不足 50m 的雾称为强浓雾。

4.4.5 云

云是悬浮在大气中的小水滴，或冰晶微粒，或二者混合的可见聚合体，有时还含有一些较大的雨滴和冰雪粒。云和雾的区别是：云底不接地，且有一定的高度和形状。云滴的半径多数在 2 ~ 15μm 之间，比雾中的水滴大。在云的形成过程中，使空气中水汽达到饱和以绝热冷却为主，雾则以辐射冷却和平流冷却为主。

云的外貌千变万化，使云的分类十分困难，目前通用的方法是以云的高度和外形为主要依据进行分类。我国出版的《中国云图》，就是按云的高度分为低、中、高三族，各族云中又按外形特征、结构和成因等分为 10 属，每一属中又分若干种，见表

4-3。

云是产生降水的必备条件，云量[①]多少说明了天气的阴晴，人们常把云的变化视为未来天气变化的征兆。

表 4-3　云的分类

云　族	云　属	符　号	高度(m)	特　征
高　云	卷　云	Ci	7000～8000	由微小冰晶组成，一般不产生降水
	卷积云	Cc	6000～8000	
	卷层云	Cs	6000～8000	
中　云	高积云	Ac	3000～6000	由水滴组成，As 增厚时可有降水
	高层云	As	2000～5000	
低　云	层积云	Sc	1000～2000	由水滴、冰晶、雪花组成，Ns 云产生大量降水，有时层云中有毛毛雨，Cb 云产生阵性降水
	层　云	St	一般 <2000	
	雨层云	Ns	一般 <2000	
	积　云	Cu	云底 500～1500	
	积雨云	Cb	云底 100～2000	

4.5　降水

降水是指地面上从大气中获得的各种形式的降水物，包括从云中下降的液态水(如雨)，或固态水(如雪、冰雹、霰等)，还有地面和近地面气层中的水汽凝结物(如露、霜、雾等)。在一定时段内，上述各种形式的降水，未经蒸发、渗透、流失，在水平面上积聚的水层厚度(包括固体降水融化后)称为降水量，以毫米(mm)为单位。我国大部分地区处于中纬度，露、霜、雾等凝结物的水量不多，不计入降水量内。

通常，地面气象观测站或雨量站所观测到的降水记录，只代表观测站附近地区的降水情况，称为点降水量。如果地势平坦，地面状况相似，则点降水量代表的区域大一些；如果是山区，山地上的降水量比平原地区的降水量多，以点降水量代表一个流域的情况，就不合适了。在实际工作中，常常需要大面积的以至全流域的降水量，即面降水量，面降水量的计算方法请参考应用气象学或水文学有关书籍。

4.5.1　降水形成的一般物理过程

降水来自云层，但有云不一定有降水。云中的水滴和冰晶很小。通常，把半径小于 100μm 的水滴称为云滴，半径大于 100μm 的水滴称为雨滴。标准云滴的半径是 10μm，标准雨滴的半径是 1000μm。可见，一个雨滴的体积是云滴体积的 10^6 倍。云滴体积小，重量轻，常被空气浮力和上升气流托住，悬浮于大气中。只有当云滴的体积不断增大形成雨滴，其重力大于浮力，雨滴的下降速度超过上升气流的速度，并且雨滴在下降过程中不因蒸发(因低空气温高)而将水分耗尽时，雨滴才能到达地面，并

① 云量是指云遮蔽天空的份数。国家气象局规定，目测云量时，将天空分为 10 份。当天空完全被云遮蔽时，云量记作 10；云占整个天空的十分之一时，则记作 1。云量 0～2 为晴天，3～7 为多云，8 以上为阴天。

出现降水现象。

云滴的增长过程有两个：一是凝结(或凝华)增长，二是冲并增长。

(1)云滴的凝结或凝华增长

云层中常常是冰晶、过冷水滴和水汽三相共存。同温度下，冰晶表面的饱和水汽压小于水滴表面的饱和水汽压。在云体发展过程中，常常不断有水汽输入云中。云中水汽含量多，其实际水汽压大于冰面上的饱和水汽压，而又小于过冷水滴表面的饱和水汽压时，水滴周围处于不饱和状态，水滴蒸发，不断变小；冰晶周围则处于饱和状态，水汽凝华在冰晶表面，冰晶很快增长。尺度不一的冰晶下降过程中，因低层气温高，冰晶融化为大小不等的水滴，降到地面。这种过程在大水滴与小水滴之间也存在，小水滴不断蒸发，水汽凝结在大水滴周围表面上，大水滴则不断增长。

(2)云滴的冲并增长

云层中的云滴大小不均，在重力作用下，它们的运动速度也不等。大云滴的下降速度大，在下降过程中，大云滴追上小云滴，相互碰撞粘附在一起。随着云滴体积增加，下降速度也增加，大水滴又一次合并小水滴。云中乱流运动强烈时，加速了大、小水滴间的合并过程。

根据研究指出，上述两种云滴的增长过程常常同时存在，在云滴增长的初期，以凝结(或凝华)增长为主，冲并为次。当云滴直径增大到 50～70μm 后，则以冲并过程为主，凝结(或凝华)过程为次。低纬度上空的暖云中(云体温度在 0℃以上，由水滴组成的云)则冲并增长过程更为重要。

4.5.2 降水种类

按降水形态分，有雨、雪、雹和霰等。雪是固态降水，为白色不透明六出分枝的星状，六角形片状的结晶体，常缓缓飘落，有时成团降落。当气温低于 -20℃，由水汽直接凝华而成的透明薄片或针状的微小冰晶，在阳光下闪烁发光，这种缓慢下降的固体降水称为冰针。霰也是固态降水，为白色不透明的圆锥形或球形的颗粒，直径约 2～5mm，下降时呈阵性，着硬地常反跳，松脆易碎。霰多见于降雪前，颗粒直径小于 1mm 的称米雪，米雪的外形多扁长。雹是坚硬的球形或圆锥形的冰块，气块中心通常有白色不透明的霰块，称为气核。雨和毛毛雨都是液态降水。降水水滴的直径大于 0.5mm 的称为雨，雨直径小于 0.5mm 的称为毛毛雨。

按降水强度(指单位时间内的降水、通常时间单位取 10min、1h 或 1d)分，有小雨、中雨、大雨、暴雨、大暴雨、特大暴雨；或小雪、中雪、大雪等，划分标准见表 4-4。

按降水性质分，有连续性降水、阵性降水和毛毛雨状降水三种。

表 4-4 降水等级划分标准

<table>
<tr><th>种 类</th><th colspan="6">降水强度等级</th></tr>
<tr><td>雨
(mm/d)</td><td>小雨
<10.0</td><td>中雨
10.0～24.9</td><td>大雨
25.0～49.9</td><td>暴雨
50.0～99.9</td><td>大暴雨
100.0～199.9</td><td>特大暴雨
≥200.0</td></tr>
<tr><td>雪
(mm/d)</td><td colspan="2">小雪
<2.5</td><td colspan="2">中雪
2.5～5.0</td><td colspan="2">大雪
>5.0</td></tr>
</table>

①连续性降水　降水持续时间较长，强度稳定少变(一般多为 4～40mm/h)，降水范围大。这种降水的雨滴半径通常为 0.3～2.0mm。

②阵性降水　降水开始和结束都很突然，变化快，强度大(有时可达 200～300mm/h)，范围小。阵性降水的雨滴半径为 1.5～3.5mm。

③毛毛状降水　这种降水的水滴极小(半径为 0.2mm 左右)，雨滴细如牛毛，俗称毛毛雨。毛毛雨的强度很小，仅有 0.05～0.25mm/h，持续时间可较长，多降自层云中。毛毛雨与小雨的区别是，毛毛雨降到水面上没有波纹，降到陆地上没有痕斑。

4.5.3　降水距平和降水相对变率

降水距平是指某地实际降水量(R_i)与同期多年平均降水量(R)之差。降水距平说明一地降水量的年际变化(即年与年之间的差异)。距平为正值时，降水比常年同期偏多；距平负值时，降水比常年同期偏少。

降水绝对变率是指降水距平绝对值的多年平均值，它反映了一地降水量变动的平均状况。用公式表示为

$$\frac{\sum_{i=1}^{n}|R_i - \bar{R}|}{n} = \text{降水绝对变率} \tag{4-6}$$

式中，n 为测定降水量的年数。

降水相对变率是指降水绝对变率与同期多年平均降水量的比(以百分数表示)。即：

$$\text{降水相对变率} = \frac{\text{降水绝对变率}}{\text{同期多年平均降水量}} \times 100\% \tag{4-7}$$

降水相对变率大，说明该地平均降水量的可靠性小，降水量不稳定，出现旱涝的机率大。降水相对变率还可以用来比较不同地区降水量变动程度的差异。

4.6　大气中的水分现象与旅游

大气中有许多奇异的水分现象，有些可开阔旅游人员的科学视野，有些颇有兴味，此处列举一些，以飨旅游者。

4.6.1　奇异的大气降水现象

①年降水量最多的地方　印度的乞拉朋齐，年平均降水 12000mm，若不流失，蒸发和渗透，聚积深度可达 12m。1861 年乞拉朋齐的降水量达 22990mm。其雨滴大如棒球，当地人外出必须戴草编或竹编雨具，以防打伤。我国台湾省的火烧寮，年平均降水量亦高达 6557.8mm(1906—1944 年)，1912 年的降水量高达 8409.0mm。我国西藏雅鲁藏布江下游河谷中的巴昔卡，年平均降水量达 4495mm(1931—1966 年)。降水量最多的地方称雨极。乞拉朋齐堪称世界雨极，火烧寮是我国的雨极，巴昔卡是我国大陆的雨极。我国四川雅安年降水量虽然不多，仅 1774.3mm(1951—1980 年)，古人却有“雅州天漏”之说，这说明其降水天数之多。

②降水强度最大的地方　1970 年 11 月 26 日在瓜达鲁普岛的巴斯特，1min 内降雨 38mm，被认为是现代最大的暴雨。此外非洲的留尼旺曾出现过日降雨量达 1870mm 的记录。台湾阿里山出现过 1104mm/d 的记录，新察出现过 1672mm/d 的降水强度。

③下不到地上的雨　在沙漠地区终年不见滴雨是常有的现象，即使下雨，雨滴降到半空就被灼热的空气完全蒸发了，地面上只能看见空中的雨影。这种降不到地上的雨称雨影或雨幡。撒哈拉大沙漠里的久穆罕沙区，因地处赤道又是沙漠中的岩石裸露盆地，白昼岩石附近的气温可达 120℃，地上永远不见一滴雨。雨幡成了这里奇异的旅游景观。我国吐鲁番盆地南部的却勒塔沙漠地区也有类似景观。

④无云降雨　俗话说“天上无云不下雨”，但自然界中确实有无云降雨的现象，蔚蓝色的晴空中飘荡着细微的雨滴或雪花。这也是大气水分中的奇异现象。无云降雨并非真正无云，只是这些云当时已从旅游者的上空飘移到旅游者的视线之外，或者正从远方向本地移来。

⑤不雨城　秘鲁位于西半球，其西部海洋上有一股强大的秘鲁寒流，高峻的安第斯山脉又阻挡了来自太平洋的海风；在焚风效应下秘鲁首都利马市一年中只有 10～15mm 的降水，还是大雾形成的水平降水，没有真正意义上的大气降水。这使得利马市成为世界著名的不雨城。新疆吐鲁番盆地西侧的托克逊，年降水量只有 6.9mm，是我国著名的不雨城。

⑥巴山夜雨　四川盆地多夜雨，夜间 20:00 至次日 8:00 的降水频率达 60% 以上，春末夏初夜雨占总雨量的 70%～85%，被称作“巴山夜雨”。盆地西部的雅安素有“雨城”之称，平均年降水量为 1775mm，一日最大降水量达 340mm，全年降水日数平均为 219d，比“天无三日晴”的贵州毫不逊色，因此有“雅安天漏”和“西蜀漏天”的妙句。青藏高原夜间是一个冷源，又多地形性小槽，常于夜间移至四川盆地上空形成夜雨；此外，盆地空气湿度大，云量大，白昼太阳辐射不强，难以致雨，夜间云上辐射冷却，云下降温幅度小，云层上下温差大，容易形成对流产生夜雨。森林环境里也有这种降水，称森林夜雨。贵州的夜雨频率亦可达 70% 左右。“昨夜雨声驱浊暑，晓来烟水快新晴。”说明夜雨可使气温骤降，便于人们安然入睡；雨后空气格外清新，宜于游人观赏风景。白天灰尘减少，空气清新，对旅游非常有利。

4.6.2　水汽凝结现象与旅游

大气中的云、雨、雨凇、雾凇、冰雪，空气相对湿度都直接或间接的影响旅游活动。

山区云雾积聚、消散形成瞬息万变的云雾奇观。宋朝画家韩拙说：“云之体聚散不一，轻而为烟，重而为雾，浮而为霭，聚而为气。”(见《山水纯全集》)。古代将云雾列为八景、十景的很多，例如：“太白生云”(浙江天童山十景之一)，“白云缭绕”(武汉龟山十六景之一)，“狮洞烟云”(蓬莱十景之一)，“坐石观云”(贵阳黔灵八景之一)，“雾海金龟”(张家界胜景之一)。高山云雾景观，波澜壮阔，使旅游者心潮澎湃，豪情横溢。

许多由雪构成的景观也被列入八景、十景、十六景之中。例如：“西山晴雪”(燕京八景之一），“平冈积雪”（九华山十景之一），“象山积雪”（千山龙宗寺十六景之一）。雪景富有极大的观赏价值，是发展旅游的一项重要资源。西北的冰川雪岭，东北的林海雪原，南极的冰雪世界，阿尔卑斯山的冰雪公园，都是极富诗情画意的地方。我国北方各省市冰雪旅游资源极为丰富，吉林松花湖的青山滑雪场将要建成我国最大的“冰雪运动城”。此外，冰雕、冰塑也是一项极为引人注目的旅游资源，艺术家们借助天工，为人们雕绘出了各种独具匠心的冰雕造型，吸引了国内外百万游客，使哈尔滨、齐齐哈尔这类冬季旅游冷点城市变为热点基地。

雾凇又名树挂，吉林松花湖的树挂，江西黄洋界的雾凇，南岳衡山和四川峨眉山的雨凇，是中外驰名的旅游资源，被称为“玻璃世界”，晶莹剔透，美不胜收。

降水是具有观赏功能的自然美景。风雨飘摇之中，一切都改变了本来面貌。原先寻常的田野、村舍，一下子变得神秘莫测，增添了朦胧美。降水是人们旅游中经常可遇的自然现象，只要善于审美，可从雨中获得无限美感，苏轼写的西湖诗：“水光潋滟晴方好，山色空蒙雨亦奇”，就是一首赞颂雨景的代表作。雨景也被许多地方列入八景、十景之中。例如“漏天银雨”“南山雨霁”“双桥烟雨”分别是蓬莱十景、毕节八景、羊城八景之一，天空中的雨水还可与太阳辐射等气象要素相互作用，产生可供观赏的奇异景象。

不过降水强度过大时，容易引起山洪暴发、河水陡涨、中断交通及通信，冰冻和雨凇容易导致汽车打滑、翻车，甚至造成恶性交通事故，给旅游带来困难。旅游经营者和旅游者应当学会观察天气现象，收听天气预报，选择有利的天气出游；在旅游途中遇到“不测风云”时，应当沉着机敏，同心协力共渡难关。

空气相对湿度对人的影响是通过与气温的综合作用体现的。当日最高气温超过 32℃，空气相对湿度达 75% 以上，人体就感觉不舒适。气温高，湿度大，人体排出的汗液不易蒸发，皮肤发黏，感觉闷热，极不舒服。一般认为一年四季，月平均空气相对湿度多在 80% 以上的地区是高湿区。川南、黔北、湘北、赣中、浙南、闽北、滇、桂等地都是高湿地区，其中川湘交界地区是高湿中心，月平均相对湿度近 90%。这些高湿地区大都是山区或半山区。高湿地区的人对辣椒或芥末有着特殊的嗜好，几乎一日三餐都离不开辣味。有人说：江西人不怕辣，湖南人辣不怕，四川人怕不辣。其实四川人的口味是麻辣并举的。吃辣椒可以避寒，在闷热的环境里吃辣椒可以促使人体排汗，增添凉爽舒适感，气候上的潮湿带与饮食上的辣味带是一致的。俗话说：入乡随俗。到潮湿地区的旅游者应当学着吃点辣椒，以适应当地气候。

复习思考题

1. 如果一地的水汽含量不变，气温升高，那么水汽压、相对湿度、饱和差、绝对湿度、露点温度、温度露点差等物理量有哪些变化？为什么？

2. 说明实际水汽压，饱和水汽压与蒸发、凝结的关系。温度不同的两种饱和空气，如果降低同等温度，凝结的水汽量是否相等？举例并分析说明。

3. 水汽凝结的必要条件是什么？有哪几种常见的冷却方式？

4. 已知某山的高度为 2500m，迎风坡山麓处空气温度 26℃，空气沿坡面爬升，其凝结高度是 600mm。求：①山麓处空气的相对湿度和露点温度各为多少？②气块爬升到山顶处的温度；③如果山顶处空气仍处于饱和状态，则气块的露点温度和水汽压各为多少？④气块越山后，在背风坡山麓处的温度比迎风坡同高度的温度升高了多少？($r=0.5℃/100m$)。

第5章　气压与风

空气一刻不停地运动着。空气的运动可以分解为水平运动和铅直运动两个分量。空气的水平运动称为风。风是向量，包括风向和风速。风向指风的来向，通常用8个或16个方位来表示。风速指单位时间内空气水平移动的距离，用米/秒(m/s)或风级表示。

风对地球上的热量和水分输送起着重要作用，它直接影响天气的变化。风把二氧化碳不断地输送到叶片周围，促进光合作用。风又能传播花粉和种子，对树木繁殖与森林更新有很大作用。当然，风速过大，对树木也有许多不利，会引起风折、风倒，风速过大，人体感觉不适，交通受到阻碍，影响旅游活动。

风与气压场的水平分布和变化有密切关系。

5.1　气压

5.1.1　气压的定义和单位

气压是大气压强的简称。在静止空气中，任何一个地点的气压是指从地面到大气上界，单位面积的整个空气柱的重量。各地气压不等，其原因或是气柱长短不一，或是空气密度不同。

气象台、站用来测定气压的水银气压表是根据托里拆利实验原理做成的。气压表玻璃管中水银柱对底面(单位面积)产生的压强等于大气压强。因此，气象学上气压的测量单位以前是毫米水银柱高(mmHg)。通常所说的一个标准大气压是指温度为0℃，纬度45°，海平面高度上测得的气压，其数值为760mmHg。

物理学上压强的法定单位是帕斯卡，简称帕(Pa)。气象学上用百帕斯卡(hPa)作为大气压强的单位[过去，大气压强的单位是毫巴(mb)]。几种气压单位的关系为：

$$1\text{mmHg} = 1.333\text{mb} \approx \frac{4}{3}\text{mb} \tag{5-1}$$

$$1\text{mb} = 0.75\text{mmHg} \approx \frac{3}{4}\text{mmHg} \tag{5-2}$$

$$1\text{hPa} = 100\text{Pa} = 1\text{mb} \tag{5-3}$$

5.1.2　海平面气压和等压线

各地的海拔高度不等，地面承受的大气柱长度不同，因此用气压表所测得的各地气压值无法进行比较。为了消除气柱长度对气压的影响，必须把各地的气压测定值更正到海平面高度，海平面高度上的气压称海平面气压。

海平面上气压的分布，称为海平面气压场，通常用海平面等压线的分布来表示。海平面等压线是指海平面高度上、气压数值相等各点的连线，如图 5-1 所示。由图可以看出，等压线分布是多种多样的，有的闭合，有的不闭合，等压线的数值，有的由中心向四周减小，有的则相反，向四周增大。等压线的疏密和弯曲程度也不一样，由此可以清楚地看出水平方向上气压的变化情况。概括起来，等压线的分布有如下几种类型。

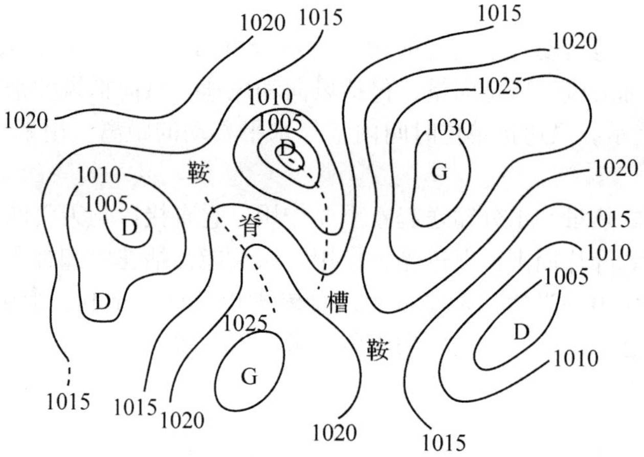

图 5-1　海平面等压线基本形式示意图(hPa)

①高压(G)　由闭合等压线构成，中心气压比四周高。

②高压脊　从高压延伸出来的狭长区域，或一组未闭合的等压线向气压较低的一方突出的部分，称为高压脊，简称为脊。高压脊中各等压线曲率最大处的连线，称为脊线，脊线上的气压值比两侧都高。

③低压(D)　由闭合等压线构成，中心气压比四周低。

④低压槽　从低压延伸出来的狭长区域，或一组未闭合等压线向气压较高的一方突出的部分，称为低压槽，简称为槽。低压槽中各等压线曲率最大处的连线，称为槽线。槽线上的气压值比两侧都低。

⑤鞍区　由位置相对的两个高压和低压之间组成的气压区，称为鞍型气压区，简称鞍区。

以上几种等压线的基本形式，统称为气压系统。各气压系统中的天气状况不同。

5.1.3　气压随高度的分布

大气压强随高度的分布有一个基本的特点：即任一地点的上空，高度越高，气压越低；或者说气压总是随高度增加而减小的。这是因为高度越高，大气柱越短，空气密度越小，所以空气柱的重量也越轻。

任何一个地点，当气柱的平均温度为 0℃，地面气压为 1000hPa 时，气压随高度而降低的情况大致如表 5-1。由表可见，在低空，由 1.5km 到 3.0km，气压降低了 150hPa，然而在高空，由 9.0km 到 12km，气压只降低 100hPa。这说明气柱中，气压随高度降低的快慢程度是不等的。在低空，由于空气密度大，因此高度增加气压很快地降低。这种现象在两个性质不同的冷暖气柱中也存在。

表 5-1　气压随高度的分布

高度(km)	海平面	1.5	3.0	5.5	9.0	12.0	16.0	20.0	23.5	31.0	36.0
气压(hPa)	1000	850	700	500	300	200	100	50	30	10	5

5.1.4　等压面

等压面是空间气压相等的各点所组成的曲面。

在实际大气中，由于下垫面性质的差异，水平方向温度分布不均匀，以及其他原因，在同一高度上各点的气压也不可能一样，因而等压面通常不是水平的，而像地形一样是个起伏不平的曲面。在空间可以有许多的弯曲等压面。由于高度增加，气压总是降低的，所以越向上，等压面的气压值越低。气象学上，一般常用的等压面是 850hPa、700hPa 和 500hPa 三个等压面。

5.2　作用于运行空气质点上的力

空气的水平运动和其他任何物体的运动一样，都是在力的作用下产生的，空气质点受力的情况不同，其运动状态也不同。作用于空气质点的力有水平气压梯度力，水平地转偏向力，惯性离心力和摩擦力。

5.2.1　水平气压梯度力

(1)水平气压梯度

水平气压梯度是一个向量，它的方向是沿着等压线的法线方向，指向气压减小的一方，它的大小是沿着法线方向单位距离的气压差，如图 5-2 所示，其表达式是

$$G_n = -\frac{\Delta P}{\Delta n} \tag{5-4}$$

式中，G_n为水平气压梯度；ΔP 为气压差；Δn 为法向距离差。由于 Δn 正方向的气压总是降低的，即 ΔP 为负值，但 G_n取正值，因此在$\frac{\Delta P}{\Delta n}$前加一负号。

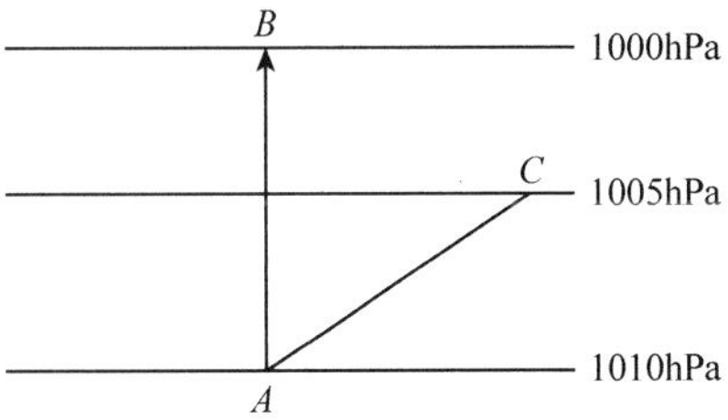

图 5-2　水平气压梯度示意图

(梯度方向 AB)

(2)水平气压梯度的物理意义

水平气压梯度不仅说明了水平气压分布的不均匀程度，而且还反映了单位体积的空气块在气压场中所受到的力。这可以用量纲分析法来证明：

$$[G_n] = \left[\frac{N \cdot L^{-2}}{L}\right] = [N \cdot L^{-3}]$$

式中，N 为力的量纲；L 为长度的量纲。由上式可见，水平气压梯度的物理意义是作用于单位体积上的力。

(3)水平气压梯度力

气象学上，水平气压梯度力是指气压场中作用于单位空气质量的力，其表达式为

$$G = -\frac{1}{\rho} \cdot \frac{\Delta P}{\Delta n} \tag{5-5}$$

式中，ρ 为空气的密度。这也可以用量纲分析法来证明：

$$[G] = \left[\frac{1}{m \cdot L^{-3}}\right]\left[\frac{N \cdot L^{-2}}{L}\right] = [N \cdot m^{-1}]$$

水平气压梯度力的方向与水平气压梯度的方向相同。在水平气压梯度力的作用下，空气质点在水平方向上从气压高处流向气压低处——风。水平方向上的气压差不大，即水平气压梯度力很小，可是在这个力的长期作用下，空气水平运动的速度却不小。例如水平气压梯度为 1hPa/111km，在它作用下，4h 后的风速可达 10. 1m/s。水平气压梯度力虽小，但它却是空气运动的原动力。

5. 2. 2　水平地转偏向力

站在地球上的观测者观测其上空的空气运动，观测者在确定空气水平运动的方向时，是以固定于观测点水平面上的直角坐标系，即 X 轴指向正东，Y 轴指向正北的标准坐标系为参照系。该坐标系随地球自转而变动，如图 5-3 所示，也就是说参照系不是牛顿参照系。这样站在转动地球上的观测者所测得的空气运动是相对运动，不能用牛顿第二定律来描述力与运动加速度之间的关系。为了解决这一矛盾，只有把地球自转作为一个力，才能运用牛顿定律。这个力是由于地球自转运动引起的、假想的力称为地球自转偏向力。

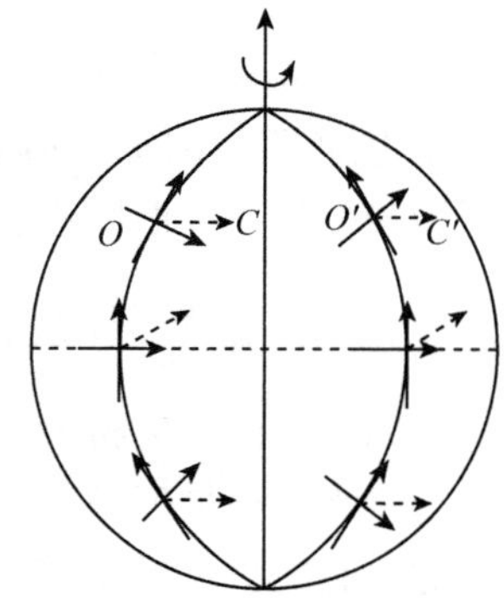

图 5-3　水平地转偏向力对风的影响

任意纬度上的水平地转偏向力 A，可由下式表达：

$$A = 2\Omega V\sin\varphi \tag{5-6}$$

式中，Ω 为地球自转角速度($\Omega = 2\pi/24\text{h} = 7.29 \times 10^{-5}\text{rad/s}$)；$V$ 为运动速度(风速)；φ 为纬度。可见，水平地转偏向力 A 具有如下几个重要特征：

①只有物体相对于地面运动时，才有偏向力，物体静止时，即当 $V=0$ 时，$A=0$。

②地转偏向力的大小与物体的水平运动速度和所在纬度的正弦成正比，在水平运动速度(风速)相同的情况下，纬度越高，水平地转偏向力越大。因此，在极地($\varphi = 90°$)水平地转偏向力最大，即 $A = 2\Omega V$；在赤道($\varphi = 0°$)没有水平地转偏向力，即 $A=0$。

③地转偏向力是一种视力和假想力，只改变运动方向，不改变运动速率。在北半球，水平地转偏向力垂直指向物体运动(即风向)的右方；在南半球则指向左方。

在北半球，由于水平地转偏向力，使风向偏离了水平气压梯度力的方向，并向右

偏转。为了说明这一现象，如图5-3所示。如果空气质点在水平气压梯度力的作用下，沿着力的方向即 OC 向运动(东北偏东)；若力不变，则质点运动方向也不变。但是观测者和坐标系随着地球自西向东旋转，经 Δt 时刻后，观测者由 O 点转移到 O' 点，他判断空气质点的运动方向为东南偏东($O'C'$)。可见空气质点偏离了水平气压梯度力的方向，并偏向其右方。

水平地转偏向力不可忽视(除赤道外)。例如 $V=10\text{m/s}$，那么在纬度30°处，1kg空气受的水平地转偏向力为 $0.7\times10^{-3}\text{N}$。这个数值与水平气压梯度为1hPa/111km，1kg空气所受的水平气压梯度力相当，故一般不可忽略。

5.2.3　惯性离心力

空气质点做曲线运动时，在转动系统内的观察者看来，空气质点时刻受到一个离开曲率中心向外的力作用，这个力是由于物体为保持惯性方向运动而产生的，因此称为惯性离心力。

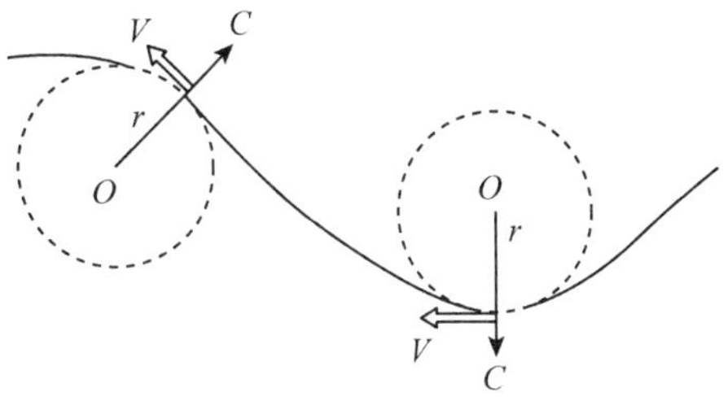

图5-4　曲线运动中惯性离心力的方向

惯性离心力的方向(图5-4)，垂直于运动方向，由曲率中心向外，其大小与物体转动角速度 ω 的平方和半径 r 的乘积成正比，对单位质量的物体而言，惯性离心力的表达式为

$$C=\omega^2 r \tag{5-7}$$

因为 ωr 是物体转动的线速度 V，代入上式得

$$C=\frac{V^2}{r} \tag{5-8}$$

式(5-8)表明，惯性离心力的大小与线速度的平方成正比，与曲率半径成反比。

如果空气质点运动的曲率半径为500km，风速为10m/s，则1kg空气受到的惯性离心力为 $0.2\times10^{-3}\text{N}$，它比水平地转偏向力小得多。但是如果空气质点的运动速度很大，或运动曲率半径很小时，惯性离心力也可以很大，并超过水平地转偏向力。

5.2.4　摩擦力

两个相互接触的物体做相对运动时，接触面之间产生阻碍物体运动的力，称为摩擦力。

空气运动中受到的摩擦力，可分为外摩擦力和内摩擦力。

外摩擦力是空气运动时受到下垫面的阻碍，使其速度减小的力。它的方向与空气运动方向相反，大小与空气运动速度(风速)和摩擦系数成正比，其表达式为

$$F=-kV \tag{5-9}$$

式中，F 为外摩擦力；k 为外摩擦系数(与下垫面粗糙程度有关)；V 为风速；负号表示外摩擦力的方向与运动方向相反。

内摩擦力是空气内部各层之间由于速度大小或方向不同时而产生的互相牵制的

力。下层空气受到的总摩擦力是外摩擦力与内摩擦力的矢量和。

摩擦力对空气运动的影响以近地面层较为显著，随高度增加其影响逐渐减弱，到1~2km高度以上，摩擦力的影响可以略而不计。

上述几种力对空气运动的影响，在不同的条件下是不同的。水平地转偏向力在高纬度地区或大尺度运动中影响较大，而在低纬度特别是赤道地区则可忽略不计；摩擦力只在摩擦层中起作用，在自由大气中则不必考虑；惯性离心力对于曲率半径较大的空气运动影响较小。偏向力、摩擦力和离心力只存在于运动的空气中，它们虽不能使空气由静止变为运动状态，却能改变空气运动的速度或方向，而气压梯度力则是空气运动的原动力。

5.3 风与气压场

5.3.1 自由大气中的风与气压场

观测表明，在自由大气中，除赤道地区外，风向几乎与等压线平行。下面介绍两种不同气压场分布下的风——地转风和梯度风。

(1)地转风

自由大气中，当气压场分布是平直等压线时，那么空气只在水平气压梯度力和水平地转偏向力作用下运动，当这两个力处于平衡时(大小相等，方向相反)，空气就沿着等压线做匀速直线运动，这种风称为地转风。图5-5是地转风形成过程示意图。在平直等压线气压场中，空气在水平气压梯度力作用下，开始从高压向低压流动，受水平地转偏向力作用向右偏转(北半球)。在水平气压梯度力不断作用下，风速不断增加，地转偏向力也随之增大，风向不断向右偏转。当地球偏向力增大到与水平气压梯度力大小相等，方向相反时，空气运动就进入相对平衡状态，风向停止偏转，风速趋于稳定，风沿等压线吹，形成地转风。地转风与气压场的关系是：地转风沿等压线吹，在北半球背风而立，低压在左方，高压在右方；南半球则相反。这个规律，称为白贝罗风压定律。

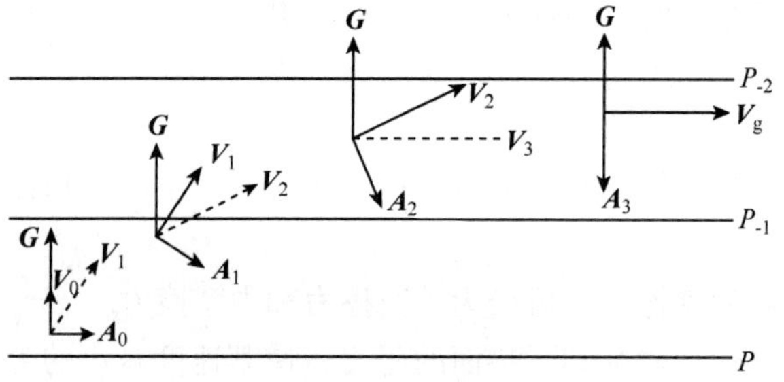

图5-5 地转风形成过程(北半球)

V_g-地转风；V-风；G-水平气压梯度；A-水平地转偏向力

(2)梯度风

空气质点做曲线运动时，除受水平气压梯度力和水平地转偏向力的作用外，还有惯性离心力作用。当这三个力达到平衡时，空气质点就沿等压线作匀速曲线运动，这种风称为梯度风。图 5-6 是高压和低压区中的梯度风情况。图中，$\boldsymbol{V}_G$、$\boldsymbol{V}_D$分别为高、低气压区中的梯度风矢量；$\boldsymbol{G}$、$\boldsymbol{A}$ 和 $\boldsymbol{C}$ 分别为水平气压梯度力、水平地转偏向力和惯性离心力的矢量。可以看出，在北半球，高压中的梯度风沿等压线切线方向顺时针方向吹，低压中的梯度风沿等压线切线方向逆时针方向吹；在南半球则相反。梯度风方向与气压场的关系，仍然遵守风压定律。

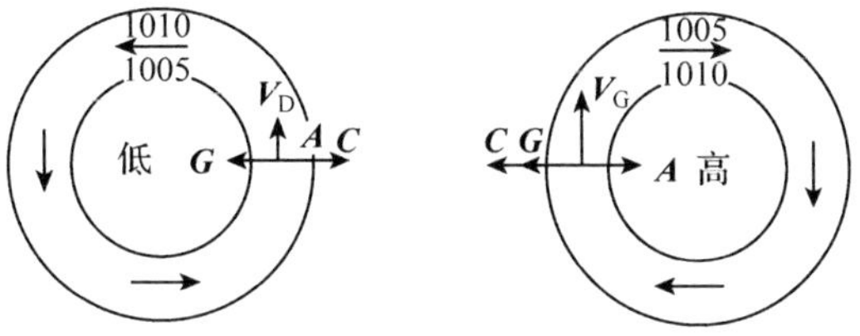

(a)　　(b)

图 5-6　高、低气压区中的梯度风

(a)低压　(b)高压

5. 3. 2　摩擦层中的风与气压场

摩擦层中，摩擦力(特别是外摩擦力)对风的影响很大，它不仅使风速减小，风向受到干扰，而且破坏了地转风的平衡关系，表现出风斜穿等压线从高压区吹向低压区。

在摩擦层中，如果气压场为平直等压线，当水平气压梯度力、水平地转偏向力和摩擦力达到平衡时，风斜穿等压线从高压区吹向低压区，如图 5-7 所示。风向与等压线的交角(α)因下垫面状况而异。观测指出，偏角 α 在海洋上小于陆地上，平原地区小于山区，高空小于低空。在中纬度地区的大陆上，α 角为 45°~ 60°，海洋上 15°~ 20°，这是由于海洋上摩擦力小，α 角也小。

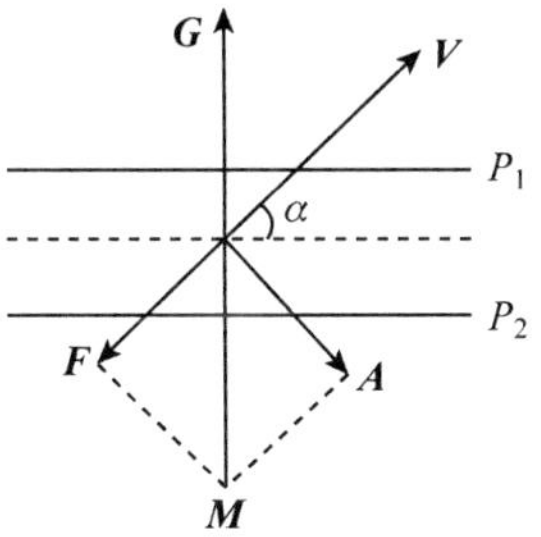

图 5-7　摩擦层内平直等压线中的风

G-水平气压梯度力；***A***-水平地转偏向力；***F***-摩擦力；***V***-风

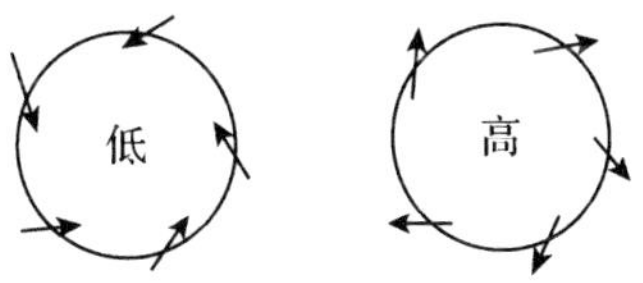

(a)　　(b)

图 5-8　北半球摩擦层内低压与高压中的风

(a)低压　(b)高压

在闭合等压线的气压场中，摩擦力的影响同样使风速减小，风向偏于低压一方。这时风保持稳定状态，则必须要求水平气压梯度力、水平地转偏向力、惯性离心力和摩擦力四个力达到平衡。这样，在北半球摩擦层中，低压区中的空气则沿逆时针方向由四周向中心辐合，高压中的空气则沿顺时针方向由中心向四周辐散，如图5-8所示。

摩擦层中，无论等压线分布形式如何，摩擦力总是使风斜穿等压线，从高压区吹向低压区。在北半球，背摩擦风而立，高压区在右后方，低压区在左前方；在南半球则相反。

5.4　风的变化

5.4.1　风的阵性

风向不定，风速忽大忽小的现象，称为风的阵性。风的阵性与空气的乱流运动有关。一般来说，风的阵性山区比平原地区明显，低空比高空明显，白天比夜间明显，午后最显著。

5.4.2　风的日变化

在气压场形势稳定少变的情况下，低层大气的风常常表现出一定的日变化规律，其特点是：日出后风速随时间逐渐增大，风向逐渐顺时针改变。显然，这种变化与乱流交换日变化有关。白天乱流交换强，高层大气中具有较大动量的空气随乱流传输到下层，使下层风速增大；夜间乱流交换弱，低层大气得不到高层大气的动量，因而风速比白天小。必须指出，当有强的天气系统过境时，上述日变化规律可能被扰乱或掩盖。

风的日变化规律，晴天比阴天显著，夏季比冬季显著，陆地比海洋显著。

5.4.3　风的年变化

风的年变化和当地的自然地理条件有关。北半球中纬度地区，一般风速最大值出现在冬季，最小值出现在夏季。我国处于亚欧大陆东岸，东、南两面临海，冬季大陆为高压控制，夏季为低压盘踞，盛行风向随季节改变，大部分地区夏季多偏南风，冬季多偏北风。

5.4.4　风随高度的变化

在摩擦层中，绝大多数情况下，风速随高度增加而增大，风向随高度而顺时针(北半球)改变。图5-9是北半球摩擦层中风随高度变化的示意图。图中$\boldsymbol{V}_1$、$\boldsymbol{V}_2$、$\boldsymbol{V}_3$、$\boldsymbol{V}_4$分别代表Z_1、Z_2、Z_3、Z_4高度上的风矢量。这种变化可用各高度上受力不同来解释。高度增加，摩擦力减小，因此风速随高度增加而增大，风向与等压线的交角α随高度逐渐减小，风向则不断向右偏转(北半球)，摩擦层以上，风向平行于等压线，风速接近于地转风速。在实际大气中，风随高度的变化比较复杂，特别是近地面气层

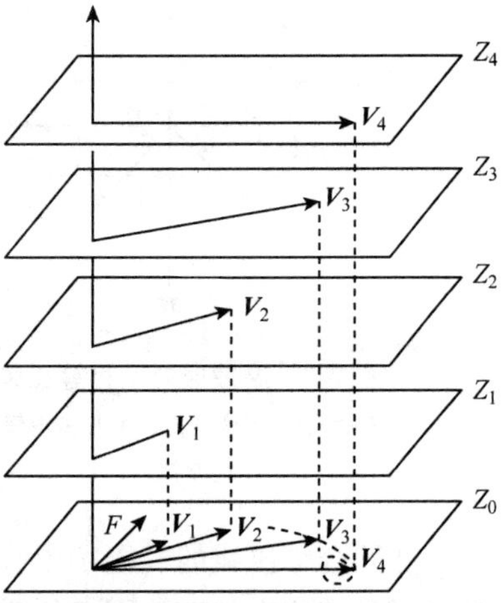

图5-9　风随高度的变化

（离地面 10m 左右），虽然风向随高度变化不大，但风速随高度增加很快。

5.4.5 大气环流

地球外围的大气不停地运动着，它的运动规模有大有小，运动形式也是多种多样，每种运动形式持续时间长短不一。通常所说的大气环流是指大气中具有世界性的大规模的空气流动状况。大气环流是由各种相互有联系的气流——水平气流与铅直气流，地面气流与高空气流等组成。

大气环流是在热力和动力因子的作用卜产生的。这些因子主要是太阳辐射、地球自转和下垫面的不均匀性。实际大气环流非常复杂。下面介绍全球规模的大气环流的简单模式——三圈环流模式及其地面的行星风带。

假定地球表面是均匀的，即不考虑海陆分布及地形起伏等因素的影响，那么在转动的地球上大气环流的基本状态可由三圈环流及其行星风系来说明。图 5-10 是均匀自转地球上的三圈环流示意图。赤道地区，太阳辐射比两极多，温度高，近地面受热空气上升到高空。高空水平气压梯度力由赤道指向两极。在该力作用下，空气由赤道向两极流动，在向两极流动过程中，水平地转偏向力不断增加，气流逐渐向纬圈方向偏转。大约在 30°纬度附近，两力平衡，空气沿纬圈流动，空气在此不断堆积下沉，使地面气压升高，形成高压带，即副热带高压带。副热带高压带中的下沉气流在地面分成两支：一支向极地，一支向赤道，向赤道的这支气流，补充了赤道上升的气流，并构成闭合环流圈，即低纬度环流圈，又称哈德莱环流圈。

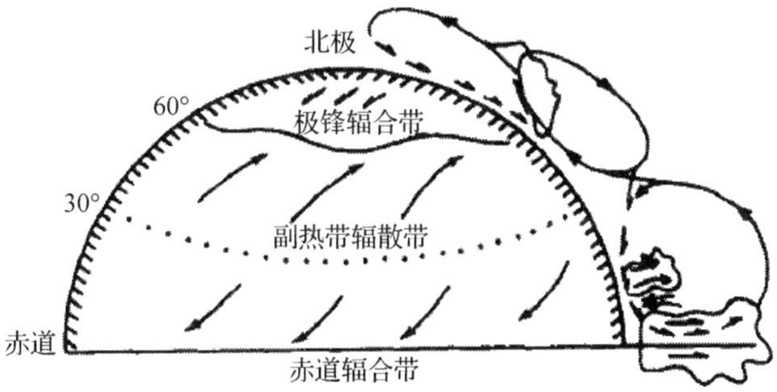

图 5-10 北半球三圈环流模式

在两极，由于地面获得的太阳辐射少，低空气温很低，密度较大，形成极地高压。在副热带高压带和极地高压区之间约 60°~ 65°纬度附近，相对之下形成一个低压带，称副极地低压带。来自极地的冷空气与来自副热带高压的暖空气，经常在纬度 60°附近相遇，形成极峰。暖空气沿极锋向极地滑升，到高空又分为两支气流：一支向低纬度方向流动，在副热带地区下沉，它与纬度 60°附近的上升气流，构成中纬度环流圈，又称费雷尔环流圈；另一支向高纬度方向流动，在极地上空冷却下沉，补偿了极地流向低纬方向的空气，形成高纬度环流圈，又称极地环流圈。

在均匀自转的地球上，与三圈环流相对应的地面气压场和风场具有沿纬圈环绕地球的带状分布的特征。这种在全球范围内呈带状分布的气压带和风带，称为行星风系，如图 5-11 所示。在赤道附近，终年气压很低，称为赤道低压带；自此向高纬度，气压逐渐增加，在纬度 30°~35°附近为副热带高压带；自此向高纬度气压减小，在 60°~65°纬度附近形成副极地低压带；由此向极地气压又逐渐升高，到两极地方，形成极地高压带。

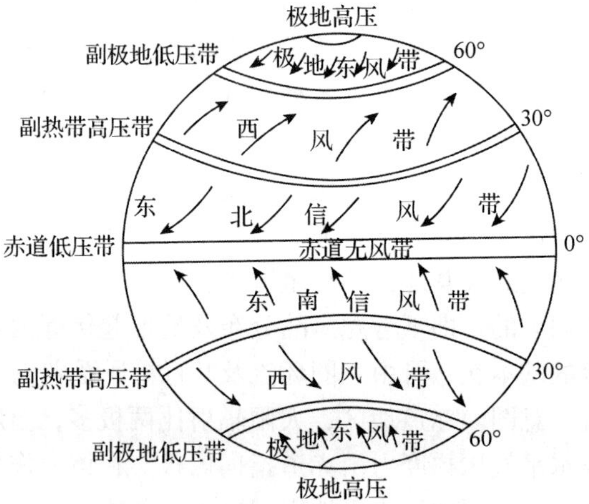

图 5-11 均匀自转地球上的气压带和风带

与气压带相对应的风带是由赤道向两极，依次为赤道无风带、信风带、西风带和极地东风带。赤道低压带内，水平气压梯度小，水平地转偏向力也小，几乎平静无风(或风速很弱，风向不定)，故称赤道无风带。信风带位于赤道两侧，副热带高压带与赤道低压带之间。由于水平地转偏向力影响，北半球气流为东北向，南半球为东南向，分别为东北信风带和东南信风带。在海洋上，信风常年恒定。在副热带高压带内(30°~35°纬度)风也很弱。温带地区，水平气压梯度由副热带高压带指向副极地低压带，在水平地转偏向力作用下，北半球为西风和西南风，南半球为西风和西北风，常被称为盛行西风带。极地东风带位于极地高压带与副极地低压带之间，水平气压梯度指向低纬，在水平地转偏向力作用下，北半球为东北风，南半球为东南风，故称为极地东风带。

事实上，由于陆地表面的不均匀性(海陆和地形影响)，行星风系和带状分布在低空受到破坏，只在高空表现明显。由于海陆的热力性质不同，夏季海洋上有利于高压加强，低压减弱，大陆上则高压减弱，低压加强；而冬季相反。这样行星风系的带状分布遭到破坏，被分裂成一些不连续的高、低气压中心，如北半球副热带高压分裂为太平洋高压、大西洋高压，副极地低压带分裂成阿留申低压、冰岛低压等。由于这些气压系统比较稳定，故习惯上称为大气活动中心。

必须指出，行星风带并非固定不动，它随季节作南北移动，冬季南移，夏季北移，春、秋季居中。由于风带的季节性移动，风带的影响范围扩大了，使一地各季节在不同风带控制下，具有不同的天气特色。

5.6 地方性风

在大范围气压场比较均匀，气压梯度比较小的情况下，由于下垫面性质和形状不同，不同地区的风也可以有很大差异，这种与地方特点有关的局部地区的风，称为地方性风。由于地面热力性质不同而出现的以一日为周期的地方风有海陆风、山谷风等；由于地形的动力影响而出现的地方性风，有焚风、峡谷风等。下面介绍这些地方性风的形成及其特点。

5.6.1　山谷风

山地中，白天风从山谷吹向山坡，夜间风从山坡吹向山谷。前者称为谷风，后者称为山风，合称为山谷风。

山谷风是由于接近山坡的空气与同高度谷底上空的空气间，因白天增热与夜间失热程度不同而产生的一种局地的热力环流。

白天，山坡接受太阳辐射，增温很快，靠近山坡的空气也随之增温，而同高度谷底上空的空气因距地面较远，增温较少，于是山坡上的热空气沿山坡上升。在某高度上出现了由山坡上空指向谷底上空的水平气压梯度，这里的空气由山坡流向山谷上空，并增加了谷底的气压，在下层出现了由谷底指向山坡的水平气压梯度，空气由谷底流向山坡形成谷风环流，如图 5-12 所示。

夜间，山坡由于辐射冷却，降温很快，山坡附近的空气也随之降温，而同高度谷底上空的空气冷却较慢，形成了与白天相反的热力环流，下层风由山坡吹向山谷，上层风则由山谷吹向山坡，形成山风环流，如图 5-13 所示。

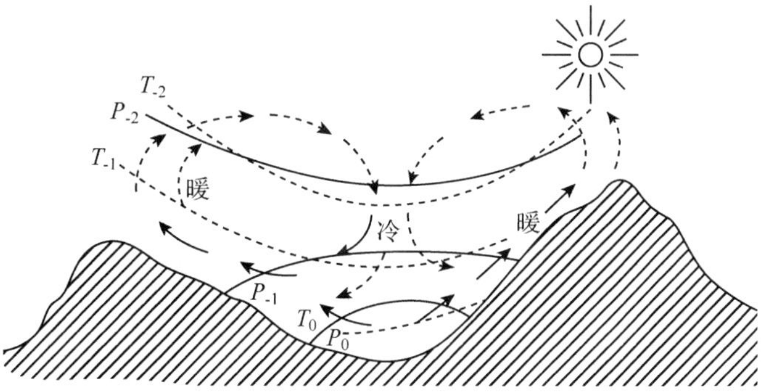

图 5-12　谷　风

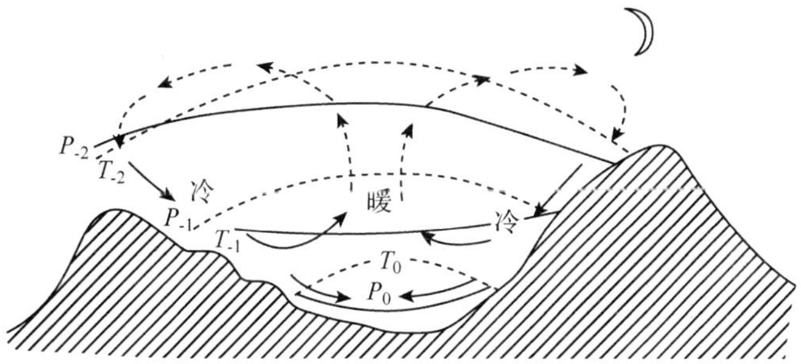

图 5-13　山　风

一年中，山谷风以夏季最明显；一天中，谷风比山风强。山风转换为谷风的时间在上午10时左右，谷风转换为山风的时间则在日落以后。在背阴的峡谷中，谷风出现的时间会延后，持续时间也缩短。山风与谷风的转换时刻，一般出现短时间的静风。

5.6.2　海陆风

在海岸线附近，由于海陆的热力性质不同，造成白天近地层风从海洋吹向陆地，夜间由陆地吹向海洋，前者称为海风，后者称为陆风，合称为海陆风。

海陆表面的热力性质不同，白天陆地增热比海洋强烈，陆地上的气温高于海洋上的气温，陆地空气受热膨胀，空气向上输送，在某高度上出现了从陆地指向海洋的水平气压梯度，空气由陆地上空流向海洋上空，从而增大了海洋上低层空气的压力，出现了从海洋指向陆地的平气压梯度，空气从海洋流向陆地，形成海风环流，如图5-14所示。夜间，陆面冷却比海洋快，形成同白天相反的环流：下层风从陆地吹向海洋，上层风从海洋吹向陆地，如图5-15所示。

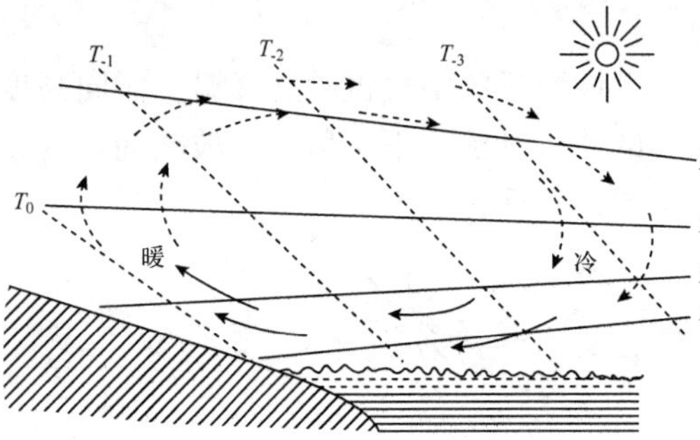

图5-14　海　风

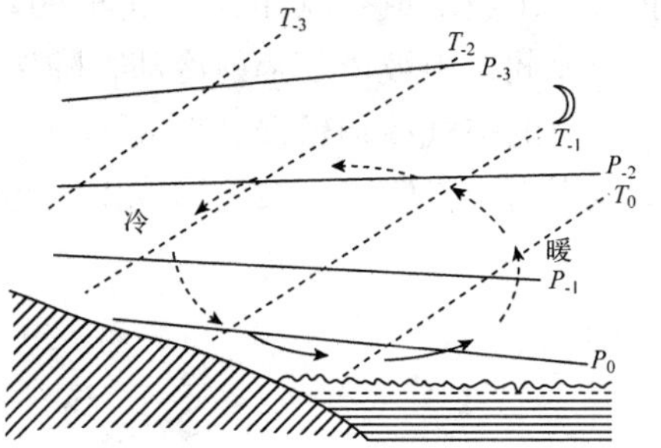

图5-15　陆　风

由于摩擦力的影响，海陆风并不与海岸线垂直而是有一个偏角。海陆温差最大的地方也是海陆风发展最强烈的地方。在内陆地区，大的湖岸和河岸附近，也有类似于海陆风的水陆风现象出现。

海风一般比陆风强，这与白天海陆温差大，以及陆地上空气不稳定有利于环流发展有关。陆风的转换时间随地方条件和天气条件而异，一般是陆风在8:00~11:00转为海风，13:00~15:00海风最强，日落后转为陆风。阴天时，海陆风转换时间要推迟2~3h。海陆风转换时刻也出现短时静风。海陆风对海岸线附近地区的小气候具有一定的调节作用，加上沿岸气流的辐合上升，常常形成低云、雾，甚至降水。

5.6.3　峡谷风

在两山之间或河谷等喇叭口地形地带，当气流进入狭窄的谷口时，因气流在这里密集而形成强风区，这种因地形狭管效应而形成的风，称为峡谷风。

我国地形复杂，峡谷风现象并不鲜见。如台湾海峡、云南下关、新疆阿拉山口等地，因地形影响常出现峡谷风。

5.6.4 焚风

沿高大山脉背风坡吹下的干热风，称为焚风。当未饱和湿空气越山时，在山的迎风坡被迫上升，先按干绝热直减率上升冷却，到一定高度空气达到饱和，水汽开始凝结。这支气流继续上升，则按湿绝热直减率降低温度，并有大量水汽在上升过程中凝结降落。气流过山后，顺坡下沉，由于凝结物已全部停留或降落在迎风坡，因此气流过山顶后已成未饱和状态；按干绝热直减率下沉增温，于是在背风坡的中部或山麓出现了高温而干燥的焚风。图5-16是气流过山形成焚风的一例。有一山岭高3000m，气流越山之前起始温度(t_0)为20℃，相对湿度(u_0)为70%，水汽压(e_0)为2.29mm，凝结高度为500m，湿绝热直减率平均为0.6℃/100m，到达背风山麓时气温升到30℃，相对湿度下降到14%。

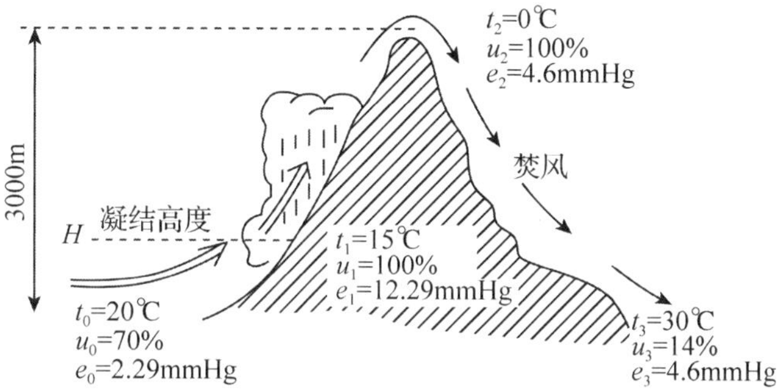

图5-16 焚 风

焚风在山地任何时间，任何季节都可能出现。初春时，焚风可使积雪融化，有利于灌溉；夏末时，焚风可使粮食水果早熟，但强大的焚风会引起森林火灾和旱灾。

干燥的焚风，可使人鼻子和眼睛发痒，有的还出现胃病，神志不清等症状。焚风袭击时，空气中产生大量的正电离子，影响人的情绪。据揭正中(1989)报道，在奥地利阿尔卑斯山背面的一座城镇，焚风使病员伤口发生感染、缝线断裂，并发症增多。

5.7 风与旅游

风是气象变化的主要因素之一，虽然看不见，摸不着，但却可以通过人的感官感受其清爽和危害。根据人的感官，风可以划分为13级，6级以上的大风被认为对人旅游不利，见表5-2。可以凭目力来估测风向和风速的等级。中央人民广播电台和中央电视台每日的天气预报用风级表示风力大小。

在风景旅游资源中，以风命名的景有很多，例如："石洞秋风"(碣石山十景之一)，"茶磨松风"(浙江海盐八景之一)等，这些风柔和、清爽、舒展使人们享受清风凉意的美景。"子夜松涛"(湖南阳明山风景之一)，给人以澎湃豪迈的愉悦之感。

表5-2　风力等级表

风　级	相当的风速(m/s)	海边景象	陆地地面物景象
静　风	不到0.2	静、稳	静，烟直升
一级风	0.3~1.5	普通渔船略觉摇动	烟顺着风偏斜，显示出风向，但风向标不能转动
二级风	1.6~3.3	渔船张帆时每小时可随风移行2~3km	人的脸上感觉有风，树叶有轻微响声；风向标开始转动
三级风	3.4~5.4	渔船渐觉簸动，每小时可随风移行5~6km	树叶及细枝摇动不息，红旗飘展
四级风	5.5~7.9	渔船满帆时，风使船身倾向一边	能吹起地面的灰尘和纸片；有叶小树的树枝摇动
五级风	8.0~10.7	渔船缩帆(即收去一部分)	有叶的小树全树摇摆；水田或湖泊的水面有小波
六级风	10.8~13.8	渔船加倍收帆，捕鱼须注意风险	大树枝摇动，电线呼呼有声，举伞困难
七级风	13.9~17.1	渔船停息港中，海上下锚	全树摇动，大树枝弯下来，迎风步行感到阻力
八级风	17.2~20.7	近海渔船回港避风	树枝被吹断，人在风中前进困难
九级风	20.8~24.4	汽船航行困难	屋顶瓦片被吹落，烟囱顶部被吹坏，草房被吹倒
十级风	24.5~28.4	汽船航行有危险	小树连根拔起；普通瓦房多被吹坏
十一级风	28.5~32.6	浪涛汹涌，汽船很危险	大树被拔倒，许多房屋被吹坏，造成风灾
十二级风	32.7以上	海浪滔天	大树被拔起吹移，小树被吹断卷走，房屋成片倒塌，造成重大灾害

复习思考题

1. 海平面图上高压区和低压区所对应的空间等压面形状如何？并作出其等压面的垂直剖面图。

2. 作用于运行空气的力有哪些？哪些是真实力，哪些是假想力？这些力的大小和方向如何确定？它们在不同条件下对空气运动的影响如何？

3. 什么是风压定律？如何根据风场来判断气压场？

4. 摩擦层和自由大气中的风随高度的变化有哪些不同？

5. 概述均匀自转地球上的三圈环流及行星风带的形成及其特性。

6. 几种地方性风(山谷风、海陆风等)形成的原因及其特点是什么？

7. 什么是大气活动中心？北半球有哪些活动中心？与我国气候关系密切的大气活动中心有哪几个？其影响如何？

8. 为什么北半球的沙漠地带大部分位于30~40℃的陆地上？

第2篇

天气学基础及灾害性天气

一个地区某一瞬间大气状态和大气现象的综合称为天气。研究天气过程发生发展规律，并运用这些规律预报未来天气的科学称为天气学。

第6章 天 气

一个地方的天气经常变化，时冷时热，时阴时晴，它是由活动在大气中的各种尺度的系统(如低气压、高气压、锋面、切变线、槽、脊等)引起的，这些系统称为天气系统。某一时刻天气系统的地理位置分布状况，就是天气形势。天气形势显示过去和未来一定时间的天气演变的过程和趋势，是天气预报的依据。本章将介绍天气学基础知识和影响我国天气的主要天气系统及其天气表现。

6.1 天气和天气学定义

天气是指某一地区，某一瞬间或一定时段内风、云、降水、温度、霜、雾等各气象要素综合表示的大气状况。一个地方出现的天气状况并非偶然，它与控制该地的天气系统相互联系。天气系统和相应的天气现象的发生、发展、演变的过程，称为天气过程。天气学就是研究天气形成及其演变规律，并利用这些规律预报未来天气的科学。天气学是天气预报的基础。天气分析是天气学的一个重要内容。它是把观测的气象要素利用各种方法进行综合分析，例如：用天气图法分析天气系统(如高、低气压)等及其伴随的天气现象(如大风、降水等)，研究这些系统的位置、结构、强度及其变化，掌握其运动规律，以便预报它的未来。

在天气预报中常常使用天气模式法。天气模式是根据一定目的(如了解某一天气系统的发展过程及其天气表现)，分析大量实际的天气演变和分布的资料，归纳出典型的天气过程，包括天气系统发生发展类型，以及相应的天气现象，如锋面气旋模式就是一种天气模式。天气模式在一定程度上能反映同一类型天气的变化规律，所以常被用于日常的天气预报中。虽然天气模式建立在物理规律的基础上，但仍有一定的地理区域性和统计性。随着大气科学的进展，新的观测手段(如气象卫星等)和计算技术(如电子计算机)的发展，天气预报的方法也在不断改变，预报准确率也在不断提高。

准确的天气预报，无论对于合理安排生产，科学地组织旅游活动，还是预防自然灾害等方面均有重要意义。在我国，中央和各省(自治区、直辖市)及地区都设有气象台，县设气象站，有些乡设有气象哨，构成一个完整的气象网，开展不同范围种类的天气预报。天气预报按预报时效可分为短期(1~3d)、中期(3~15d)和长期(15d 以上或更长时间)预报。

6.2 天气图简介

各种天气现象的产生都是大气中所进行的各种物理过程的综合结果。为了掌握天气的发生、发展和变化规律，作好天气预报，必须对一定空间的大气概貌和内部结构有所了解。为此，气象工作者定时地广泛收集国内外各地的气象观测资料，用不同方式和方法进行系统的整理分析，就可一目了然地看出各地的天气状况和大气结构。天气分析预报中最常用的分析工具就是天气图。

天气图是把国内外各气象台站同一时刻观测的气象资料收集起来，按规定的符号和格式填在特制的空白地图(天气图底图)上，并分别绘制某些要素的等值线，将广大地区同一时刻的天气实况和天气形势明显地表示出来的一种图。天气图包括地面天气图、高空天气图和一些辅助图表。

6.2.1 地面天气图

在天气图底图上填绘地面观测气象资料的图，称为地面天气图(简称地面图)。地面图上填写的气象要素比较多，它既有近地层的气温(在站圈的左上角)、湿度(左下角)、风、能见度(左下角，湿度上部)和海平面气压(右上角)等气象要素，还有降水量(右下角)以及不同高度的云(站圈中部)；既有测定时刻的气象要素，也有反映过去6h的天气现象和3h的气压变化。地面天气图上绘有海平面等压线，地面锋线位置等。因此，地面天气图既反映了地面气压形势，又反映了各地过去的天气现象的综合图。

6.2.2 高空天气图

高空天气图(简称高空图)是反映高空不同高度各气象要素场结构的一种图。高空图又称高空等压面图。常用的高空图有850hPa、700hPa、500hPa、300hPa等。

高空图上填有观测站在该等压面上的高度(在站圈的右上角)、温度(左上角)、湿度(左下角)和风等高空气象资料。在高空等压面上绘有等高线和等温线，图上闭合等高线的高值中心相当于高气压区；闭合等高线的低值中心相当于低气压区。因此，高空图上等高线的分布表征了高空气压形势。

天气图上常用的符号及其意义见表6-1和表6-2。

表6-1 常用的天气符号

天气符号	阴	多云	晴	雷暴	阵雨	雷阵雨	雷雹	冰雹	微雨	小雨

天气符号	中雨	大雨	暴雨	微雪	小雪	中雪	大雪	霜冻	西北风1级	北风2级

(续)

天气符号	南风 3级	东风 4级	西风 5级	西南风 6级	东南风 7级	东北风 8级	东北偏北风 9级

天气符号	东北偏东风 10级	东南偏东风 11级	东南偏南风 12级	浮尘	扬沙	沙尘暴	强沙尘暴

表 6-2　锋的符号

锋的种类	分析图的符号	单色印刷图上的符号
暖　锋	红色	
地面暖锋	红色	
冷　锋	蓝色	
地面冷锋	蓝色	
准静止锋	蓝色 红色	
暖性锢囚锋	紫色	
冷性锢囚锋	紫色	
锢囚锋(性质未定)	紫色	

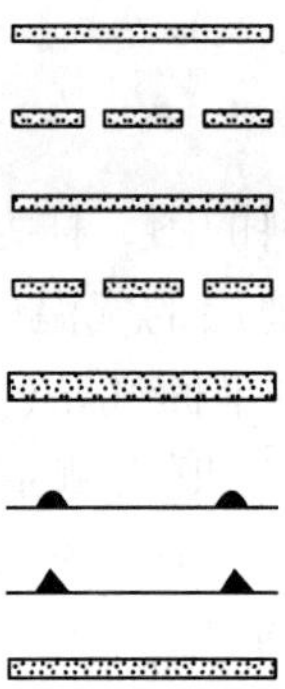

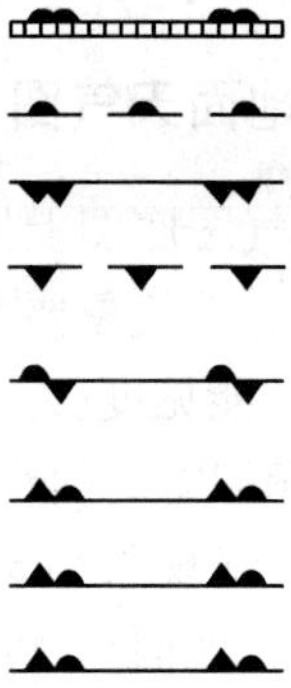

6.3　气团及其天气

6.3.1　气团定义

气团是指同一时段，占据广大空间，在水平方向上的物理属性(温度、湿度和稳定度等)比较均匀，在铅直方向上各处物理属性的分布比较相似；在它控制下的天气特征也大致相同，气象要素变化不太剧烈的大团空气。

气团的水平范围可达数百千米到数千千米，铅直厚度可达几千米到十几千米，即可达到对流层的中上部。

6.3.2　气团源地

气团最初形成的区域，称为气团源地。气团的形成是通过空气与下垫面间的热量和水汽交换，以及空气内部热量和水汽的调节而实现的。

气团形成需具备两个条件：一是大范围性质比较均匀的下垫面，它决定着气团的性质，如冰雪覆盖的地区往往形成干冷气团，水汽充沛的热带海面常常形成暖湿气团；二是使大范围空气有较长时间停留或缓行在同一下垫面上的环流条件。一般在永久性或半永久性的高压控制地区，空气运行缓慢、风力微弱，同时高压中的下沉辐散气流有利于气象要素的水平分布均匀，为气团形成提供了合适的环流条件。

当环流条件改变时，气团就离开源地移到另一个地方。在移动过程中，气团与流经地区的下垫面不断发生热量和水汽交换而改变其原来的属性，这种现象称为气团变性。

6.3.3 气团分类

气团的分类主要有两种，即热力分类和地理分类，两者有密切联系。

(1)热力分类

根据气团在移动过程中与其所经地区的地面间的温度对比，将气团分为暖气团和冷气团。暖气团是指较其流经地区为暖，可使到达地区气温升高的气团。冷气团是指，较其流经地区为冷，可使到达地区气温降低的气团。一般来说，由高纬度流向低纬度地区的气团是冷气团；反之是暖气团。冬季由海洋移到大陆的是暖气团；反之是冷气团。夏季则由海洋移到大陆的是冷气团；反之则是暖气团。

(2)地理分类

根据气团源地的地区特点，通常把气团分为冰洋气团、极地气团、热带气团和赤道气团。除赤道气团因源地几乎是海洋外，其他几种气团又有大陆气团和海洋气团之分，其主要特征和分布地区，如表6-3所示。

表6-3 气团的地理分类

名 称	符 号	主要特征	主要分布地区
冰洋(北极、南极)大陆气团	Ac	气温低，水汽少，气层非常稳定	南极大陆以及65°N以北冰雪覆盖的极地地区
冰洋(北极、南极)海洋气团	Am	性质与Ac相近，夏季从海洋获得热量和水汽	北极圈内海洋上，南极大陆周围的海洋
极地(中纬度)大陆气团	Pc	低温、干燥、天气晴朗、气团低层有逆温层、气层稳定	北半球中纬度大陆上的西伯利亚、蒙古、加拿大、阿拉斯加一带
极地(中纬度)海洋气团	Pm	夏季同Pc相近，冬季比Pc气温高，湿度大，可出现云、降水	主要在南半球中纬度海洋上以及北太平洋、北大西洋
热带大陆气团	Tc	高温、干燥、晴朗少云、低层不稳定	北非、西南亚、澳大利亚及南美一部分
热带海洋气团	Tm	低层温暖、潮湿，且不稳定，中层常有逆温层	副热带高压控制的海洋上
赤道气团	E	湿热不稳定，天气闷热，多雷暴	在南北纬10°之间

6.3.4 我国主要气团及其天气

我国大部分地域处于中纬度地区，冷暖空气交绥频繁，缺乏气团生成的环流条件；同时，我国地形复杂，也没有广阔均匀的下垫面作为气团源地。因此，我国境内的气团多为变性气团。主要有变性极地大陆气团、热带太平洋气团和赤道海洋气团。

变性极地大陆气团是来源于西伯利亚和蒙古高原一带的严寒、干燥而稳定的极地大陆气团，它在向东和向南移行过程中，视离开源地的远近和下垫面性质(陆面或海面)而产生不同程度的变性。冬半年，变性极地大陆气团活动频繁，它可以自北向南一直影响到华南沿海一带，给我国各地带来干寒、晴朗的天气，多偏北风。热带太平洋气团起源于太平洋热带地区，温度高、湿度大，夏季非常活跃，盛夏可达华北、东北地区，以东南季风的形式影响我国大部分地区，为我国降水带来充沛的水汽。赤道海洋气团起源于赤道附近的洋面上，空气湿热、不稳定，常有热雷雨。盛夏和夏秋之交，赤道海洋气团自南海扩展到华南，多随台风登陆，有时可到华东地区。

另外，来自中亚的热带大陆气团，夏盛冬衰，夏季常给我国西部地区造成高温干燥天气，有的年份甚至可影响我国东部地区的天气。来自极地太平洋的极地海洋气团也是夏盛冬衰，冬季很难登陆，夏季可以登陆，主要影响俄罗斯东部、我国东北和日本一带，其风向以东和东南风为最多。

6.4 锋及其天气

6.4.1 锋的定义

来自不同源地的气团，或者虽然来自同一源地，但新移来的气团和已经发生变性的气团，由于它们的热力性质不同，在它们相遇时，其间必存在一个狭窄的过渡带，这个过渡带称为锋。

锋的空间状态是倾斜的，密度较大的冷气团楔入暖气团的下方，锋随着高度向冷气团一侧倾斜，如图6-1所示。锋与水平面(或空间某一垂直面)相交的区域，称为锋区。地面附近锋区的宽度约数十千米，在高空可达200～400km。但是锋区宽度与气团所占的水平范围相比是很窄的，因此常常把锋看成是一个几何面，称为锋面。锋面与地面的交线，称为锋线，简称为锋。锋面坡度非常小，约1°～10°之间。锋的长度可达数百到数千千米，铅直高度与气团厚度相当。

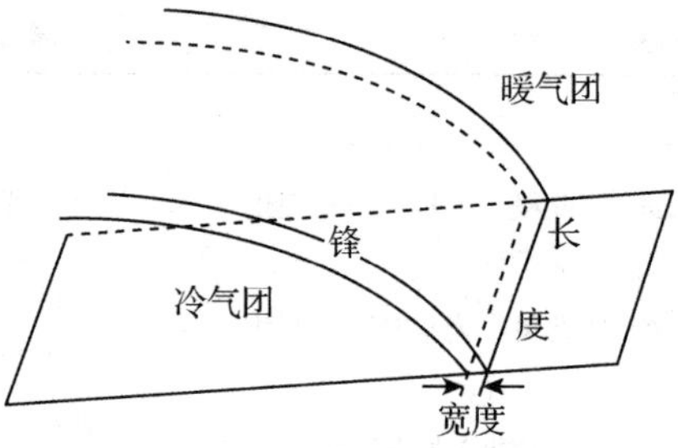

图6-1 锋的空间状态

锋两侧气象要素有明显差异。一般气团内部的水平温度梯度约为1～2℃/100km，而在过渡带可增大到5倍以上。

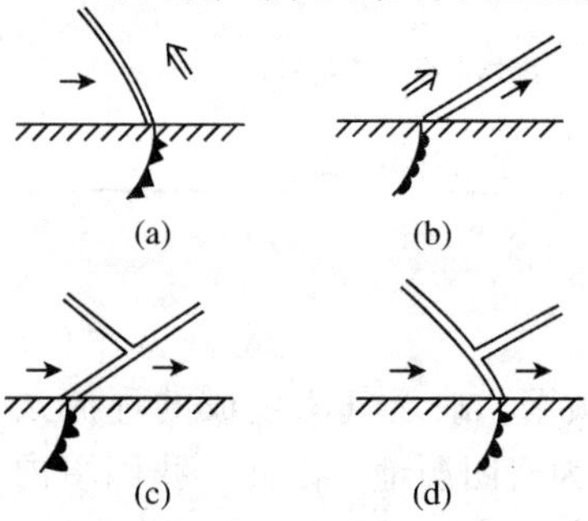

图6-2 锋的分类
(a)冷锋 (b)暖锋
(c)暖式锢囚锋 (d)冷式锢囚锋

6.4.2 锋的分类

根据锋的移动情况，可将锋分为冷锋、暖锋、准静止锋和锢囚锋。冷锋是冷气团主动向暖气团方向移动的锋；暖锋是暖气团主动向冷气团方向移动的锋；准静止锋是锋面两侧冷、暖气团势均力敌，锋面很少移动或在原地来回摆动的锋；锢囚锋是指由于冷锋追上暖锋或两条冷锋迎面相遇把中间的暖空气上抬，在近地面层较冷气团和更冷气团之间形成的锋，如图6-2所示。

6.4.3 锋面天气

锋面天气是指锋附近的云系、降水、风、能见度等气象要素的分布状况。锋面天气多由暖气团沿锋面上滑，水汽凝结而成，它主要决定于锋面坡度、锋附近的铅直运动、气团性质及地理条件等。

(1)暖锋天气

暖锋坡度较小(一般约为1:150)，覆盖范围较广，暖空气沿锋面缓慢滑升到很高很远的距离，如图6-3所示。主要云系和降水出现在地面锋线的前部。如果暖气团是稳定的，并含有较多水汽，可在锋线前形成一系列层状云系，降水区宽度平均可达300~400km。暖锋到来前，气压下降，相继出现卷云(Ci)、卷层云(Cs)、高层云(As)，接近锋线处为雨层云(Ns)，产生连续性降水。降水强度小，历时较长。地面锋线附近的冷气团中，由于雨滴蒸发以及对流和乱流影响，可形成层积云(Sc)、层云(St)和碎雨云(Fn)，有时形成锋面雾。夏季暖气团潮湿不稳定，暖锋面上也可出现积雨云(Cb)、积云(Cu)和雷阵雨天气。当暖气团干燥；水汽含量很少时，锋上只出现一些中、高云，甚至无云。暖锋过境时，风向顺转，温度上升，气压突然下降。过境后，降水停止，气压少变，风速减小。

我国暖锋活动范围有限，秋季一般只在东北地区和江淮流域出现，夏季多出现在黄河流域和渤海地区的气旋中。

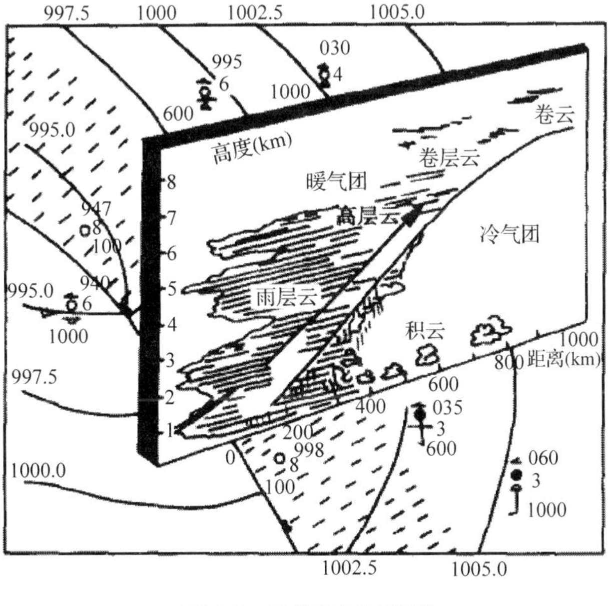

图6-3 暖锋天气示意图

(2)冷锋天气

冷锋坡度一般比暖锋大，移速较暖锋快。根据移动速度，可分为第一型(缓进)冷锋和第二型(急进)冷锋。

①第一型冷锋　锋面坡度不大(约 1∶100)，移动速度较慢，冷锋一侧的暖空气沿锋面缓慢上滑，水汽凝结，其天气分布如图 6-4 所示。当暖气团比较稳定，水汽比较充沛时，可产生与暖锋相似的层状云系，但云系分布次序与暖锋相反，降水区比暖锋窄，平均宽度 150~200km，雨区在地面锋线之后。如果暖空气中水汽含量较多，且不稳定时，在地面锋线附近也可出现积状云和阵性降水。

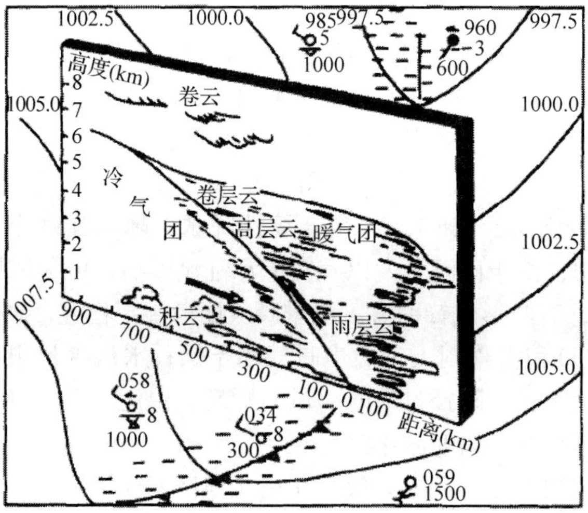

图 6-4　第一型冷锋天气示意图

第一型冷锋过境前后，单站气象要素的反映是：冷锋移近时，气压下降，温度升高，多偏南风；随着锋线接近，云层增厚；锋过境时，天空中布满雨层云，伴有降水，风向转为偏北，风力增大；过境后，降水逐渐停止，风力减弱，温度下降，气压上升，云的演变依次为高层云、卷层云和卷云。

②第二型冷锋　锋面坡度较大(约 1∶70)，冷气团移动速度较快，地面附近锋前暖空气被迫剧烈抬升；高空(锋的上段)锋面坡度较小，暖空气沿锋面下滑，因此云系和降水区分布地面锋线附近，云雨区窄，一般为数十千米到 100km。冷锋上段通常无云，如图 6-5 所示。这类冷锋天气在我国冬半年和夏半年有显著不同。夏半年，地面锋附近常常出现积雨云和雷阵雨天气。冷锋过境时，往往伴随狂风暴雨、电闪雷鸣，但历时很短；锋过境后，天空迅速转晴。冬半年，暖空气比较干燥，在地面锋线前方可出现层状云系和连续性降水，锋过境后，云很快消失，但风速增大，春季常出现大风天气。

(3)准静锋天气

准静止锋上的天气一般分为两类：一类是云系发展在锋面上，有明显的降水。其天气与第一型冷锋相似，但坡度很小(约 1∶250)，雨区较第一型冷锋宽得多，降水强度小而降水时间较长，降水区往往不紧接地面锋线，在锋后一定距离内。这类准静止锋多由冷空气南下过程中逐渐减弱演变而成的。例如，冬季冷空气南下到达华南时势力减弱，与热带海洋气团在华南一带相遇，冷、暖空气势均力敌，形成华南准静止锋，其天气分布如图 6-6(a)所示。准静止锋北侧吹东北风或东风，南侧吹西南风。华

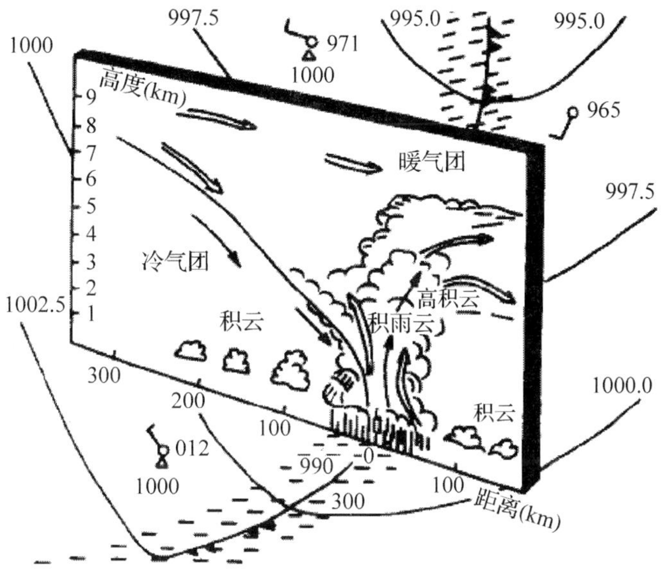

图 6-5 第二型冷锋天气示意图

南准静锋中的雨区在地面锋线后的一定距离，最宽可达 1000km 以上。另一类准静止锋的云系发展在锋面下，且无明显降水。例如冬半年南下的冷空气受云贵高原阻挡，冷锋的西段在昆明、贵阳之间的地形静止锋，称为昆明准静止锋。锋上暖空气比较干燥且滑升缓慢，因此无大规模云系和降水。然而，锋下冷空气沿山坡上升和乱流混合作用，在锋下可形成不太厚的雨层并伴有连续性降水，其天气分布如图 6-6(b)所示。在我国除华南准静止锋和昆明准静止锋外，还有江淮准静止锋、天山准静止锋等，静止锋对这些地区及其附近天气有重大影响。

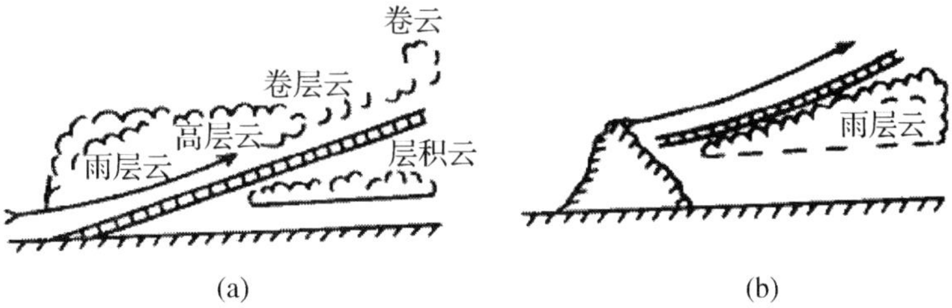

图 6-6 准静止锋

(a)华南准静止锋 (b)昆明准静止锋

锢囚锋是由两条移动的锋面相遇而成的，其云系可看成由原来两条锋面的云系合并而成，因此锋面两侧都有降水区。锢囚开始时，暖空气被抬升，云层增厚、降水增强、雨区扩大。随着空气进一步抬升，暖空气中的水汽含量越来越少，云层逐渐变薄，天气也逐渐转晴。

6.5 高、低气压中的天气

6.5.1 低压及其天气

低压又称气旋，在北半球低压范围内的空气按反时针方向自外围向中心运动，如图6-7所示。地面低压中心值一般为970~1010hPa，最低为887hPa，低压的水平范围自数百千米至2000km以上。根据低压形成和活动的地区，可分为温带气旋、副热带气旋和热带气旋；根据热力结构不同，则可分为锋面气旋和无锋面气旋。

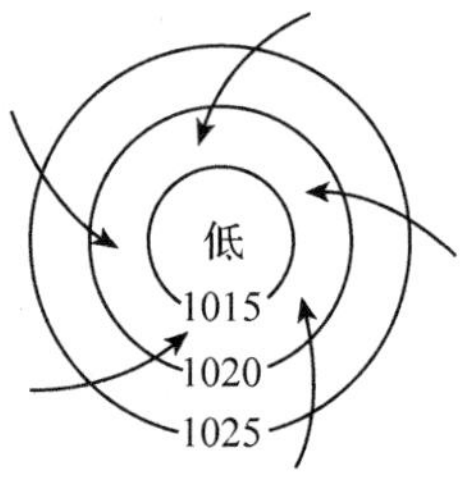

图6-7 低压示意图(hPa)

(1)低压中的一般天气特征

一般来说，在低压范围内，由于空气的辐合上升冷却作用，常常成云致雨，其天气表现因水汽条件、发展阶段等而不同。强烈发展的低气压中可有大风、暴雨等恶劣天气。

(2)锋面气旋

锋面气旋就是低压中有锋面存在的气旋。锋面气旋中有强烈的上升气流，有利于云和降水的形成，天气阴雨。当锋面气旋发展强盛时，可出现暴雨、雷暴、大风和风沙等恶劣天气。

锋面气旋中的天气特征取决于组成气旋的各个气团的属性和锋的结构；此外，还与其所处的发展阶段、季节、地区等有关。图6-8是发展成熟(青年阶段)的锋面气旋模式。由图6-8可见，气旋前部具有暖锋云系和降水区，云系向前伸展很远，尤其靠近气旋中心部分，云的边缘离中心可达1500km左右，其中云高约为6000~8000m。气旋后部具有冷锋云系与降水，距中心较远的一段冷锋移动速度较快，多为第二型冷锋，有积状云和雷阵雨天气；离中心较远的一段冷锋，移动速度较慢，多为第一型冷锋，有层状云和连续性降水。在冷锋与暖锋之间的暖区中，其天气特征主要取决于气团的性质。如果暖区为海洋气团所控制，则靠近中心处有层云、层积云并下毛毛雨，有时还有雾，离中心较远的地方通常是少云天气；如果暖区为热带大陆气团所控制，因空气干燥，通常没有降水，只有一些薄的云层。在发展强的锋面气旋中，常常出现大风天气。暖区内，有时为西南大风；冷区内，主要是冷锋后的西北大风。伴随大风，还会出现风沙，能见度很低。

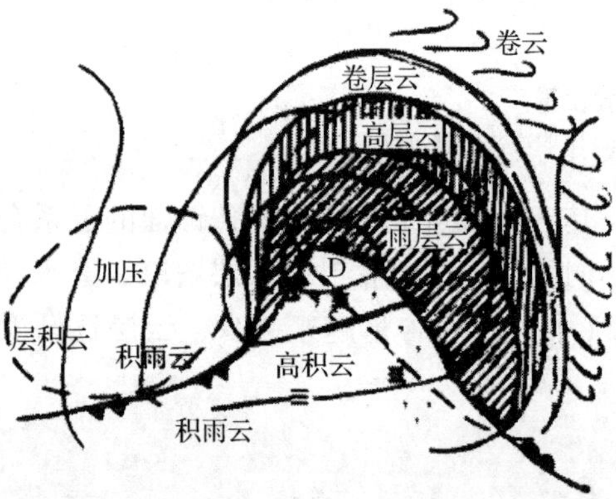

图6-8 锋面气旋模式

锋面气旋一般活动在中纬度和高纬度地区，更多见于温带地区。温带气旋主要出现在东亚、北美及地中海等地。在东亚，多发生于北纬45°~55°和北纬25°~35°附近，即我国的东北地区(如东北低压)、北纬30°附近的江淮地区(如江淮气旋)以及日本南部海域三个地区。图6-9是气旋活动实例

(地面图)。图上有两个较明显的锋面气旋，一个在我国东北和华北地区(东北低压)，发展相当成熟，规模大、势力强；另一个在江淮流域下游地区(江淮气旋)，势力较弱，尚处于开始形成阶段。

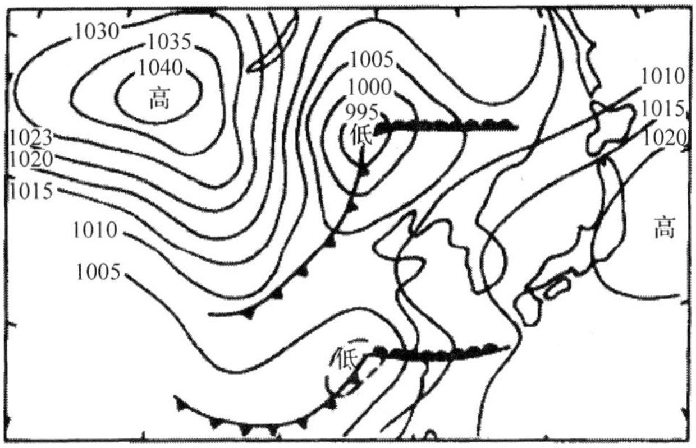

图6-9 地面天气图上气旋活动实例(hPa)

尽管气旋发生的地区不同，东亚气旋的路径一般总是由西或西南向东北移动。如果气旋不消失，最终都移向阿留申群岛及其附近的海上低压区。

(3)东北低压

东北低压是活动于我国东北地区的锋面气旋，它一年四季均可出现，尤以春秋两季为最多，特别是4、5月活动最频繁，强度最大。

东北低压是我国气旋发展最强的一种，其水平范围可达1000~2000km，低压中心气压值一般在990hPa左右，甚至更低。其闭合环流可以伸展到5.5km高度以上。

东北低压不仅能引起大范围的大风、风沙、雷暴和雷雨等灾害性天气，还能引导其后的冷空气大举南下，形成寒潮天气，导致东亚大气环流的改变，是我国的重要天气系统之一。

(4)江淮气旋

江淮气旋是发生在江淮地区及湘赣地区的锋面气旋。它在春、夏两季出现最多，5、6、7三个月活动最盛，是江淮流域产生暴雨的主要天气系统，也是长江流域梅雨的天气形式。

江淮气旋生成后，在长江、淮河和黄河下游等广大地区都有降水。降水分布在700hPa槽线(或切变线)与地面锋线之间，如图6-10所示。夏季，在锋面附近可出现雷暴、大风和暴雨天气。在冷锋后(暖锋前)由于暖水滴降到锋下冷气团中蒸发，常出现一些很低的碎雨云。夏季以前，气旋东部的东南风把海上潮湿空气带到大陆，由于大陆气温比海洋气温低，常可形成平流雾和低云，甚至有毛毛雨，能见度很低。

迅速发展的江淮气旋，不但在气旋中心附近产生暴雨，而且在它的前部或后部都可出现大风，前部为偏南大风，后部为偏北大风。

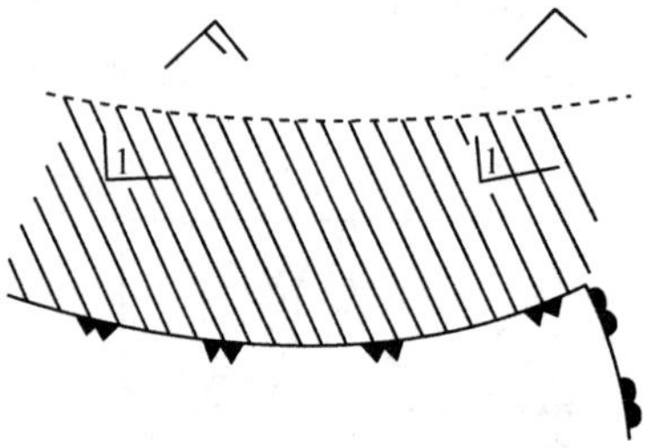

图 6-10　江淮气旋降水区的分布

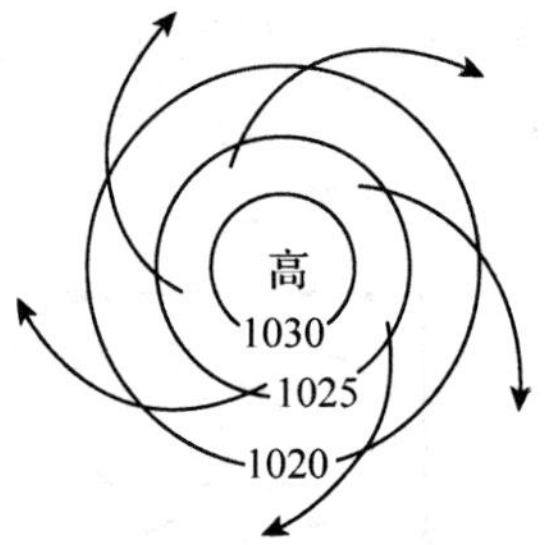

图 6-11　高气压示意图(hPa)

6.5.2　高压及其天气

高压又称反气旋。在北半球，高压区内空气按顺时针方向自中心向外运动，如图 6-11 所示。高压的水平范围，大的可和最大的大陆或海洋相比，小的则数百千米，甚至更小些。高压中心气压值一般为 1020～1030hPa，最大可达 1083.8hPa。根据高压形成和活动地区，可分为极地冷高压、副热带暖高压以及移动性冷高压等。

(1)高压中的一般天气特征

一般在高压范围内，其中、下层有明显的辐散下沉运动，常为晴朗天气，天气分布比较均匀。由于高压区内没有锋，所以气团特性和高压天气有紧密联系。例如盘踞在高纬度大陆的冷高压，具有冷气团特性，空气干燥而寒冷；形成在副热带洋面的暖高压，则具有暖气团性质，空气潮湿而热；但暖高压中心因有明显的下沉气流，通常为稳定少变的晴朗天气。

(2)西伯利亚冷高压

西伯利亚冷高压或蒙古冷高压是影响亚洲大陆冬季天气和气候的重要天气系统。西伯利亚高压是极地冷高压的一种。

冬季，亚洲陆地上低温范围大。西伯利亚和蒙古高原一带，地面温度常在 -15～-40℃以下，冷空气在这里堆积形成冷高压，通常称为西伯利亚高压。西伯利亚高压是干冷的极地大陆气团的源地，也是冬季大陆季风的源地。

晴朗严寒，干燥少雨，寒潮迭发，冷锋后的大风、霜冻等是冷高压中天气特征。冷高压中的天气，在不同地区，不同季节，或同一冷高压的不同部位也不相同。冷高压中心附近，盛行下沉气流，风速较小，常在夜间或清晨出现辐射雾。冬半年在逆温层下聚集水汽和其他杂质，常使能见度变坏，夏半年空气潮湿时，可出现淡积云。冷高压前部有冷空气沿偏北气流南下，且接近冷锋，气温较低，风速较大，云层较厚，有时甚至有降水。冷高压后部为相对较暖的气流向北输送，常出现暖锋性质的天气。

应当指出，西伯利亚高压指的是平均气压场，冬季冷高压中心在西伯利亚或蒙古一带。而每日天气图上看到的冷高压，无论其形状、位置和强度都有所不同。

(3)西太平洋副热带高压

第 5 章中已指出，在南北半球纬度 30°附近的广大副热带地区有一条很强的高压带，由于海陆的影响，高压带被分裂成几个高压中心，称为副热带高压，简称为“副高”。如太平洋高压、大西洋高压、印度高压、北非高压等，此外夏季出现在青藏高原上空的青藏高压和冬季出现在我国南海上空的南海高压等也都属于副热带高压。

副热带高压是一个常年存在，稳定而少动的暖性深厚系统。在副高压控制范围内盛行下沉气流，是比较均匀的暖气团，多晴朗少云天气，副高压的强度和范围随季节而变化。北半球，冬季较弱，范围小，位置偏东、偏南；夏季势力特别强大，位置偏西、偏北。

影响我国天气和气候的副高压主要是西太平洋副热带高压的西部，即西太平洋高压脊。冬季，西太平洋副热带高压脊的范围小，势力弱，退居海上，对我国影响不大；夏季北进西伸，势力强大，与印度大陆低压配合构成偏南气流，是我国中部和南部地区的主要水汽来源。

必须指出，副高压中不同部位的天气表现是不同的，如图6-12所示。在副高压脊线附近的主体部分，辐散下沉气流较强，该处的水平气压梯度又较小，因此多晴朗少云、炎热微风的天气。副高压北侧与西风带锋区相邻，多气旋和锋面活动，上升运动强烈，多阴雨天气。夏季副高压西部由于从南部海洋上带来暖湿气流，使锋区的不稳定度增加，当有高空槽或低涡东移时可产生大范围暴雨带和中小尺度的强烈天气，脊线南侧为东风气流（与东北信风带相邻），下层空气湿度较大、温度较高，天气闷热，一般也是下沉气流，天气晴好；当有台风等热带天气系统活动时，则出现云雨，强雷暴和大风等恶劣天气。

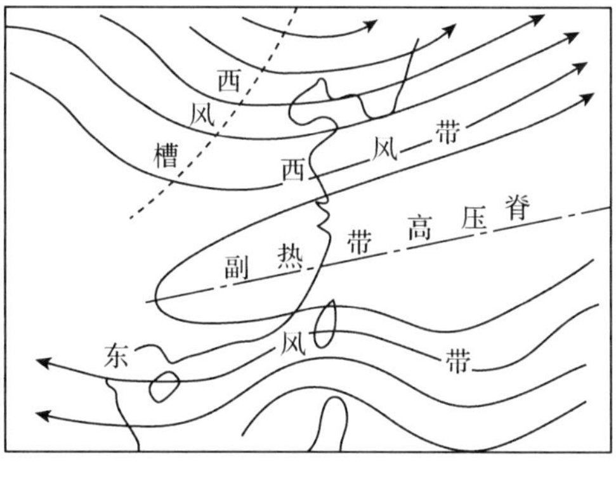

图6-12 副热带高压脊和西风槽

副高压具有年际变化、季节变化和短周期变化。西太平洋副热带高压的季节活动与我国大陆上雨带的位移有密切联系。通常雨带位于脊线北侧5~8个纬距处，副高移动，雨带也随之移动。副高压活动一旦异常，将导致我国旱涝等灾害性天气发生。如1954年4~7月，副高压北上迟缓，脊线稳定滞留在20°~25°N时，长江流域梅雨持久，形成罕见的洪水，而1961年6月中旬起，副高压稳定在30°N附近，江淮流域夏季雨量较少，出现了旱象。

6.6 高空槽脊及其天气

中纬度地区对流层的中、上层基本上是沿纬圈呈带状分布的西风气流。西风气流呈波浪状前进，形成不同尺度的波动，这种现象称为西风波动。由于高空（自由大气）

风近于地转风。因此，在高空等压面图上风向平行于高等线，波动流型的波谷对应着低压槽，波峰对应着高压脊，如图 6-13 所示。这种流型在对流层中、上层，以及平流层表现十分明显，在大气低层常常表现为结构不同的闭合的高、低气压。高空槽脊的发生、发展和消失带来了不同的天气。

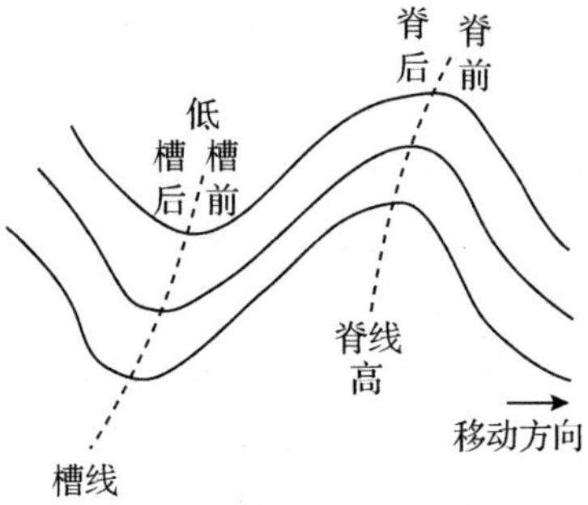

图 6-13 西风带上的高空槽脊

在西风带中的高纬度地区，高空槽自西向东移动，所以常把槽线以东称为槽前，槽线以西称为槽后；脊线以东称为脊前，以西称为脊后。由于槽与脊相伴出现，因此槽前与脊后对应，槽后与脊前对应。高空槽脊中各处气流结构不同，其天气表现也不一样。一般是槽线附近有辐合上升气流，天气变化剧烈；脊线附近多为辐散下沉气流，天气晴好。在水平方向上，槽前多偏西南气流，槽后多偏西北气流；从铅直方向看，槽前多上升气流，槽后多下沉气流。因此一般是槽前天气多阴雨，槽后天气多晴朗。

高空槽脊活动与低空、地面天气系统(锋面、低气压和高气压等)有密切联系。在高空槽后的下方常常有较强的冷高压，槽前的下方有地面气旋发展，它们随着高空槽自西向东移动。活动于我国的高空槽有西北槽(生成于新疆以西的中亚地区)、青藏槽(冬季生成于高原以西或高原上)、印缅槽(活动于 20°~ 30°N，在印度—缅甸一带的北部最明显)。这些槽在东移过程中给所经地区带来复杂多变的天气。

复习思考题

1. 何谓天气图? 地面天气图和高空天气图有何异同?

2. 气团是怎样形成的? 为什么说影响我国的气团大多是变性气团?

3. 锋面、锋区、锋线三者之间有何联系和区别?

4. 冷锋、暖锋、准静止锋和锢囚锋天气有何不同? 为什么?

5. 高、低气压中的一般天气特征有何不同? 概述西伯利亚冷高压和西太平洋副热带高压的结构及其天气特征?

6. 在我国锋面气旋的活动地区有哪些? 其天气特征是什么?

第 7 章　灾害性天气

灾害性天气（包括天气过程与天气现象）与各项生产活动的关系十分密切。本章介绍寒潮、霜冻、台风、旱涝、干热风、冰雹、大风、龙卷风、冰冻、寒潮和沙尘等灾害性天气。由于这些“旱、涝、风、冻、霾”等气象都与大气状态和气象要素有联系，故又被称为气象灾害。

7.1　寒潮

寒潮是指盘踞在高纬度地区上空的冷空气，在特定的天气形势下突然离开源地，大规模南下，造成沿途剧烈降温，并伴有偏北大风、霜冻、雨雪、风沙等天气现象，这类天气过程称为寒潮。可见，寒潮是一次强烈的冷空气活动。

寒潮多发生于冬半年。寒潮带来的冻害和风灾，对生产建设、交通运输、人民生活和旅游活动均有不利影响。

7.1.1　寒潮标准

在我国，根据工农业生产的需要，国家气象局进一步规定了寒潮的标准：一次冷空气侵入使长江中下游及以北地区在 48h 内最低气温下降 10℃以上，长江中下游最低气温达 4℃或以下，陆地上相当于三个大行政区的范围内伴有 5~7 级大风，渤海、黄海、东海出现 7 级以上大风，称为寒潮。如果 48h 内最低气温下降 14℃以上，陆地上 3~4 个大行政区有 5~7 级大风，沿海所有海区出现 7 级以上大风，称为强寒潮。凡不符合上述标准的天气过程，称为一般冷空气活动。

我国幅员辽阔、地形复杂，南北气候差异大，各地的生产活动不尽相同，全国采用同一寒潮标准难以满足各地的服务要求，因此许多气象台站根据当地具体情况，补充修订了适合本地区的寒潮标准。因此，旅游者除收听中央台的天气预报外，还需注意所到地区地方台站的天气预报。

我国境内一年四季冷空气活动频繁，其中达到寒潮标准的平均每年 6.2 次（1955—1975 年），多的年份有 10 次，少的年份仅 1 次。

7.1.2　寒潮源地和路径

寒潮源地是指冷空气的发源地。影响我国的寒潮冷空气来自新地岛附近的北冰洋洋面和冰岛以南的洋面上空。冬季时，这里几乎终日不见阳光，漫长的黑夜使地面上冰雪覆盖，其上空堆积了大量冷空气。

发源于新地岛以西寒冷洋面上的冷空气，经过巴伦支海，白海进入前苏联的西伯利亚西部以及蒙古人民共和国，然后进入我国，见图 7-1 中的西北路。来自这里的冷空气比较常见，能达到寒潮强度的也最多。发源于新地岛以东寒冷洋面上的冷空气经过喀拉海，泰米尔半岛进入蒙古人民共和国，到达我国，见图 7-1 中的北路，来自这里的冷空气次数较少，但气温低，能达到寒潮强度的次数较多。此外，也有少数寒潮冷空气从贝加尔湖直达我国东部地区，见图 7-1 中的次要路径。

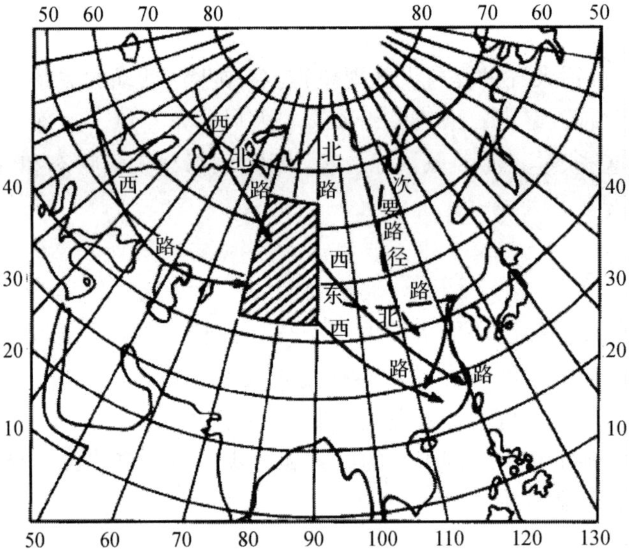

图 7-1 影响我国的寒潮冷空气源地和路径示意图

第二个冷空气源地是冰岛以南洋面。冷空气经前苏联欧洲地区南部或地中海、黑海、里海一带，由西向东入侵我国，见图 7-1 中的西路。来自这个源地的冷空气次数较多，但能够到寒潮强度的较少。

寒潮冷空气进入我国境内后一般分三条路径南下：

①中路(又称西北路) 寒潮冷空气从源地移出，经过前苏联及蒙古，由我国河套(105°~115°E)附近南下，直达长江中、下游及江南地区，尔后入海，有时可侵入华南地区。沿此路径入侵的寒潮可以影响我国大部分地区。冷空气经过的地区以大风、降温为主，并带有风沙，在江南有雨雪天气。

②东路 寒潮冷空气经蒙古人民共和国到我国内蒙古及东北地区，以后其主力在 115°E 以东继续东移，但低层冷空气折向西南方向移动，经渤海侵入华北，再从黄河下游向南，直达两湖盆地。这条路径的寒潮冷空气，常使渤海、黄海、黄河下游一带出现东北大风，长江以北地区有大范围的大风、降雪和低温天气。

③西路 寒潮冷空气由前苏联里海一带向东经我国新疆、青海、西藏高原东侧南下。这路寒潮冷空气侵入我国西北、西南、江南和华南时，往往引起大范围雨雪天气，降温幅度不大，持续时间短。

事实上，每次入侵我国的冷空气路径和移动速度不完全相同。冷空气从西伯利亚到我国西北地区，一般需要1~2d；到华北、东北地区，需要3d左右；到长江以南，则需要4d左右。

7.1.3 寒潮天气

寒潮袭击时，最突出的天气表现是大风和降温，其他如沙暴、雨雪等天气现象则视地区和条件而异。

①大风 常常出现在冷锋后部200km附近的地区。当寒潮冷锋过境时，风向突变，风力猛增。锋后为偏北大风，风力一般是6~8级，有时可达10~12级，持续时间长短不一，多数是1~2d，较长的可达3d左右。大风吹起尘土，造成风沙、浮尘天气。寒潮冷锋前部的地区，一般风力微弱，风向偏南，但冷锋前的低压(槽)系统发展比较强时，在内蒙古东部及东北地区，偏南风也可达5~6级以上。

②降温 寒潮冷锋过境后，气温急剧下降。降温幅度及低温持续时间受许多因素影响。从多年平均情况来看，我国新疆北部、内蒙古和东北等北部地区，大风持续时间长，气温下降幅度大，一次寒潮过程可降温12~14℃；最强的寒潮，一天内气温突然下降10余度甚至20多度，最低气温达-40~-30℃左右。淮河以南至华南各地，寒潮前夕气温比较高，寒潮入侵时又因地势平坦，冷空气移动速度快，变性慢，气温下降幅度也大；当强寒潮经过长江流域时可使最低气温降到-10℃以下。华北平原虽然也是寒潮主要通道，但因这里原来的气温比较低，所以降温幅度小于南方各地，可是强寒潮入侵时，华北最低气温可降到-20℃及其以下。

此外，地形、云量等对降温幅度和持续低温均有显著影响。若寒潮南下后，白天碧空无云，夜间云量增多，则降温幅度小，回暖快；反之则回暖慢，降温幅度大。山地冷空气迎风坡上降温幅度大，持续时间长；背风坡反之。山谷和盆地中，降温幅度大，持续时间长。

③降水 冬季，在淮河以北地区偶有降雪现象，淮河流域以南则雨雪较多，时间长，强度小。秋季，华北、长江流域虽有降水，但时间不长。春季，寒潮冷锋上的降水比冬季多而强，范围比较广。华北可有雨，长江流域及华南地区则经常产生降水，强度大，常伴有雷电。

7.2 热带气旋和台风

7.2.1 定义和标准

热带气旋是生成于低纬度热带洋面上的低气压。按照国际规定，热带气旋按其强度分为四级：气旋区最大风力在7级以下者(包括7级)为热带低气压；8~9级者为热带风暴；10~11级者为强热带风暴；最大风力12级或以上的称为台风或飓风。在我国以往的标准中则把热带风暴称为台风(本节中的统计资料均以此为标准)。

国家气象局规定，自1988年起，各地气象台站按国家名称和等级向国外发布热带气旋的情报、预报或警报。

为了工作方便，我国把每年发生在150°E以西，赤道以北的台风按出现顺序予以编号。例如：8806号台风是指1988年发生在上述地区的第6次台风。

人们对台风的命名始于20世纪初，首次给台风命名的是20世纪早期的澳大利亚预报员克里门兰格。在西北太平洋，正式以人名为台风命名始于1945年，开始时只用女人名，以后据说因受到女权主义者的反对，从1979年开始，用一个男人名和一个女人名交替使用。

为了避免名称混乱，1997年11月25日至12月1日，在香港举行的世界气象组织(WMO)台风委员会第30次会议决定，西北太平洋和南海的热带气旋采用具有亚洲风格的名字命名，并决定从2000年1月1日起开始使用新的命名方法。

7.2.2　台风源地

台风主要生成于纬度5°~20°之间，占87%，20°以北的只占13%。近年来，还发现个别台风生成于5°以南的近赤道海域。影响我国的台风，主要来自西北太平洋(包括南海)海域，平均每年29个，约占全球台风总数的40%。这里生成的台风不仅次数多，而且是超级台风(直径达1500~2000km)的唯一源地。

台风生成于广阔而且高温的热带洋面上。这里不仅提供了大量水汽，也提供了能量。海面上蒸发强，低空的气层十分潮湿。一旦气层中水汽凝结，释放潜热，供给了台风生成或发展时所需的能量。据研究指出，海水温度在26.5℃以上才有利于台风的发生和发展。

7.2.3　台风结构和天气

在地面天气图上，台风表现为一个气压极低，闭合等压线近乎圆形的低气压。当台风发展到成熟阶段时，在海上其中心气压一般都在950hPa以下，最低者为887hPa。1969年7月27日在我国汕头登陆的第三号台风，其中心气压为895hPa，是60年来登陆我国最强的一次台风。

台风中，按其结构和天气现象可分为三个区域，即台风眼区，涡漩区和外围大风区。台风中的天气分布具有一定的对称性，如图7-2所示。

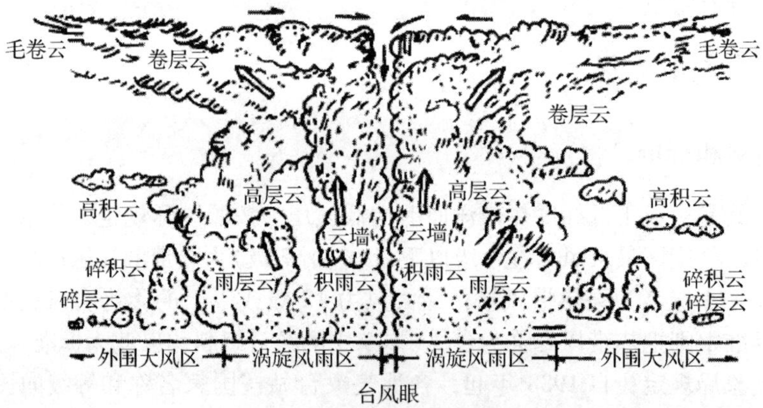

图7-2　台风云系及气流分布

①台风眼区　位于台风中心，半径为5~30km不等，形状呈圆形，也有呈椭圆形或卵形的。这里气流下沉，通常是少云，风也弱。当台风减弱时，眼内出现上升气流，云系发展；天气转坏，有时也出现云层和降水。

②涡漩区　又称狂风暴雨区或最大风速区，半径约为50~100km。区内强烈的上升气流，常常形成宽数十千米，高十余千米的云墙，云墙主要由对流云组成。这里经常出现狂风暴雨，是台风中天气最恶劣，破坏力最大的区域，风力常达12级以上。

③外围大风区　台风的边缘向内至最大风速区的外缘，半径200~300km。外围大风区的风力一般6~8级，有散乱云。

台风中的天气包括台风带来的大风、暴雨、海潮等。台风强弱不等，台风天气的强度、范围和持续时间等亦有很大差异。

台风中风力大，风的阵性强，瞬时极大风速和极小风速之差可达30m/s。一个发展成熟的台风，最大风速一般可达60~70m/s，最强的曾出现110m/s，少数台风中还可出现龙卷风。例如1956年9月24日，当台风在长江口出海时，浙江的嘉兴和上海等地都出现了龙卷风。

台风中降水多、强度大、范围广，一次台风登陆其降水区往往可波及数省(区)，台风中心路径两侧数百千米内有暴雨。当它与冷空气或其他天气系统共同影响时，还会出现特大暴雨，如：8807号台风于8月8日凌晨在浙江象山登陆，凌晨2~5时，历时3h的降水量达147mm。

台风中心附近气压低，风力大，使海面潮位暴涨，如果与天文潮(月球引力引起的)同时出现，二者叠加，潮位更高，对沿海地区威胁很大。例如1969年7月28日，台风在汕头登陆时，正值天文潮涨潮期，潮位比正常水位高出2.8m，浪高数米，汕头、登海等地大小街道水深1~4m。

台风涡漩区内，由于风力非常猛，常使海面上出现巨大的风浪，一般8级风力时，浪高可达5m，12级大风时，则浪高可达15m。

可见，台风常给人民的生命财产带来巨大损失。不过，在久旱少雨时台风中丰沛的降水又能解除干旱与酷热。

7.2.4　台风路径

根据1884—1974年的台风路径资料，在西太平洋地区，常见的台风路径大致有三类，即海上转向、西行和在我国登陆类。

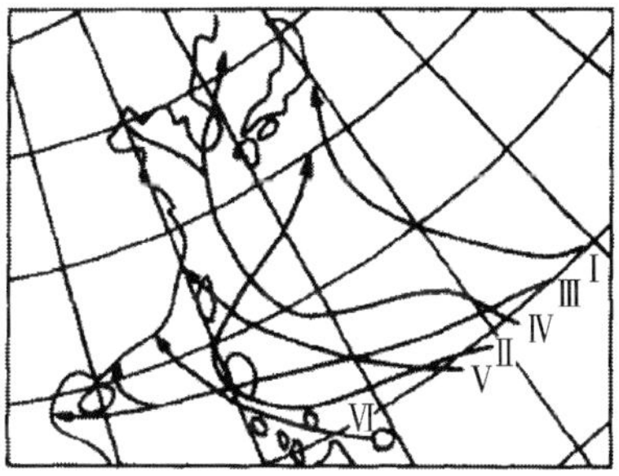

图7-3　西太平洋台风实际路径分类

海上转向类　有两种情况：①远海转向，即图7-3中的路径Ⅰ，台风在125°~140°E之间转向。这类路径的台风，一般袭击日本或在海上消失。②低纬度转向，即图7-3中的路径Ⅱ，台风在125°E以西，8°~22°N海上转向，或在我国台湾登陆后转向。这一路径的台风对“台湾”和菲律宾一带有影响。

西行类　即图7-3中的路径Ⅲ。台风受稳定的副热带高压南侧偏东气流的引导，从菲律宾以东海面一直向西移动，经我国南海。西行台风对我国广东、广西影响较大，当路径偏南时，则影响越南，对我国华南无大影响。

登陆类　有三种情况：①近海上登陆，即图7-3中的路径Ⅳ。台风在洋面上生成后，向西北方向移动，大约在20°N附近北上，后又向东北方向移去，影响朝鲜一带，或向西北方向移去，在我国辽宁和山东沿海登陆。这一路径出现在6~8月，次数不多。②登陆华东类，即图7-3中的路径Ⅴ。台风在低纬度生成后，稳定地向西北方向移动，登陆后或陆上消失，或转入黄海、东海。这类台风的强度较强，范围较大，对我国台湾省和华东各省的影响大。③登陆华南类，即图7-3中的路径Ⅵ。台风在菲律宾中部或南部群岛附近的低纬海面上生成，向西北方向移动，影响我国华南地区。

除上述常见路径外，每年还有一些异常路径出现，如蛇行路径，打转台风等，出现次数不多，预报困难。

7.2.5　台风的活动状况

在西太平洋上，全年各月都有些台风发生，但主要集中在7~10月，约占全年总数的68%，其中8月是台风发生的高峰月。

我国是西太平洋沿岸国家中受台风袭击最严重的国家，据1949—1969年的资料统计，在我国登陆的台风约占台风总数的23%。台风在我国登陆月份始于5月初，止于12月初，主要集中在7、8、9三个月，尤以9月最多。平均来说，每年有6~7次台风在我国登陆，最多的年份11次，最少的年份只有3次。1988年西北太平洋上共生成26个台风，登陆我国的8个，对我国有较明显影响的9个。

台风登陆我国的地点从广西到辽宁沿海，以广东、台湾、福建三省最多。登陆我国的台风，一部分可以深入内陆，江西是内陆受台风影响最重的地区。总之，在我国除新疆、西藏、青海、甘肃、宁夏、四川等省区没有受台风影响外，全国有五分之四的省区均受西北太平洋或南海登陆台风的影响。因此，我国气象部门对台风预报十分重视，当发现西太平洋上有台风生成或有台风向我国沿海移动，并预计48h后可能影响我国时，便发布台风消息，以引起人们注意；如果发现台风继续向我国沿海靠近，预计48h内台风中的6级大风区将影响沿海地区，便发布台风警报；预计24h内台风将登陆，便发布台风紧急警报。此外，各地气象台、站还根据本地具体情况，制订了发布台风警报的要求，以做好防台抗台工作。

2006年8月10日，超强台风“桑美”以60m/s的风速携摧枯拉朽之势狂奔闽浙交界处。中央气象台首席预报员杨贵名介绍，60m/s以上的风速，在当时的气象观测仪器上很难测到，12级(32.7m/s)的大风就可以把列车吹翻，把20t重的汽油罐抛到80m的高空，而60m/s几乎是两个32.7m/s的强度，毁灭性难以想象。其强度之强、风力之大为百年一遇，是新中国成立以来登陆中国大陆最强的一个台风。截至2006年10月23日，福鼎市因灾死亡人数达到248人，另外还有50人失踪。2007年11月在中国澳门举行的联合国亚太经社理事会/世界气象组织台风委员会第40届会议上，决定让“桑美”这个名字退役。

7.3　旱涝

旱涝是指一个地区短期内，由于降水量异常引起的反常天气气候，显然持久缺雨则旱，雨量过多则涝。

7.3.1　旱涝指标

旱涝指标很多，从气象角度出发，常用降水量距平的百分率，即

$$I = \frac{R_i - \bar{R}}{\bar{R}} \times 100\% \tag{7-1}$$

式中，I 为旱涝数；R_i 为某一时期降水量；$\bar{R}$ 为同期多年平均降水量。这个指标简单明了，也比较客观。具体标准见表 7-1 和表 7-2。

表 7-1　干旱指标

旱期	降水量距平百分率	
	旱	重旱(或大旱)
连续 3 个月	-25%~ -50%	-50%~ -80%
连续 2 个月	-50%~ -80%	-80% 以上
连续 1 个月	-80% 以上(关键月)	

表 7-2　雨涝指标

涝期	涝	大涝
一旬	250~350mm(东北 200~300mm)(华南、川西 300~400mm)	350mm 以上(东北 300mm 以上)(华南、川西 400mm 以上)
两旬	350~500mm(东北 300~450mm)(华南、川西 400~600mm)	500mm 以上(东北 450mm 以上)(华南、川西 600mm 以上)
1 个月	100%~200%(华南 75%~150%)	200% 以上(华南 150% 以上)
2 个月	50%~100%(华南 40%~80%)	100% 以上(华南 80% 以上)
3 个月	30%~50%	50% 以上

此外，也有用降水量标准差(σ)来确定旱涝指数的，公式如下

$$I = \frac{R_i - \bar{R}}{\sigma} \tag{7-2}$$

当

$-1 < I < 1$　　为正常年；

$-2 < I < -1$　　为旱年；

$I < -2$　　为大旱年。

当

$1 < I < 2$　　为涝年；

$2 < I$　　为大涝年。

此外，各省区还有结合当地植物，特别是农作物不同生育期的需水状况，考虑降

水日数确定干旱指标。如四川省确定7~8月连续20d降水总量少于35mm者，为伏旱。总之，旱涝指标很多，且有地方性。

7.3.2 干旱的时间和地理分布

我国一年四季均有可能出现干旱，但全国各地都以春旱或冬春旱发生的机会最多，程度最重，持续时间也最长。这种情况在华南和西南地区最为明显，其次是黄淮海地区和东北地区。我国冬春干旱频繁发生，是与我国冬干夏湿的季风气候有关。冬半年，大陆上几乎都是在蒙古冷高压的笼罩之下，气候干冷。春季温度回升快，大风又多，蒸发量大，空气相对湿度低，干旱加重。

我国夏季干旱现象也不少，尤其是长江中下游地区，进入盛夏季节后，常常在西太平洋副热带高压伸脊的控制下，气流下沉，少雨而干旱。此外，黄淮海地区的夏旱也比较严重，出现概率较高。

秋季，我国多数地区在强度较弱的冷高压控制下，秋高气爽，降水极少，相对湿度低，也会出现干旱。就全国范围来说，黄淮海地区和华南出现秋旱的机会最多，其次是长江中、下游地区。

我国西南地区干旱主要出现在冬春和初夏，这里进入6月后，雨季开始，不再出现干旱。

必须指出，我国地形复杂，同一省内，干旱分布状况也有差异。如湖南省湘西自治州气象局的研究指出，该州春旱以西北部较常见；夏旱出现在南部，秋旱多出现于东部地区。

我国是个多旱灾的国家，历史上曾多次出现连续几年干旱。近几十年，全国各地干旱频繁。1972年华北地区春、夏、秋连旱，致使黄河在济南以下断流20d。1978年我国东部地区奇旱酷暑，江淮流域春旱接空梅，秋伏又连旱，造成河水断流，塘堰干涸。南京当年1~10月降水量仅472mm，是近百年未遇的大旱年。湖南大约每隔1~4年出现一次大旱或特大干旱。西北地区的干旱有明显的准3年周期。

2006年全国降水总量较常年略偏少，其中东北西南部、华北中部、西北东北部及内蒙古东部、山东半岛、四川东部、重庆、湖北西南部、广西西南部、甘肃中部等地偏少2~5成，发生了不同程度的干旱。

2006年6~8月，重庆、四川持续高温少雨，两省(市)夏季平均降水量为345.9mm，只有常年同期的67%，为1951年以来历史同期最小值。同时，重庆、四川盛夏(7~8月)平均气温之高也创1951年以来同期之最。重庆、四川部分地区高温日数持续之长、强度之大，均创下了当地有气象记录以来历史同期极值。持续高温少雨导致土壤失墒快，伏旱迅速发展加重，重庆遭受了百年一遇的特大伏旱，四川出现了1951年以来最严重伏旱。其中8月16日，长江重庆站水位一度退至3.03m，比百年历史最低记录还低0.57m。江河水位持续走低，对水运、水力发电等造成一定影响。

例如，2006年重庆市遭遇了百年一遇的高温干旱灾害，对经济社会和人民生活影响巨大。8月底，干旱造成重庆市水利工程蓄水不足9.5亿m^3，仅占应蓄水量的33%

左右，全市2/3的河溪断流，275座水库水位处于死水位。干旱还导致各行业生产与居民用电大幅增长，8月重庆市用电增长幅度高达40%，另一方面，干旱缺水使水利发电量减少120万kW，此外，火电机组在高温酷热环境下长时间运行也频频发生故障，致使全市电力缺口100万kW以上。重庆全市因旱受灾人口达2100万人，有820.4万人发生临时饮水困难；农作物受灾面积132.7万hm^2，绝收37.5万hm^2；直接经济损失达90.7亿元，其中农业经济损失66.4亿元。就粮食生产而言，大春粮食损失300余万t，比常年减产约30%。

7.3.3 雨涝的时间和地理分布

雨涝大致有三种：一是历时较短，降水强度较大的暴雨以至特大暴雨造成的雨涝，这种雨涝多数是台风或静止锋上不断有波动气旋时出现。二是降水强度不大，但阴雨期较久的渍涝，这种涝都发生在锋面降水内。出现渍涝时，地面虽无洪水，但因长期缺少日照，加上土壤水分过多，危害作物和林木生长。三是阴雨日较长，总雨量又大，即上述两种结合，既涝又渍，危害最重。近些年我国水灾频繁，1996年、1998年我国长江流域遭受特大洪水危害。

总的来说，我国雨涝主要出现在夏季。这个时期发生的雨涝不仅频繁，强度也大。显然，这是季风气候特点的反映。各地雨涝出现的季节也有差异，黄淮海地区不仅干旱频繁，雨涝也多，几乎每年都有程度不同的夏涝发生。长江中下游和华南地区，春涝机会比较多，秋季台风活动频繁，所以秋涝也时有发生。东北地区雨涝多出现于夏季7~8月。

1998年长江流域发生了继1954年以来的又一次流域性大洪水，多处水文站出现了超历史记录洪水位的记录。一般6月过后，我国主雨带会往长江以北的地区移动，长江流域进入高温伏旱天气；然而6月梅雨过后，雨带并没有向北移动，7月下旬梅雨又再度重来，形成了历史上罕见的高强度的“二度梅”。洪水特点：流域性洪水、洪水量极大、洪峰水位高、洪水发生早、来势猛、持续时间长、受害范围广、影响面大。长江洪水受灾范围遍及四川、重庆、云南、贵州、湖南、湖北、江西、安徽、江苏等省市，除云南、贵州省外的7省市受灾县市达588个、乡镇10771个。不仅洪灾凶猛，而且引发多处溃垸灾害、内涝灾害、山洪灾害。

7.4 冰雹

冰雹是从强烈发展的积雨云中降落到地面的固态降水。冰雹的直径一般为5~30mm。5mm以下硬的称冰丸，软的称霰粒；直径5mm以上硬的称冰雹，软的称软雹或海绵雹。冰雹降落时，常伴有强烈的阵风、暴雨和降温，有时还伴有龙卷风。因此，冰雹是重要的灾害性天气之一。例如1987年4月23日傍晚，湖南省湘西自治州地区遭受雹灾，最大的冰雹重650g，直径14cm，降雹时最大风速28m/s，冰雹夹着暴雨持续27min，自治州内由南到北有6个县遭受雹灾，死亡16人，打死牲畜约300头，受灾秧田3290hm^2，房屋倒塌和损坏3万余栋，经济损失29万元。冰雹降落时，落叶树被打得片叶无存，树皮也被打烂；常绿树的新梢被打断，许多树木当年生长发育期延缓，出现畸形，有的逐渐枯死。仅吉首市就有 42 个树种，7 万余株活立木受损失。

7.4.1 冰雹的结构和形成过程

冰雹中心是一个白色不透明疏松的核心，称雹核或雹心，雹心外面由透明的和不透明的冰层相间地包围着，层次不等。一般来说，层次越多，冰雹越大。

冰雹云中，云顶附近有冰晶和雪花，中部有雪花和过冷却水滴，零度层以下是水滴。冰雹云中上升和下沉气流时强时弱，过冷水滴与冰晶或雪花相碰时，迅速冻结成白色不透明的雹心，就是冰雹的胚胎。冰雹胚胎被带到 0℃层以下，温度较高，表面冰层融化成水，水滴又粘于其上，当上升气流带到云层中部或上部过程中，水滴冻结成透明冰层。随后，过冷却水滴、冰晶或雪花又迅速地在其外围冻结一层不透明的冰层。随着气流的时强时弱，重复上述增长过程，冰雹直径增大，重量增加。当冰雹的重量增加到上升气流支托不住时，就离开云体，降到地面，出现雹灾。可见，冰雹直径与上升气流强弱及空气不稳定程度等因素有关，如图 7-4 所示。

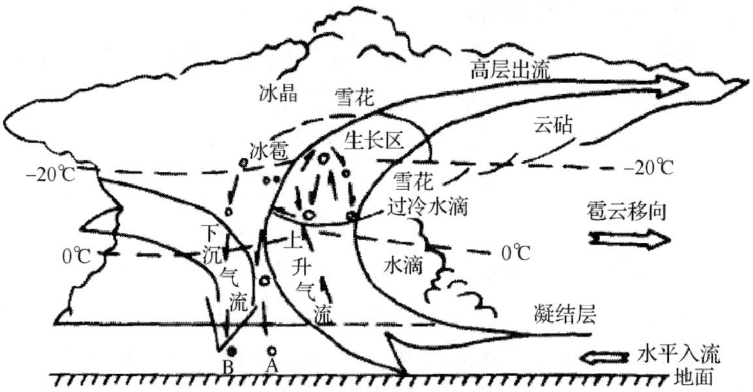

图 7-4 冰雹的形成过程

冰雹云移动速度快，降雹区多呈带状分布，宽度只有 1～2km，平均长度常在 20～30km 以下，所以群众中流传“雹打一条线”的说法。此外，降雹时间短，一般只有几分钟，半小时以上者少见。

7.4.2 冰雹形成的条件

一般来说，在中纬度地区，垂直发展强盛的积雨云中都有冰雹存在。然而是否降雹，形成雹灾，则必需云中冰雹能增长到一定尺度，且有极低的温度，在降落到地面前又不能融化，才出现降雹。因此，冰雹形成过程要具备一定的条件。

(1) 强烈而不均匀的升降气流

从冰雹的结构和增长过程，人们很容易地推论出冰雹越大，雹核在云中上下往返的次数越多，即要求云中升降气流强盛。此外降雹前，只有云中具备很强的上升气流，才能托住大体积的冰雹。据统计，降雹时的上升速度 20m/s 以上。一般产生雷雨的积雨云中的上升速度为 10m/s 左右，因而有积雨云，也不一定降雹。

(2)充足的水汽

冰雹生成于积雨云中，显然云中含水量与冰雹的尺度有密切关系。云中含水量越多，冰雹也增长得越大。水汽多，凝结量大，释放潜热也多，也有利于冰雹的增长。一般来说，降雹时，云中水汽含量高达20~40g/m^3。

(3)0℃层高度要适当

经验指出，0℃层的高度影响冰雹的增长。在冰雹的形成过程中已指出，云中0℃层以上是过冷水滴、冰晶、雪花区，0℃层以下是水滴和过饱和水气区，冰雹的增长与这些区的分布有关。0℃层高度太低时，雹核在通过水滴和过冷水滴区时，冲并的路程短，不利于增大，只能形成小冰雹。0℃层过高时，上层冰晶、雪花、过冷水滴少，也不利于增长；而且冰雹下降时经历0℃层以下的路程长，容易融化为雨滴，不易降雹。经验指出0℃层的高度一般在600hPa附近有利于降雹。

7.4.3　冰雹的地理分布和出现季节

冰雹分布的特点是：中纬度多于高纬度和低纬度地区；内陆多于沿海，山地多于平原。在我国，青藏高原是雹日最多，范围最大地区，唐古拉山周围是多雹中心，年雹日20d以上，那曲为全国之冠，年雹日34.5d，最多年份可达53d。这里虽然降雹很多，但由于海拔高，夏季气温不高，积雨云发展有限，80%以上的冰雹都是着地即融的霰、冰丸和小冰雹，很少造成雹灾。

四川西部、云贵高原以及湘西山地降雹比较多，川西的年雹日可达15d以上，其他地区一般为1~3d。此外，祁连山地和天山山地的冰雹天气比较频繁，年雹日达10~15d以上。内蒙古南部地区也较多，有5~7d。华北山地、东北山地和内蒙古东部年雹日3d左右。黄土高原和东北平原1~2d。我国台湾、福建及两广大部分地区，地处热带，温度高，过冷水滴少，且冰雹在降落过程中易融化，出现降雹者极少。

冰雹出现的季节，从全国来看，2~10月间均有可能，但各地出现的月份差异很大。淮河流域以南地区，春季(2~5月)多雹，淮河流域以北地区，春末夏初(5~6月)多雹，青藏高原和其他的高山地区夏季(6~9月)多雹，东北地区、山东半岛和青藏高原南侧是初夏(5~6月)和秋季(9~10月)多雹。

从一日来看，降雹时间一般在傍晚，以14~17时居多，极少数在凌晨。据记载，湖南省宁远县逍遥岩乡1981年3月29日4:10~5:20，断续降雹70min，最大的重8500g，最大风速40m/s，一株胸围4.19m的皂荚树被连根拔起。由于降雹在凌晨人们熟睡时，历时又长，损失惨重。湖南历史上出现过的最大冰雹直径32cm，降落时砸坏树木、房屋，砸死耕牛和家畜。

2015年5月19日，甘肃静宁、庄浪、张家川等县相继遭受强降水、冰雹天气。张家川冰雹从16:38~17:07，持续半小时，最大直径1cm，厚度达13cm。此次降雹对农作物生长和产量造成严重影响，多地冬小麦、玉米、胡麻等农作物叶片被冰雹砸伤受损，苹果果实脱落，部分农作物绝收。经当地民政局调查统计，此次冰雹灾害共造成静宁县、庄浪县、张家川县农作物受灾面积11551hm^2，经济损失7064余万元。

7.4.4 冰雹的预防和人工消雹

冰雹出现的范围小，时间短，而气象台站之间的距离比较大，观测时间间隔长，容易漏测。不过，近年来雷达可以跟踪冰雹云。因此，冰雹的短期预报比较准确。

多雹区的城市绿化和庭园中，应选择抗雹性强的树种。据研究，不同树种，抗雹力不同，沙兰杨、法桐、刺槐、丛竹、圆柏等树种的抗雹力最强，其次是景烈白兰、白玉兰、广玉兰、桂花、女贞、梧桐、雪松等树种。

7.5 大风和龙卷风

7.5.1 大风

大风是指风力等于或大于8级(17.2m/s)的风。出现大风时，常常狂风骤起，飞沙走石，大风可引起树木风倒和风折。

大风天气主要是由天气系统的活动造成的，同时也受局部地形的影响。一般来说，我国北方地区冬半年，尤其是春季，经常出现寒潮冷锋的大风；我国南方地区夏半年，多出现台风和雷雨大风；东北、华北和华东地区处于地面高压西部控制时，多见偏南大风；春季当东北低压、江淮气旋发展加深时，也常常伴有大风天气。此外，龙卷风中也带来大风。在我国，大风天气以春季出现最多，夏季最少。从地理分布看，沿海多于内陆，北方多于南方。山顶、山脊和山坡上部等地大风天气出现机率多，风灾也重。

7.5.2 龙卷风

龙卷风又称龙卷，是从积雨云底部下垂的漏斗云中产生，如图7-5所示，当它接触地面时，带来的风力很大，时常可达100m/s以上，因此它是一种快速旋转的涡旋。当象鼻状云柱伸到陆面时，常常吸引大量沙尘、碎片，形成尘柱，这就是陆龙卷。当云柱经过水面时，能吸起高大的水柱，这就是水龙卷。有时龙卷只出现在半空中，称为空中龙卷。此外，也可能有两个或多个龙卷同时出现。

龙卷的水平范围很小，直径从几米到几百米，平均为250m，然而强风区可达1~2km，陆龙卷的范围大于水龙卷的范围。龙卷移动约为几十千米每小时，路径多呈直线，长度只有几千米，极个别的有300km。龙卷中上升和下降运动的分布也是不均匀的，中心附近为下沉运动，稍往外便有极强的上升气流，如图7-6所示，上升速度可达50~60m/s。1966年3月2日在江苏盐城出现了龙卷，把一个二十多吨重的锅炉从地上拔起，被抛出500m远。

上海气象台分析了108个龙卷资料后指出，龙卷主要出现在气团内部、静止锋、台、冷锋和飑等天气系统中。

全国各地都有龙卷风。陆地上龙卷风多出现在7~9月，西沙群岛地区一年四季都有龙卷风出现，以8~9月最多。就一日来说，龙卷风出现时间集中在午后对流最旺盛的时段内。

图7-5 龙卷风

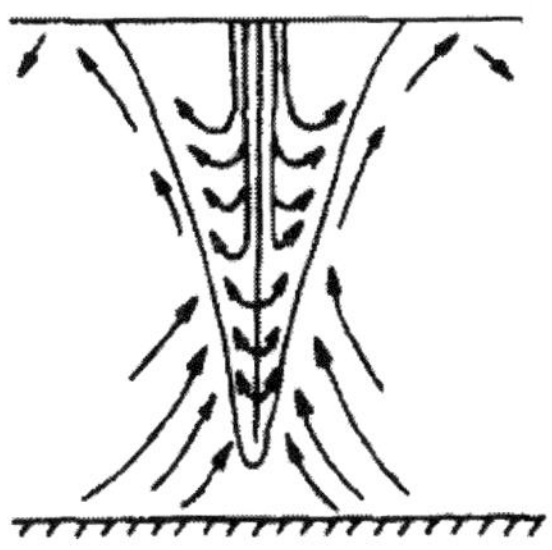

图7-6 龙卷中的气流分布

由于龙卷的范围小，生命期短，预报困难。我国气象工作者正在进行大量研究工作，以减少其造成的危害。近年来利用气象卫星和气象雷达监视积雨云中云系的发展，对提高龙卷预报的准确率有一定效果。

2015年6月1日21时30分，隶属于重庆东方轮船公司的“东方之星”轮，在从南京驶往重庆途中突遇强对流天气，在长江中游湖北监利水域沉没。“东方之星”轮船长76.5m，总吨位2200，型宽11m，型深3.1m，核定乘客定额为534人。“东方之星”与“东方王子”“东方皇宫”“东方之珠”“东方皇苑”等是国内5艘豪华游轮。客轮只设一、二、三等舱，船上配有GPS导航系统、卫星电视、电话、卡拉OK厅等设备设施。涉事游轮曾被交通部评为“部级文明船”。事发时船上实有人员454名，其中游客403名、船员46名、旅行社工作人员5名。遇难者人数442人，生还12人。

由中国工程院两位院士牵头国内外气象专家组成的气象调查分析团队，在综合分析气象卫星、天气雷达、闪电定位、地面自动气象观测、现场勘查航拍资料和当事人谈话笔录的基础上，还原了事发前后的天气情况。专家们认为，6月1日21时至22时，“东方之星”轮航行水域上空出现飑线天气系统，该系统伴有下击暴流、龙卷风、短时强降雨等局地性、突发性强对流天气，“东方之星”轮倾覆水域遭受强风暴雨袭击，1h累计降水量达94.4mm，其中1min最大降水量达2.6mm，瞬时极大风速达32~38m/s(风力12~13级)。

7.6 雾霾(灰霾)

7.6.1 雾霾的概念

雾和霾都是影响能见度的天气现象，二者既有区别又有联系。雾霾是一种随着大气污染日趋严重而突显出的新的灾害性天气。

一般认为相对湿度大于90%时发生低能见度现象称为雾，相对湿度小于80%且水平能见度小于10km的现象为灰霾，而相对湿度介于80%~90%时发生的低能见度现象称为雾霾，其主要成分是霾，也可称灰霾。

廖晓农等认为：雾和霾原本是两种本质上完全不同的、影响视程的自然天气现象。雾(包括轻雾)是由大量3~100μm极细微的溶胶粒子均匀地浮游在空中导致空气普遍浑浊的现象。根据“霾的观测和预报等级”规定(QX/T 113—2010《霾的观测和预报等级》)，在能见度小于10km的情况下，当相对湿度低于80%时定义为霾；超过

95% 时为雾；介于 80% 和 95% 之间时雾—霾混合，称为雾霾。

7.6.2 雾和霾的区别

雾是由大量悬浮在近地面空气中的微水滴或冰晶组成的，能见度降低到 1km 以内的自然现象。雾和霾的区别主要有以下几点：

①水平能见度不同 雾的能见度小于 1km，霾的能见度小于 10km，能见度在 1~10km 的称为轻雾和霾。

②成分不同 雾是由水滴、冰晶组成，霾是由尘埃、硫酸与硫酸盐、硝酸与硝酸盐、碳氢化合物等组成。

③大气湿度不同 雾天的大气湿度是饱和的，霾天的大气湿度是不饱和的。

④粒子尺度不同 雾粒子的粒径在 1~100μm，肉眼可见；霾粒子的粒径在 0.001~10μm，肉眼不可见。

⑤厚度不同 雾的厚度在几十至几百米，霾的厚度在 1~3km。

⑥颜色不同 雾的颜色呈乳白色、青白色，霾的颜色呈黄色、茶色、橙灰色。

⑦边界不同 雾的边界清晰，雾层中能见度起伏明显；霾的边界不清晰，霾层中能见度非常均匀。

⑧日变化不同 雾的日变化明显，霾的日变化不明显。

7.6.3 霾的观察预报等级

根据中国气象局颁布的灰霾标准(QX/T 113—2010《霾的观测和预报等级》)，按照能见度小于 10km，排除降水、沙尘暴、扬尘、浮尘、烟幕、吹雪、雪暴等天气现象造成的视程障碍，相对湿度小于 80%，判识为霾；相对湿度 80%~95% 时，按照地面气象观测规范规定的描述或大气成分指标进一步判识，见表 7-3。根据能见度，将灰霾划分为四个等级，其中 5~10km 属于轻微灰霾现象，3~5km 属于轻度灰霾现象，2~3km 属于中度灰霾现象，少于 2km 则为重度灰霾现象。新老标准的对比见表 7-4。

表 7-3 灰霾的大气成分指标

指标	代码	限值	单位
直径小于 2.5μm 的气溶胶质量浓度	PM2.5	75	$\mu g/m^3$
直径小于 1.0μm 的气溶胶质量浓度	PM 10	65	$\mu g/m^3$
气溶胶散射系数 + 气溶胶吸收系数	$K_1 + K_2$	480	Mm^{-1}

表 7-4 灰霾新老标准对比

	相对湿度(%)	能见度(km)	轻微灰霾能见度(km)	轻度灰霾能见度(km)	中度灰霾能见度(km)	重度灰霾能见度(km)
原判断依据	80	10	8~10	5~8	3~5	<3
最新标准	(80)95	10	5~10	3~5	2~3	<2

7.6.4 霾的危害

霾是由极细微的气溶胶粒子如矿物颗粒物、硫酸、硫酸盐、硝酸盐、有机碳氢化合物、燃料和汽车尾气等均匀悬浮在空中，导致空气普遍浑浊的现象。这些液态或固态的极细微的粒子主要是 PM10 和 PM2.5，他们可随空气直接进入人体，又称为可吸入颗粒物。可吸入颗粒物越细小，其表面积越大，吸附能力则越强。

PM10 也称为可吸入颗粒物，是指悬浮在大气中的空气动力学直径小于 10μm 的颗粒物。PM2.5 也称为细粒子，是指悬浮在大气中的空气动力学直径小于 2.5μm 的颗粒物。总悬浮颗粒物是指悬浮在大气中的空气动力学直径小于 100μm 的颗粒物。

可吸入颗粒物表面具有很强的吸附性，能吸附有害气体、重金属离子、致癌性很强的苯并芘、烃类化合物、细菌、病毒等多种有害元素。因此，可吸入颗粒物是一种对人体健康、生态环境和气候有损害的大气污染物，其主要危害如下。

(1) 损害人体身心健康

可吸入颗粒物携带着多种有害物质随大气直接进入人体，黏附在上、下呼吸道和肺叶中，引起鼻炎、咽炎、支气管炎、肺炎、肺癌等多种疾病，危害人体及身心健康。例如：苯并芘进入肺部引发肺癌，吸入铬后引起鼻腔溃疡和肺癌，吸入锰后会引起中毒性肺炎，吸入镉后会引起心肺功能不全，引起高血脂症和 DNA 病变。颗粒物中的环芳烃不仅致癌，而且致突变和畸形。颗粒物中的铅损害人体神经系统，影响儿童的智力发育。可吸入颗粒物还是心脏病的杀手，不仅会引发心肌梗死，还会造成冷刺激，引起血管痉挛、血压波动、心脏负荷加重等。有心脏病的人和年老体弱者在雾霾天少外出或不外出，以免发生意外。

此外，雾霾天气容易让人产生悲观情绪，引发抑郁、狂躁不安等心理疾病，严重时还会导致精神分裂症。

(2) 影响大气环境质量

大气颗粒物、气态污染物和气象条件是雾霾发生的主要原因。在雾霾天气里，空气相对湿度大、风速小、多静风，不利于污染物扩散；而污染物积累，浓度增大，又加重霾和雾霾。这种恶性循环，严重污染大气环境，降低空气质量，降低能见度，影响正常交通秩序，导致交通事故频发。

此外，大气颗粒物还会影响自然景观，导致紫外线减弱，影响农作物生长，降低农作物产量。

2015 年 11 月 27 日开始，北京市发生一次严重污染过程，截至 30 日雾霾天已持续 4d，为今年以来最严重的污染天气过程。本次重污染有一些鲜明的特点。

一是存在两次明显跃升现象。第一次跃升发生在 26 日 18 时至 27 日 18 时，PM2.5(细颗粒物)浓度从 46μg/m^3 跃升至 286μg/m^3，空气质量由 2 级良直跨四级跃升为 6 级严重污染；第二次跃升发生在 30 日，从 6 时的 57μg/m^3 上升至 18 时的 526μg/m^3，12h 内上升近 10 倍。

二是污染演变过程复杂。总体是加重趋势，同时也存在浓度的大幅度波动，30 日清晨时段北部及中心城区空气质量一般达到 2 级良好水平。

三是出现了极端峰值污染浓度。30 日白天受区域污染回流和混合层高度低的垂直压缩共同作用，PM2.5 浓度急剧增长，下午中心城区维持 500μg/m^3 左右的高污染浓度，而南部地区部分站点则出现超过 900μg/m^3 的峰值污染浓度。

四是污染区域范围大。本次重污染是在华北地区大范围持续性污染的背景下发生的，京津冀、山东、山西、河南等地区普遍出现严重污染，污染物在区域内积累、滞留，并随风的变化互相传输影响。

本次重污染的形成有几个重要原因。

一是特殊的气候背景和极端的气候条件。2015 年为有史统计以来的最强的厄尔尼诺年，全球极端天气频发，进入 11 月以来，华北地区遭遇多次降雪天气，降雪消融导致地面浓度紧急饱和，温度降低，而中层大气同期存在显著回暖情况，导致华北地区大范围处于高温度、低风速、强逆温的极端不利气候条件，污染持续积累，造成本次大范围的严重区域性污染。

二是区域内燃煤、机动车等污染源排放。燃煤、机动车等是主要的污染源排放因素。进入采暖期后，燃煤污染排放明显增加，特别是前期的降雪降温过程，导致区域燃煤采暖消耗量大幅增加。同时，静稳低能见度天气条件下，道路拥堵加剧，燃油效率降低，机动车污染排放也显著增加。此外，持续的高温静稳气候条件，有利于气态污染物向颗粒物的转化，以及颗粒物的吸湿增长等，这都加重了 PM2.5 的浓度水平。

三是区域性污染输送进一步加重了本市的污染水平。26~27 日及 30 日的两次浓度跃升期间，均存在明显的由南向北快速推进现象。从 PM2.5 的成分监测数据看，本次重污染期间，与燃煤污染排放关系较为密切的有机物、硫酸盐、氯离子、黑炭等浓度增长曲线基本完全同步，相关系数在 0.95 以上，也反映了区域燃煤污染的重要影响。

北京市环保监测中心预报，12 月 1 日白天，我市处于低压系统控制，扩散条件总体不利，午后中高空转为偏北风，垂直扩散条件略有改善，污染状况略有缓解，但由于前期浓度较高，预计空气质量仍处于重污染水平。

7.7 沙尘暴

沙尘暴是一种灾害性天气现象，破坏力巨大，是我国西北地区比较常见的天气现象。在干旱、半干旱地区植被稀疏，加上人为活动干扰，土地荒漠化严重，形成大量潜在沙源地，在适当的天气条件下形成沙尘天气。沙尘源地、大风、不稳定的大气层结是沙尘天气形成的三个条件。我国的沙尘源地主要有乌兰布和沙漠、狼山沙漠、腾格里沙漠、巴丹吉林沙漠、柴达木盆地沙漠、库姆达格沙漠、吉尔班通古特沙漠、塔克拉玛干沙漠“八大沙漠”和浑善达克、科尔沁、毛乌素、呼伦贝尔“四大沙地”，沙尘天气我国古今皆有，世界上许多国家都发生过。

7.7.1 沙尘天气的相关概念

气象学上根据沙尘天气发生时的风力、能见度、天空状况将沙尘天气现象分为沙尘暴、扬沙、浮尘三种。

(1)沙尘暴

沙尘暴是沙暴和尘暴两者兼有的总称，是指大风将地面尘沙扬起，使空气浑浊水平能见度小于1km的风沙天气现象。根据沙尘暴发生时的风速和水平能见度，又可分为沙尘暴、强沙尘暴和特强沙尘暴。强沙尘暴是指大气水平能见度小于500m、风速大于9级的沙尘暴；特强沙尘暴是指大气水平能见度小于50m、风速大于10级的沙尘暴。国内外目前关于沙尘暴强度的划分很不一致，不同的国家和地区划分沙尘暴强度的标准也不一致。

强沙尘暴(俗称黑风)出现时，黄沙滚滚，昏天暗日，水平能见度降至500m以下，并伴有很大风力，给人们的生产、生活造成很大影响。

特强沙尘暴(俗称黑风暴)出现时，黄沙滚滚，遮天蔽日，在沙尘源地可以形成数十米高的沙尘暴墙，水平能见度低至50m以下，最强时可用伸手不见五指来形容，并伴有极大的风力，给人们的生产、生活造成极大影响。

(2)扬沙

扬沙是大风将地面尘沙吹起，使空气相当浑浊，水平能见度在1~10km的风沙天气现象。扬沙与沙尘暴都是由于本地或附近地区的沙尘被风吹起而造成的，其共同特点是能见度明显下降，天地浑浊，呈现灰黄色。两者大多在冷空气过境或受冷锋、飑线等天气系统影响时才出现。

(3)浮尘

浮尘是指尘土、细沙均匀地浮游在空中，使水平能见度小于10km的一种天气现象，浮沉多数是远处的沙尘经过上层气流传输而来，或为沙尘暴、扬沙出现后尚未沉降的细粒悬浮在空中而成，浮尘发生时，远处景物呈现黄褐色或灰黄色，天空呈苍白色或微黄色。《晋书·五行志》记载有“元帝太兴元年正月癸巳，黄雾四塞，埃氛蔽天”以及“穆帝永和七年三月，凉州大风拔树，黄雾下沉”，描写的就是沙尘细粒子悬浮在空中的浮尘情景。

7.7.2 沙尘天气的等级划分

划分沙尘天气等级主要采用风速和能见度两个指标。2006年国家质量监督检验检疫局和国家标准化委员会批准颁布了GB/T 20480—2006《沙尘暴天气等级》，规定了沙尘天气和沙尘天气过程的等级，将沙尘暴天气划分为浮尘、扬沙、沙尘暴、强沙尘暴、特强沙尘暴5个等级。

①浮尘　当天气条件为无风或平均风速小于或等于3.0m/s时，尘沙浮游在空中，使水平能见度小于10km的天气现象。

②扬沙　风将地面尘沙吹起，使空气相当浑浊，水平能见度为1~10km的天气现象。

③沙尘暴　强风将地面尘沙吹起，使空气很浑浊，水平能见度小于1km的天气现象。

④强沙尘暴　大风将地面尘沙吹起，湿空气非常浑浊，水平能见度小于500m的天气现象。

⑤特强沙尘暴　狂风将地面尘沙吹起，使空气特别混浊，水平能见度小于50m的天气现象。

沙尘暴，特别是特强沙尘暴(黑风暴)发生时，给当地居民的生命财产和工农业生产造成严重的危害。

7.7.3 沙尘源地

(1)沙尘源地概念

凡是能够提供沙尘，并形成沙尘天气的地表统称为潜在沙尘源地，如农耕地、流沙地、退化的草地、弃耕地、沙漠边缘植被稀少地、裸露地、被破坏了的戈壁等[4]。潜在沙尘源地是形成沙尘天气的基本条件，但能否起沙并形成沙尘暴天气还取决于其他条件，如天气气候背景、地表湿润状况、地表植被覆盖情况、大气垂直稳定度等。

(2)沙尘源地类别

①境外潜在沙尘源地　主要位于哈萨克斯坦境内、中国与俄罗斯边境接壤地区、蒙古人民共和国中南部地区。

②境内潜在沙尘源地　我国西北沙漠、戈壁、沙地、退化的草原区、农牧交错区。这些潜在沙尘源地包括新疆的塔克拉玛干沙漠的南缘、吐鲁番地区、北疆的古尔班通古特沙漠和大面积开垦地区，甘肃的河西走廊，青海的柴达木盆地，宁夏河东地区、黄河灌溉区和河套地区，内蒙古的阿拉善盟、鄂尔多斯地区和浑善达克沙地以及陕西的榆林地区等。

7.7.4 空气污染指数

根据国家空气质量预报的有关技术规范，目前采用二氧化硫、二氧化氮和可吸入颗粒物三项指标的监测数据评估空气质量，以空气污染指数(air pollution index，API)的形式对全国空气质量进行评价。

(1)空气污染指数定义

空气污染指数是反映和评价空气质量，简介表征空气污染程度的一种方法，就是将常规监测的几种空气污染物(SO_2、CO、O_3、PM10、TSP、NO_2)浓度简化成为单一的概念性指数值形式，并分级表征空气污染程度和空气质量状况。其特点是综合、简便、直观，适合于表示城市的短期空气质量状况和变化趋势，是普遍采用的综合评价大气环境质量的指标之一。

我国空气污染指数分为7个等级，每一等级对应的污染物浓度值对人体健康产生的影响程度不同，表7-5和表7-6给出了空气污染指数范围及相应的空气质量类别，当空气污染指数超过200时就属中度污染，长期接触可对健康人群构成威胁。

2015年4月15日北京市气象台发布“大风黄色预警”“沙尘蓝色预警”，随后升级为今年首次“沙尘暴黄色预警”，称傍晚至夜间，能见度降至不足1000m。15日晚高峰的北京市，北风六、七级，阵风九级，席卷沙尘而至。17时前后，北京西北部的延庆和昌平先后出现了浮尘天气，并逐渐向全市蔓延。18时左右北京的天空呈茶色，路人或戴着各式口罩，或以纸巾、衣领掩面，路灯尚未开启，但多数机动车打开车灯并缓慢前行，路况信息显示多处呈“红色线圈”拥堵。沙尘暴还带来“重污染”。北京市环保监测中心18时数据显示，大范围外来沙尘自西北方向逐渐影响北京，多个监测站点PM10浓度已达1000μg/m^3。

表7-5　空气污染指数对应的污染物浓度限值

空气污染指数	污染物日均浓度(mg/m^3)						国家空气质量标准
	TSP	PM 10	SO_2	NO_2	CO(小时均值)	O_3(小时均值)	
500	1.000	0.05	2.62	0.940	150	1.20	
400	0.875	0.15	2.10	0.750	120	1.00	
300	0.625	0.35	1.60	0.565	90	0.80	
200	0.500	0.42	0.25	0.150	60	0.40	三级标准
100	0.300	0.50	0.15	0.100	10	0.20	二级标准
50	0.120	0.60	0.05	0.050	5	0.12	一级标准

表7-6　空气污染指数范围及相应的空气质量级别

空气污染指数	空气污染级别	空气质量状况	对健康的影响	建议采取的措施
0~50 51~100	一级 二级	优 良	可以正常活动	—
101~150 151~200	三(1)级 三(2)级	轻微污染 轻度污染	易感人群症状有轻度加剧，健康人群出现刺激症状	心脏病和呼吸系统疾病患者应减少体力消耗和户外活动
201~250 251~300	四(1)级 四(2)级	中度污染 中度重污染	心脏病和肺病患者症状显著加剧，运动耐受力降低，健康人群中普遍出现症状	老年人和心脏病、肺病患者应停留在室内，减少体力活动
>300	五级	重度污染	健康人运动耐受力降低，有明显强烈症状，提前出现某些疾病	老年人和患者应当留在室内，避免体力消耗，一般人群应避免户外活动

7.8　冰冻

地面积雪不融化，水面结冰或近地面物体上出现冻结物的低温寒冷天气称为冰冻天气。冰冻使输电线路的负荷加重，造成断线、倒杆、倒塔等事故；路面结冰坚硬滑溜，行车困难、交通受阻、引发事故；冰冻压坏松、杉、竹林、冻死苗木、庄稼，冻死耕牛、家畜，对电力、交通、农、林作物和人民生命财产造成严重危害，是一种灾害性天气。

7.8.1　冰冻的相关概念

(1)冰冻

指空气中过冷却雨滴、毛毛雨滴或雾滴以及冻结雪附着在寒冷的电线、树木枝叶、房屋、农作物等近地面物体上形成的一种冻结物，是对雨凇、雾凇和冻结雪的总称。

(2) 雨凇

雨凇是过冷却的液态降水(冻雨)碰到地面物体后直接冻结而成的毛玻璃状或透明的坚硬冰层，外表光滑或略有隆突。湖南冰冻灾害主要由雨凇造成，也称雨凇天气为冰冻天气。

(3) 雨凇强度

根据单站雨凇过程持续时间，将雨凇强度划分为 4 个等级。

轻度雨凇(1 级)：连续雨凇日数为 1~3d。

中度雨凇(2 级)：连续雨凇日数为 4~6d。

重度雨凇(3 级)：连续雨凇日数为 7~11d。

特重雨凇(4 级)：连续雨凇日数为 12d 或以上。

区域雨凇强度，按区域内单站雨凇最长持续时间计。湖南省统计区域雨凇强度时，将南岳衡山站除外。

(4) 雨凇的成因

当较强的冷空气南下遇到暖湿气流时，冷空气像楔子一样插在暖空气的下方，近地层气温骤降到 0℃以下，湿润的暖空气被抬升，并成云致雨。当雨滴从空中落入温度低于 0℃的气层时，就能变成过冷雨滴，这种过冷雨滴一旦降到温度低于 0℃的地面或地物上，立即冻结成冰，形成一层密实光滑的、有时是透明的玻璃状冰壳。落在表面温度低于冰点的树、电线上后，马上在它们外围结成晶莹透明的冰层，这时雨滴继续落在结了冰的物体表面上慢慢下垂，于是结成了一条条冰柱，有的地方称它为“冰挂”。冻雨多发生在冬季和早春时期。

7.8.2 冰冻的危害

我国出现冻雨较多的地区是贵州，其次是湖南、江西、湖北、河南、安徽、江苏以及山东、河北、陕西、甘肃、辽宁南部等地，其中山区比平原多，高山最多。例如，湖南 1954—2009 年间出现过 11 次严重冰冻，其中 2008 年 1 月中旬至 2 月上旬，湖南出现历史罕见的低温雨雪冰冻天气，全省 14 个市(州)123 个县(市、区)受灾，因灾直接经济损失超过 680 亿元。电力、交通、农业、林业、通信等行业受损严重。电力方面，冰冻造成 500kV 输电线路倒塔 182 基、变型 82 基、断线 159 处，220kV 线路倒塔 633 基、变型 203 基、断线 241 处，110kV 线路倒塔 1427 基、变型 421 基、断线 646 处，500kV 光缆断缆和受损 12 条，220kV 光缆断缆和受损 31 条，110kV 省网光缆断缆和受损 22 条，500kV 线路累计跳闸 75 条次，220kV 线路累计跳闸 832 条次，6 个 500kV 变电站母线失压，其中 2 个变电站全停；220kV 变电站累计失压 113 次，其中 30 个变电站发生过全站失压，最多时 28 个同时失压；800 多组 220kV 及以上隔离开关无法操作。林业方面，林竹受损面积达 453 万 hm^2，部分地方的林竹受到毁灭性损失，直接经济损失共计 164.98 亿元。交通方面，全省公路交通多次出现大而积中断，16 段高速公路和 7 条国道、36 条省道交通因结冰而先后阻断，大批车辆、司乘人员滞留，高峰时京珠高速公路上堵塞的车辆绵延至(湘)潭耒(阳)段。农业方面，全省农作物冰冻受灾面积 253.3 万 hm^2，成灾面积 193.3 万 hm^2，冻死绝收面积 56 万

hm^2；冻死牲畜259.08万头，死亡家禽1254.37万羽，倒塌畜禽栏267.6万m^2，渔业受灾水面24万hm^2。通信方面，通信业累计因灾受损通讯线缆9553.8km，累计倒断杆8.9万根，通信基站(含移动、联通和电信小灵通)累计受灾15.86万站次，通信接入点、模块局、交换局累计受灾9341次。

在2008年1月14日至2月20日的这次持续1个多月的冰冻天气中，湖南苏仙岭风景名胜区的森林遭受了毁灭性灾难，竹林全被压弯、压破，松、杉林树冠全被削掉(图7-7)，古树名木被压断、翻蔸，电线倒杆，旅游设施被损坏，景区一片狼藉(图7-8至图7-10)，据不完全统计，景区各项损失折合金额约1.132亿元，其中：损毁活立木(含苏岭云松、黄果朴、檵木、银杏、拐枣、枫杨、乌柏、八角枫等古树名木)13000m^3，价值约9000万元；损毁幼林苗木500亩，价值约1000万元；损毁楠竹12000万根，价值约6万元；苏仙观、屈将室、桃花居、郴州旅舍、车库等房屋受损约3000m^2，价值约410万元；损毁供水管网4km，价值约200万元；损毁输电线路10km，价值约140万元；损毁通信线路(含设施)10km，价值约100万元；公路照明设施损毁价值约100万元；索道设备损毁价值约83万元；标志标牌损毁价值约30万元。针叶林中马尾松和杉木损毁70%~80%，国外松全部损毁，阔叶林损毁20%。苏仙岭林场冰灾森林受损面积2622亩，蓄积12752m^3，其中杉木受损面积890亩，蓄积8293m^3；马尾松受损面积730亩，蓄积4029m^3；阔叶林受损面积1002亩，蓄积430m^3。使得苏仙岭林场的总体生态系统遭到严重破坏，生态环境质量下降，至少倒退30年。

图7-7　楠竹被压弯压破

图7-8　幼树被削冠

图7-9　大树被劈断

图7-10　古树被压翻蔸

复习思考题

1. 什么是寒潮？它对我国的天气影响如何？对你所在地区的天气影响又如何？

2. 台风和锋面气旋有哪些异同？台风的天气过程如何？

3. 如有可能，调查本地区出现哪些灾害性天气？影响程度如何？并分析原因。

4. 植树造林可以减免哪些灾害性天气？为什么？

5. 旅游从业人员如何预防和抵御突发性气象灾害？

6. 山区的旅游途中遇到山洪暴发，旅游团的领队或导游该怎么办？请用天气学知识说明原因。

7. 云和雾有何异同？雾和雾霾有何异同？

8. 雾霾对人体健康有哪些危害？

第3篇

旅游气候

研究旅游地开发建设、旅游资源保护利用、人类各种旅游活动与天气、气候之间相互关系的科学称为旅游气候学。旅游气候学是介于气象、旅游、林学三个学科之间的边缘科学，是气候学的一个新的分支。

第8章　气候学基础

8.1　气候的定义

气候有着各种定义，大体可分为两大类。一类认为气候是某一地区长时期内天气状态的综合反映；另一类认为气候是某一地区在多年时期内的大气平均状态；按最新提法，气候是多年长时期内的大气的统计状态。后一类定义具有更强的生命力。但是，在气候史中并不存在不变的平均状态或统计状态，气候是一个具有两重性的概念，它既有稳定性，也有流动性。具体的气候是与一定的时间段相联系的，而不存在绝对的气候概念，为适应这一特点，出现了气候变化的概念。天气气候学家张家诚先生在1985年出版的《中国气候》一书中对气候是这样定义的：所谓气候，应该理解为在一段较长时间阶段中，大气统计状态，它一般用气候要素的统计量表示。但是，这种统计量往往随着阶段的转换而发生明显的变化，这就是气候变化。

超过一年以上的时间长度，才进入气候尺度范围。年变是大气中极明显和严格的周期，它在气候分析中是基本时间单位。虽然气候学也讨论年变中某一位相(季、月等)或某些特殊现象，但主要是作为年变的特征之一，而不是从年变的角度来讨论。在气候尺度中也存在短波、长波等常见的周期性振动，其中最重要的2~5年周期，20~40年周期以及长尺度更大的周期性振动，包括万年以上各种尺度的冰河期和间冰期振动等。这些振动都可以划分两个以上位相(阶段)。在一个位相内部，大气过程的演变是缓慢的，大气物理状态是相近似的，可以作为定义气候的自然时段。因此，气候就是以气候尺度内各种振动的位相为自然时段的大气统计状态。也就是用自然时段的气候要素的统计量表现。按此定义，存在着多种尺度的气候，例如：冰河期气候、间冰期气候是长尺度的，自然时段几年、几十年的气候是短尺度的。世界气象组织规定30年为整编气候资料的时段长度，它反映了当前气候的主要特点。最近30年的气候可以认为就是现代气候。

20世纪70年代以来，气候学中出现了气候系统的概念。所谓气候系统就是一个由大气、海洋、大陆、冰雪、生物圈所组成的庞大系统。气候是同其他的环境因子处于频繁而复杂的相互作用中，气候学应当是在系统科学的原理指导下，建立在气象科学和其他环境科学的边界上，所以具有很强的综合性、实用性和理论性，是现代气象学和其他学科之间的重要联系面，为气象学的发展开辟了广阔的视野，是科学发展的一个重要生长区。

气候学是研究气候的形成、分布和变化规律的科学。气候学的基本内容包括：

①气候要素的统计及整理、气候圈的绘制和气候志的编写等。一般将这类工作归结为“古典”气候学。

②气候的评价、区划和气候资源的分析，其中包括气候的分类和区划，各种应用气候学的内容等。

③各种环流型、天气系统的频率、路径、天气现象的统计和分析等属于天气气候学内容。

④气候变化及预报，气候演变规律性的研究。

⑤气候及其变化原因的研究，气候形成原因的探讨。

⑥气候与人类关系的研究。包括气候对人类的影响，人类对气候的影响以及如何把这两方面的影响纳入一个统一的系统，探讨利用气候资源和减轻或避免气候灾害的最优方案。旅游气候研究应属于此范畴。

8.2　气候的成因

气候是在太阳辐射、大气环流、地理因素和人类活动等因素的长期相互作用下形成的。

8.2.1　太阳辐射

太阳辐射是地球上大气运动的能量源泉，它是天气和气候形成及变化的基础。太阳辐射在地球表面分布不均匀，使各地气候产生差异。

大气上界可获得的太阳辐射称为天文辐射。地球上各纬度获得的天文辐射不等（表 8-1）。全年赤道上获得的太阳辐射最多，随着纬度增加太阳辐射逐渐减少。

表 8-1　各纬度天文辐射年总量

纬度(°)	0	10	20	30	40	50	60	70	80	90
天文辐射年总量(10^9 J/m^2)	13.40	13.30	12.70	10.80	10.60	9.19	7.65	6.37	5.77	5.58

地球上的热赤道(温度最高的带，又称温度赤道)和地理赤道不在同一纬度，热赤道移至南、北纬 10°~20°处，季节不同，热赤道的位置有变化。冬季 1 月大致位于南纬 10°附近。夏至附近，北纬 17.5°~23.5°地区有 86d 左右正午的太阳高度角接近 90°，又因夏季太阳照射时间随纬度增加而增长，所以夏季 7 月热赤道位于 20°附近，见表 8-2。

表 8-2　北半球各纬圈上温度平均值(℃)

纬度(°N)	1 月	7 月	年	纬度(°N)	1 月	7 月	年
90	-36.0	0.0	-19.0	40	4.6	23.9	14.0
80	-32.2	2.0	-17.2	30	13.8	26.9	20.4
70	-26.9	7.2	-10.4	20	21.8	27.3	25.0
60	-26.4	14.0	-0.6	10	25.4	26.1	26.0
50	7.7	18.1	5.4	赤道	25.3	25.3	25.4

一年中，天文辐射自赤道至北纬15°处，有两次最高，赤道上分别出现在春分日和秋分日见图8-1。北半球的其他地区，全年以夏至附近太阳辐射量最多。太阳辐射的周年变化使各地气候出现了季节交替的现象。

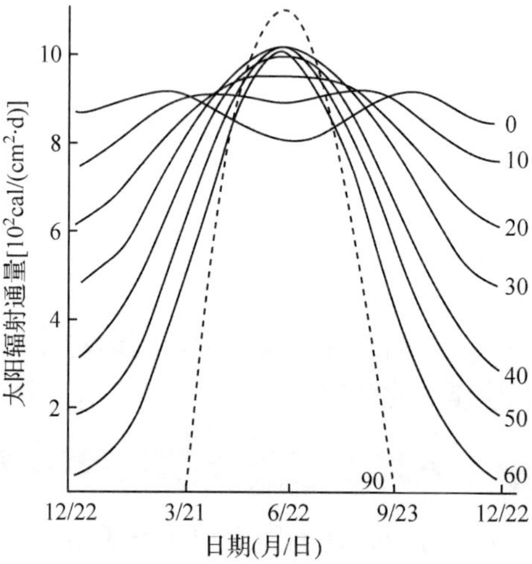

图8-1 北半球各纬度天文辐射的季节变化

天文辐射只是理论值，地球外围有大气层，太阳辐射通过时将被吸收和散射；地球表面的地形差异和海陆分布等对太阳辐射的吸收和反射又不一样。因此，各地获得的太阳辐射不仅受纬度控制，还与大气状态、海拔高度以及云雨有关。在其他条件相同情况下，高海拔地区获得的太阳辐射量多于平原上；云雨多的地区，太阳辐射显著减少。

太阳辐射是形成一地气候的重要因子，但不是唯一因子。大气环流对一地气候形成同样重要。

8.2.2 环流因素

地球表面辐射能分布不均，导致高低纬度或海陆之间的温度差异，又引起气压差，产生了大气环流。大气环流既是热量输送者，又是水分输送者，使高低纬度和海陆之间的热量和水分得到了交换和调节，它对天气变化和气候形成起了重要作用。气候形成的环流因素包括前面讲的大气环流和天气系统。因为它们都可以输送热量和水分，使气候发生各种各样的变化。大气环流在气候形成中的作用是通过气压活动中心表现出来的。例如：北太平洋高压在夏季最强大时，它的东部，风自高纬度吹向赤道，使北美洲西海岸沿太平洋地区晴朗干燥；它的西部，风自低纬度吹向高纬度，使东亚沿太平洋地区湿润多雨。西伯利亚高压冬季强大，它盛行干冷气流，使东亚冬季寒冷少雨。西北欧地区，冬季受冰岛低压的影响，盛行偏西方向的暖湿气流，因此冬季温和多雨。

维持大气温度在地理上的稳定分布和保持各地降水量能达到某种程度的稳定性，全靠大气环流对于热量和水分的输送。从热量输送来说，随着行星风带的分布，在北纬 30°以南和 5°以北，热量都是向南输送，在北纬 30°~ 50°之间，则向北输送。在大陆和海洋之间，随着风向的变换和空气的乱流运动，也同样存在着热量的交换和输送。地球上，各地的降水量都具有相对稳定性，维持某种幅度的平衡，这也是大气环流对大气水分输送的结果。

8.2.3 地理因素

(1) 地理纬度

地理纬度在气候形成过程中的作用，归根到底是影响太阳辐射能投射到地球表面上的分布。地理纬度越低，可得到的太阳辐射能越多，气候越暖；地理纬度越高，可得到的太阳辐射能越少，气候越寒冷。如果全球地面均匀一致，那么太阳辐射总量、地面净辐射及其他气候要素如温度、降水和风等均应成为与纬圈一致的带状分布；但实际分布状况并非完全一致，有的北凹有的南凸，有的形成闭合的低温中心或高温中心。这说明除地理纬度外，地面其他因素也影响气候的形成。

(2) 海陆分布

由于海陆分布的影响，对上述气候要素随纬圈的带状分布，发生了很大的干扰。因为水陆热特性的不同，在纬度 35°以上，年辐射平衡为负值，大陆较海洋年平均温度为低；在纬度 35°以下，年辐射平衡为正值者，大陆较海洋年平均温度为高。

在通常情况下，大陆的增热、冷却较海洋都剧烈，所以，无论温度的日较差和年较差，在大陆上，都较海洋为大。温度年较差的大小，常作为区别大陆性气候和海洋性气候的重要指标之一。

其次，由于季节的交替，海陆特性的差异，形成了夏季大陆为热源，海洋为冷源；冬季，大陆为冷源，海洋为热源。热源有利于低压系统的形成和加强，冷源有利于高压系统的形成和加强。其结果可把气压带和行星风带分为若干个高低气压活动中心，这些活动中心在气候形成过程中，起着重要的作用。

海陆性质的不同，也可影响天气系统的变化。由于海陆表面光滑度的不同，可以影响气旋的强度和存在时间。海面光滑，使风向与等压线的偏角较小，使海面上气压系统较陆上为强，持续时间亦较久；大陆上则相反。

由于大气中的水分，主要来自海面蒸发。因此，一般来说，距海越远，空气中的水分含量越少。对降水量和降水频率来说，从海洋到内陆理论上是递减的。但实际上因地形等因子的影响，降水量和降水频率的分布规律，并不如此简单和显著，甚至有相反的现象。同时，由于水陆热性质的不同，形成海、陆上气温垂直梯度的差别，致使稳定度条件不同，海陆降水周期变化也不一样。海洋上以夜雨和冬雨占优势，大陆上以日雨和夏雨占优势。

(3) 地形

地形对于气候的影响有两方面：一是地形地势本身所形成的气候特点；另一个是高原和山系对于邻近地区气候的影响。

就地势来讲，高度增加，空气组成的基本成分虽无什么变化，但气压却随着空气柱的减短而降低，空气中的悬浮物质和水汽显著减少。因此，山顶空气清晰洁净。正是由于这个原因，高山上的太阳直接辐射相对增强，天空散射辐射相对减少；山上紫外线辐射的增多，可以抑制微生物的活动和树木的生长高度；大气逆辐射减弱，地面有效辐射增强，使高山上辐射收支差额经常保持为负值，气温随高度的增加而降低。

大气中水汽虽随高度增加而减少，但相对湿度随高度的变化则更复杂。在山地，一般情况下，在一定高度的范围内，特别是在向风坡，相对湿度随高度的增加而增加，云雨量也相对增多，但超过这个范围，那就不同，甚至相反。

地形的不同，可使同一个气候区里的实际气候相差很大。东非高原和刚果盆地同位于赤道气候带内，东非高原凉爽宜人，刚果盆地湿热不堪；同在东非高原，高山之巅终年积雪不消，而山间低地则溽暑逼人。

高大山系走向，常成为气候的自然分界。如果山脉走向与盛行风向相垂直，它的障壁作用就显得更为明显。若盛行风为一不稳定气团，向风坡常为多雨坡，背风坡为少雨坡。向阳、背阳对于温度的影响更是显而易见。世界上有许多大山系都具有明显的气候障壁作用，我国秦岭就是其中之一。秦岭山脉是我国南北气候的分界线。

高原对于气候的影响，也是很明显的。例如：西藏高原平均海拔4000m以上，面积达200万km^2，耸立在自由大气之中。高原本身构成了独特的高原气候区，它对邻近地区气候的影响，亦起着显著的作用。由于高原南面是暖的印度洋，北面是冷的西伯利亚和新疆，如果不是高原的存在，那么，高原南北两侧的冷暖干湿空气，就容易得到交换，源自西伯利亚的冷空气，就不会像现在这样强大而干冷，东亚冷空气的活动，也不会像现在这样频繁，整个东亚冬季半年的气候就要比现实温和得多了。

(4)洋流

海洋为地球表面巨大的热量贮存所。它的温度变化和表层(200～1000m)洋流状况对于气候的影响，均具有重要意义。

从洋流的性质来说，从低纬度流向高纬度的洋流，其温度较经过的洋面为暖，通称为暖流。反之，从高纬度流向低纬度的洋流，它的温度较经过的洋面为冷，通称为寒流。前者可以携带大量热量到高纬度，使高纬度海水得到增热；后者输送大量冷水到暖海中，使低纬度海水从而降温。这不仅使得高低纬度海水热量得到交换，而且可以影响海上空气温度得到调节。另外，辐散上升的涌流水温较低，辐合下沉的沉流水温较高。通过涌流和沉流，海水中的热量得到垂直交换。

洋流的运行规律：在高纬度呈气旋型；在低纬度呈反气旋型。低纬度反气旋型洋流东部为寒流，西部为暖流，所以低纬度大陆西岸受冷洋流影响，东岸受暖洋流影响。高纬度气旋型洋流，东部为暖流，西部为寒流，所以高纬度大陆西岸受暖洋流影响，东岸受冷洋流影响。受暖洋流影响的地区，气候温暖湿润；受冷洋流影响的地区，气候寒冷干燥。

8.2.4 人类活动

人类对气候的影响存在于人类活动的各个方面。人类活动只是影响气候的因子之一，它还同其他自然因子结合在一起共同影响气候。人类影响气候主要有3个途径：一是人类通过砍伐森林，修建城市等活动改变地面的物理和化学性质，进而影响大气；二是把工业及生活废气排入大气，改变大气成分，造成大气污染，使大气的物理和化学性质发生变化；三是释放热量，加热大气。

在人类对自然界的客观规律未能很好认识前，对气候的影响都是不利的。人类的发展往往是同毁坏森林联系在一起的。在历史上森林曾覆盖地球表面积的 2/3，20 世纪以前，毁林速度加快，目前世界上每年采伐森林 2000 万 hm^2 左右，毁林的重要地带已由温带转到热带。毁林导致气候变劣的事例很多。我国黄土高原在古代森林覆盖率曾高达 53%，是一片草丰林茂的好地方，许多地方河流清水常流。但到现在森林覆盖率却下降到 3%，成了一片荒山秃岭，雨水冲刷黄土高原，使得黄河水含沙量平均高达 37kg/m^3，成为一条害河。四川省是长江上游最富饶的地区，但森林破坏严重，森林覆盖率由新中国成立初期的 19% 下降到 13.3%，由此加重了长江流域的水旱灾害。大气污染是人类影响气候的重要渠道之一。大气污染影响气候有两种情况：一种是局部地区(小范围)污染，二氧化硫、氮氧化合物、酸雨、光化学反应和微量重金属的排放造成局部地区生态系统严重破坏。例如：1952 年 12 月 5～8 日英国伦敦震惊世界的严重烟雾事件，直接或间接造成 12000 人死亡；1984 年 12 月 23 日印度中央邦博帕尔市的农药厂地下储罐毒气泄露事件，造成 2500 人死亡，10 万人终身残疾，其中 5 万人双目失明。另一种是大区域的污染。这种大区域或整个大气质量受到污染，属于背景影响污染问题，也叫本底污染。对这种污染的监测应当到污染最少的地方去进行。背景污染的主要工作集中在二氧化碳、人工热、粉尘、臭氧等问题上；背景污染研究中最引人注目的问题是二氧化碳问题。许多学者认为二氧化碳有“温室效应”。因为二氧化碳不能阻挡太阳短波辐射，所以增加后不会影响地面接受的辐射能，但是二氧化碳可以吸收地面放射的长波辐射，使大气增温，大气能再放出更多的辐射又返回来增暖地面。另一些学者认为大气的负反馈作用可以抵消温室效应。分布在平流层中的臭氧层，对地面的生物圈有保护作用；臭氧层可使平流层形成上热下冷抑制对流，使气温层结稳定。但由于喷气式飞机的喷射物质，核爆炸、氯氟甲烷等破坏了臭氧层，在南极上空发现了臭氧空洞，这种臭氧层的破坏，会影响生物圈的存亡和整个大气环流的变化，这类大范围的污染属于本底污染。人类活动，加热大气的实例很多，城市数量的增加，城市人口的增加，既增加了大气的污染源，又增加了人工热源。我国 1949 年有城市 69 座，城市人口 5700 万人；1986 年有城市 353 座，人口 23000 万人；1995 年有城市 622 座，人口 34752 万人。城市和城市人口的增加，实际上增热了大气。据观测，100 万人口以上的城市，市中心的最高气温比郊区高 8～10℃，500 万人口的城市中心比郊区高 10℃以上。株洲市只有 50 万城市人口，市区红旗广场 1998 年 8 月 4 日的最高气温比郊区婆仙岭高 10.8℃，城市的“热岛效应”可以使局部大气增热。增加 1 座城市就给地球大气增加 1 个加热站，同时也增加 1 个污染源。

8.3　季节

地球的公转形成四季。人们主要根据气候冷暖干湿和昼夜长短来划分季节。温带地区，一年中有春、夏、秋、冬 4 个季节。由于划分季节的着眼点不同，每个季节起止日期以及持续时间不相等。通常有下列几种划分方法。

8.3.1 天文季节

根据地球在公转轨道上的位置，约15d定为一个节气，全年有24个节气，每个节气的名称和时间见表8-3。

天文学上以春分、夏至、秋分和冬至为四季的起止日期，其四季分配见表8-4。

表8-3 二十四节气

节气名称	日期		节气名称	日期	
	月	日		月	日
立春	2	4(5, 6)	立秋	8	8(7, 9)
雨水		19(20)	处暑		23(24)
惊蛰	3	6(5)	白露	9	8(7, 9)
春分		21(20, 22)	秋分		23(24)
清明	4	5(4, 6)	寒露	10	8(9)
谷雨		20(21, 22)	霜降		24(23)
立夏	5	6(5, 7)	立冬	11	8(7)
小满		21(20, 22)	小雪		23(24)
芒种	6	6(5, 7)	大雪	12	7(8)
夏至		22(21)	冬至		22(23)
小暑	7	7(8)	小寒	1	6(5)
大暑		23(24)	大寒		20(21)

注：表中日期栏内，括号前为多数年份出现的日期，括号内为少数年份出现的日期。

表8-4 天文季节

起讫日期	北半球季节	各季时间长度(d)
3月21日~6月21日	春	93
6月22日~9月22日	夏	93
9月23日~12月21日	秋	90
12月22日~3月20日	冬	89(或90)

我国古代以立春、立夏、立秋、立冬作为四季的开始。这两种划分季节的依据都是考虑了天文因子，可视作一类——天文季节。天文季节的各季长度差不多均等。用天文季节和各地实际气候比较，可以发现我国并非各地均有四季之分，热带地区全年无冬季，寒带地区全年无夏季。天文季节比较适用于温带地区，但是同属温带的不同地方，四季持续时间也极不一致。如我国华北地区，虽然四季分明，可是冬季比夏季长；华中地区，冬夏两季的时间段差不多。这说明天文季节不能如实地反映各地区天气和气候的季节变化差异，因此提出了自然天气季节的划分问题。

8.3.2 自然天气季节

到了20世纪60年代，我国气象工作者根据我国大陆上空大气环流的季节变化特征，划分了自然天气季节。在每一个自然天气季节里，大型天气过程是稳定的，各个主要大气活动中心的作用与关系常常是维持不变，气候的各个主要要素如温度降水的变化也是稳定或渐进的。关于我国自然天气季节见表 8-5 所列。但概括起来仍有春夏秋冬四季，只是各季的起讫时间和时段长短并不相等，与现用的阳历四季也有出入。大体春季包括三到五月，夏季包括六到八月，秋季只有九、十两个月，冬季较长，起自十一月到翌年二月。但由于大气环流的调整，在时间上逐年始末略有早迟，所以自然天气季节起讫日期年际间有些出入，同时又非在地面所能直接掌握，在应用上也带来了困难。但从天气气候的角度来说，它的物理意义是深刻的。在预报较大范围内的农时上是有一定意义的，见表 8-5。

表 8-5　中国自然天气季节

季节名称		起讫日（旬/月）	时间（月）	低空季风特点	高空环流特点	天气特点
春季	初春	初/3—中/4	1.5	冬季风明显减弱，夏季风在华南出现	西风环流第一次明显减弱，沿海大槽削弱	天气开始多变，温度变增，降水开始增加
	暮春	中/4—中/6	2	华南夏季风盛行，雨季开始。华中夏季风盛行，雨季开始。华中夏季风开始	西风环流再次减弱，位置在 27.5°~ 32.5°N，西风平直，多小波动	天气多变，寒暖不定，华北多风沙，江南多阴雨
夏季	初夏	中/6—中/7	1.0	夏季风华南极盛开始，华中盛行，华北开始受影响	副高在 15°~ 20°N，22°N 以南出现东风，鄂霍次克海高压与副高南北对峙	华北多晴热，华中是梅雨天气，华南偶有台风，雷阵雨盛行
	盛夏	中/7—初/9	约 1.5	华北夏季风盛行，华中夏季风极盛，华南、西南季风盛行	西风带北移，副高极盛，35°N 以南在副高控制下，30°N 以南是东风环游	东北、华北雨季开始，华中伏旱开始，华南、华东台风活动最盛
秋季	秋季	初/9—中/10	约 1.5	冬季风迅速南下，夏季风急剧南退	沿海大槽建立，西风带开始南移	华北、华中多晴，华西多阴雨，华南仍有台风活动
冬季	初冬	中/10—初/12	约 1.5	夏季风完全退出大陆，冬季风盛行	西风环流加强南移，南支西风急流重建	长江以北微寒、微干，偶初雪。江南多阴雨、初雪
	隆冬	初/12—初/3	3.0	冬季风强盛，稳定少变	西风环流最强，沿海大槽最深	北方严寒偶雪，南方寒冷稍多雨雪

8.3.3　候温季节

张宝先生根据一年中气温的变化，提出了用候平均气温作为划分季节的依据，其界限是：候平均气温 <10℃ 为冬季；10℃ ≤候平均气温 <22℃ 为春季或秋季；候平均气温≥22℃ 为夏季。

根据这个标准，我国最北的黑龙江漠河地区 9 月初入冬，冬长 8 个多月，5 月中旬才入春，全年无夏。东北平原地区 10 月上中旬进入冬季，4 月下旬春季开始，冬季历时 7 个月；大致在 7 月份内入夏，夏长两个月左右；这里秋季短，历时 50 ~ 60d。华北平原 11 月上中旬先后入冬，冬长约 5 个月，4 月上旬入春，5 月下旬已入夏，夏季 3 个月或以上；这里秋季也很短，大约两个月。长江中下游在 11 月下旬秋尽冬来，冬季3个半月；这里春季温度回升慢，3月中旬才春回大地，春季65~70d，入夏时间和华北平原相当，夏长4~5个月，秋季约60d。长江上游四川盆地冬季不足3个月，12月入冬，2月下旬春季已经开始。四川盆地内春季和秋季都比较长，可达75天左右，这里夏季6个月以上。广大的江南地区入冬时间推迟到12月，冬季短。福建南部、云南南部和两广中南部、台湾全省无冬季，夏长7个月或超过。总之，各地四季长短，以及起止日期都很不一致。用候平均气温划分的季节，在一定程度上反映了各地区的温度状况，对农林业生产有参考意义，并被采用。

我国西南部高原地区，一年内温度差异不如降水量的差别显著，这些地区常常以一年内降水量的分配状况来划分季节，即干季和湿季。如云南地区从11月到翌年4月为干季，5~11月为湿季或雨季。

8.3.4　统计季节

在气候资料统计上，为了整理方便，通常以公历3、4、5月为春季；6、7、8月为夏季；9、10、11月为秋季；12月和次年1、2月为冬季；并以4、7、10和1月分别代表春、夏、秋和冬季。

这种划分方法界限明确，日期一致，长短一致，使用方便。其缺点是季节往往与实际景观不相符。

8.3.5　物候季节

研究动植物各种生活现象与周围环境的周期变化之间的相互关系的科学，通称为物候学。物候记录一年中植物的荣枯，虫鸟的迁徙，从而了解气候的演变，四季的变化。例如：物候记录杨柳绿、桃花开、燕始来、蝉始鸣，它不仅是当时的天气，而且反映了过去一段时期内天气的积累。我国有用物候判断季节传统，其判断依据如下。

①春季　桃花始开为入春的标志。

②夏季　南方苦楝开花为入夏标志，北方刺槐开花为夏季的开始。

③秋季　野菊花始花是自然季节入秋的表征。

④冬季　野草枯黄，冬季来临。

这种划分方法，标志明显，便于掌握，应用广泛。

8.4　气候带和气候型

8.4.1　气候带

气候带是指围绕地球，具有比较一致的气候特征的地带。由于气候学的发展，气候带划分的依据不断改进和扩充，因而划分的气候带也不相同。这里所列举的气候带和气候型，基本上是综合通常使用的划分方法而介绍的。

(1)赤道气候带

赤道气候是赤道无风带中的气候，即柯本的热带雨林气候。它位跨赤道两侧南北纬10°之间，包括南美的亚马逊河流域、非洲的刚果盆地与几内亚湾海岸，以及东印度群岛。

赤道气候终年高温，很少变化，年平均气温在25～30℃之间，最冷月月平均气温>18℃；春分、秋分之后各有一高点，冬至、夏至之后各有一低点。气温年较差小于日较差，晴朗夜晚可低达14℃，故夜晚有“热带之冬”的称呼。

赤道气候带为地球上平均降水最多的地带，年降水量一般在1000～2000mm之间，2000mm以上的降水量，亦不少见，地形雨发达的地方，可达1000mm。降水多是对流性的雷阵雨，出现时间多在午后到子夜。

赤道气候带植物生机终年不断，自然植被极为繁茂，具有多层林相，乔木、灌木、匍匐植物、攀缘植物、附生植物和寄生植物等应有尽有。它们的开花、结实、播种、生长、死亡，常同时进行，没有季节更替的现象。土壤是红壤。农耕季节更替不显，仅少雨季节成为大多数作物的收获季节。

(2)热带气候带

本气候带位于纬度10°到回归线之间，即柯本的热带疏林草原气候，也就是赤道季风气候。它包括北非的苏丹，南非津巴布韦的维尔特，南美巴西的康帕斯、委内瑞拉与哥伦比亚的拉诺斯。

热带气候带的温度接近赤道气候，但气温年较差较大，最热月温度超过赤道气候带；冷季可有霜。雨季之前为热季，雨季之后可以出现第二个热季，但较前一热季温度为低，故称凉季。所以本气候带有热、雨、凉3个季节。

热带气候带年降水量一般为1000～1500mm，越近赤道越多，越远赤道越少。全年具有明显的干季，并且越远赤道越长。雨量年际变化超过赤道气候，故易出现旱涝。

热带气候自然植被为疏林草原。由于雨量具有季节性，所以植物生长发育具有明显季节韵律。其营养器官生长于雨季，干季一到即行结实。疏林的乔木多矮生，不整齐，树冠不茂密，干季落叶。随着地区雨量的减少，稀疏乔木过渡到草原。标准的热带疏林草原，乃为坚硬的蒿草所组成。因为草原具有干季，土壤铁质可以氧化，致成砖红土。本气候带夏季为雨季，故宜发展农业，盛产稻棉等喜温作物。

(3)副热带气候带

本气候带大体在回归线至纬度33°之间。因为它处于副热带高压和信风控制下，所以雨量稀少，地面缺乏植被而多沙漠。它也是柯本的热沙漠气候和热草原气候。世界最大的沙漠如北非的撒哈拉、西南亚的阿拉伯、澳洲、南非的卡拉哈里、南美的阿塔卡马等，都是副热带沙漠。

副热带气候的气温年较差和气温日较差均较赤道气候和热带气候为大。它的冬温虽不低，但夏温则甚高，绝对最高温度可达50℃。

副热带气候年降水量大多在100mm以下，沙漠边缘则较多，可达250mm以上，具有显著的年变化。

生长在热带沙漠气候条件下的植物，因为受到水分供应的限制，或具贮水组织，或则改变叶态以减少蒸发，或缩短其生活过程。当雨水降落后，即迅速恢复生机，形成降雨之后，遍地花草，但历时甚短即结实枯槁。随着沙漠气候区降水条件的不同，有些地区为没有植被的纯沙漠，而在最有利条件下，则是灌木荒漠。土壤含碱盐特高，发展农业有待于发展水利和排碱。

(4)暖温带气候带

暖温带一般指纬度33°~45°之间的地带。暖温带气候就是以柯本的暖温多雨气候为主的气候。实际上，由于地形和洋流的影响，柯本的暖温多雨气候不限于暖温带。它在北美洲太平洋沿岸，北伸到阿拉斯加；在西欧，北展到极圈；而在东亚则南扩至北纬33°以南。这里为了方便起见，讨论的范围仍限于纬度33°~45°的暖温带。

由于暖温带介于副热带和冷温带之间，随着行星风带季节性的南北移动，夏季，它在副热带高压控制和影响之下，具有副热带气候的特点；冬季在盛行西风控制之下，气旋过境频繁，具有冷温带气候的特点。这样，使得这一气候带的大陆西岸气候有夏干冬湿的特点，并以地中海周围表现得最明显和最典型，故通称为“地中海气候”。实际上北美加利福尼亚沿岸，南美智利中部，南非的西南角，澳洲的东南海岸和西南海岸，都属于这种气候。

在暖温带里，由地中海气候区向东进入内陆，冬季降水渐少，春季降水渐多。再往东，春季降水亦不明显，仅有夏季对流性降水，成为大陆内部干燥沙漠气候。暖温带大陆东海岸的气候，一般均具有季风性，以夏季降水为多，而且南扩到纬度33°以南，如我国的华中华南即是如此。

暖温带大陆东西两岸，自然植被显著不同，农业生产也不一样。西岸地中海气候，夏温虽高，但失之于旱，冬雨虽多，但失之于冷，所以不宜于乔木的生长，仅为矮小林木和灌木的混交林。因为冬温不过低(>10°)，灌木多常绿，副热带果树如柑橘、柠檬可繁殖，再加上夏季干燥对葡萄等生长很有利。大陆东岸，夏湿而漫长，自然植被为阔叶树与针叶树的混交林。有些阔叶树为落叶的，很适于落叶果树的生长，副热带果树也可生长，唯冬季偶受冻害。在农业上，大陆西岸夏季具备灌溉条件的，虽可种植水稻等作物，但不及大陆东岸为优越。唯东岸由于高温和相对多雨，化学作用和淋溶作用都较快，土壤多属红壤和黄壤的森林土，比较瘠薄。

(5)冷温带气候带

本气候带指的是纬度45°到极圈的西风盛行带。在大陆西岸为常年盛行西风的向岸风，并受暖洋流的影响，气候具有海洋性，为柯本的常湿温和气候。由此向东，海洋性渐趋不显，逐渐变为大陆性，为柯本的干燥气候。在亚欧大陆的东岸，冬季盛吹干冷的离岸风，大陆性尤显，为柯本的冬干寒冷气候。土壤以灰土或灰棕色灰化土为主。冷温带气候表现为海洋性的，有加拿大的西海岸，智利南部的西海岸，斯堪的纳维亚半岛。特别是西欧，因为沿海是平原，盛行西风可以深入内陆，海洋性冷温带气候表现得最明显，区域也最辽阔。它的特点是湿润多云；夏不热，冬温和；由于气旋过境比较多，日际温度变化比较大；7月凉日的温度可较1月的暖日温度为低。全年各季降水都比较充足，冬半年常较夏半年为多。一般说来，这种气候因云雾多，日照少，对农业生产是不理想的。

表现为大陆性的冷温带气候，在内陆与暖温带、副热带干燥气候区相连接，如中亚细亚和我国蒙新地区，此外，北美西部和南美巴达哥尼亚，均属于这种气候。它的气候特点是气温年较差和日较差均大，夏可以很热，冬可出现严寒，降水均稀少。由于这种气候占据纬度很广，南北温差很大。在南部(南半球是北部，下同)至少有4个月平均温度在10℃以上，冬季降雪，夏多雷雨。天然植被以落叶林为主，农业以玉米为主，故有人称这种气候为“玉米气候”。在北部(南半球是南部，下同)月平均气温在10℃以上的月数仅1~4个月。其降水大部分为雪。由于温度低，蒸发弱，土壤冻结时间长，土壤水分还能维持森林的生长。天然植被为针叶林，林木丰富仅次于赤道雨林气候。大多种植春小麦，也有人称这种气候为“春小麦气候”。

(6)极地气候带

本气候带在亚欧和北美大陆限于北极圈以北，在海洋上偏南10个纬度。在南半球因为大陆面积小，它在低纬方向的界限在南纬45°~50°之间。本气候带最热月月平均气温在10℃以下，其中最热月月平均气温不足0℃者，为冻原气候；在0~10℃之间者，可以生长苔原植物，称为“苔原气候”。这两种气候分类和名称都和柯本的分类相同。

苔原气候在北半球伸展到加拿大、阿拉斯加、冰岛及欧亚大陆北面海岸地带；南半球仅限于南极大陆极北端的几个小岛。北半球苔原气候因基本上在极圈以内，所以全年中，至少有24小时太阳不落和不出，到了北极则可持续到半年。在北极，春分时全年温度最低，秋分时最高。夏季冰雪虽可短期融解，土壤下层则冻结不消，致排水困难，沼泽遍地。在海洋上融冰时，空中多雾。

由于夏季太阳辐射既易被冰雪所反射，又消耗于冰雪的融解，所以冻原气候的年平均气温是世界上最低的。正是由于冷的关系，空气下沉，降水稀少，降下冰雪全年不融，缺乏植被。

(7)我国的气候带划分

气候是在众多因子综合影响下形成的，各地气候错综复杂，即使单一气候要素也很少呈纬圈的带状分布。目前，人们常用气候带来说明一个地方的冷热状况，并取气温值作为区分不同气候带的分界标准。国家气象局根据我国气候状况，以日平均气温≥10℃的积温值为主要依据，参考最冷月气温和年极端最低气温，提出了适用于我国的各气候带的温度界限，见表8-6。

各带地理位置分布如下(图8-2)：北温带(Ⅰ)，范围很小，仅出现在大兴安岭北段。冬季严寒，夏季不热。中温带(Ⅱ)，范围广，从东北一直伸展到新疆，带内各地积温差异大。南温带(Ⅲ)，主要位于黄淮海、渭河、汾河流域以及南疆地区。北亚热带(Ⅳ)，主要位于长江中下游、汉水流域、贵州中部和云南北部。中亚热带(Ⅴ)，主要位于长江中下游的南部、四川盆地以及云南中部。南亚热带(Ⅵ)，包括台湾北部和中部，福建、广东、广西的大部分地区，以及云南的南部。北热带(Ⅶ)，包括台湾南部、东沙群岛、雷州半岛、海南岛以及云南高原的南河谷地区。中热带(Ⅷ)，包括台湾南端恒春到海南岛南端三亚一线以南的我国西沙群岛和中沙群岛的南部海域。带内全年日平均气温在20℃以上，极端最低气温15℃左右。南热带(Ⅸ)，包括南沙群岛及其周围的南部海域。这里全年日平均气温在25℃以上，极端最低气温高于20℃。

表 8-6 气候带的温度指标

气候带	≥10℃积温及天数	最冷月平均气温(℃)	年极端最低气温(℃)	备注
北温带	<1600~1700℃，<100	<-30	<-48	
中温带	1600~1700℃至3100~3400℃，100~160	-30~-10	-48~-30	
南温带	3100~3400℃至4250~4500℃，160~220	-10~0	-30~-20	
北亚热带	4250~4500℃至5000~5300℃，220~240	0~4	-20~-10	
中亚热带	5000~5300℃至6000~6500℃，240~300	4~10	-10~-5	
南亚热带	6500~8000℃，300~365 6000~7500℃，300~350	10~15	-5~2 -2~2	云南
北热带	8000~9000℃，365 >7500℃，350~365	15~19	2至5~6	云南
中热带	9000~10000℃，365	19~26	5~6至20	
南热带	>10000℃，355	>26	>20	
高原气候区	<2000℃，<100			

青藏高原气候区又分为高原寒带、高原亚寒带和高原温带3个带。

高原寒带(HⅠ)，包括唐古拉山至昆仑山之间的北羌塘地区，平均海拔4800~5100m。全年日平均气温低于10℃，日最低气温全年几乎都在0℃以下，是全国夏季温度最低的地区。高原亚寒带(HⅡ)，包括冈底斯山以北的南羌塘地区、青海省南部以及祁连山区，海拔3400~4500m，大于等于10℃的日数少于50天。高原温带(HⅢ)，包括西藏的阿里地区、雅鲁藏布江中下游、藏东峪谷区、川西地区、青海省中部及柴达木盆地。带内高差较大，大于等于10℃的日数在50天以上，海拔较低处可达150~180天。

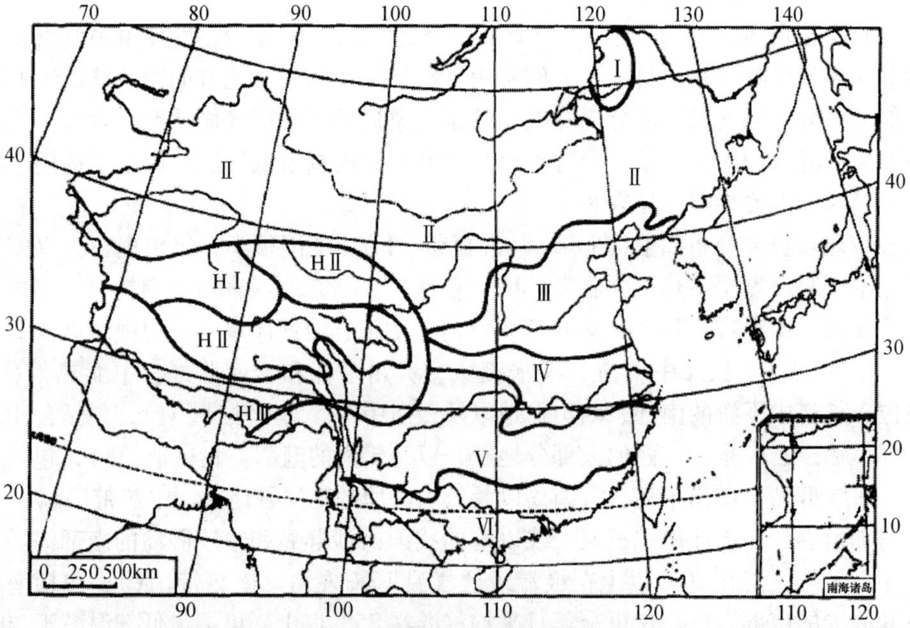

图 8-2 各气候带的地理位置分布

8.4.2 气候型

气候过渡带的地方性变种称为气候型。

在同一气候带里，常由于地理环境的不同，出现不同的气候型；相反，在不同的气候带里，由于地理环境近似，可以出现同类的气候型。下面我们介绍几种主要的气候型及其气候特点。

(1)海洋气候与大陆气候

这两个不同型的气候，在气候特点上几乎完全相反。

海洋性气候的特征，在于它的气温日、年较差均较小。高低温度出现时间均较迟，秋温较春温为高。年降水量季节分配比较均匀，冬半年略多于夏半年。全年湿度高，云雾多，日照少，但风速比较强劲，西北欧气候可作代表。

大陆性气候日照丰富，气温日、年较差均较大。高低温度出现时间均较早，温度非周期变化很显著，它的春温高于秋温。年降水量集中夏季，冬季则甚干燥，降水变率比较大。

海岸气候是海洋气候和大陆气候的过渡气候。它的主要特征是每日有海陆风的交替。在有向岸风盛行时，它的气候接近海洋性；在有离岸风盛行时，它的气候接近大陆性。

海洋气候和大陆气候对于植物的影响，具有显著的差别，具体情况列于表 8-7。

表 8-7 海洋气候与大陆气候植物生态比较表

气候类型	植被	根系	生态	生长期	森林北界	小麦蛋白质含量
海洋性	森林	不发达	营养器官发达	长	58°N	西欧 0%~12% 中欧 13%~14%
大陆性	森林过渡到草原	发达	营养器官矮小	短	72°N	东欧 18% 中亚细亚 >20%

(2)草原气候与沙漠气候

这两型的气候在性质上都是属于大陆性气候，只是在气候特征上更加大陆性，沙漠气候，更是大陆气候的极端化。它们都是以降水量少而又集中于夏季，蒸发快、雨效小、温差大等为其气候特征的。

草原气候分为温带草原气候和热带草原气候。前者冬寒夏暖，年降水量不超过 450mm，很少达到 500mm，有些地区在 250mm 以下。后者夏季湿热，冬温干燥，年降水量在 200~750mm 之间，干湿季节分明。有的雨量较多，但因集中夏季，欲充分地被植物利用仍受限制。在这样的气候条件下，一方面降水不足，其湿润条件难以保证木本植物的生长发育；另一方面也不致因干燥而缺乏植物，尚可生长草本植物。草原气候区是世界上主要农业基地。温带草原是小麦和许多旱作产区，热带草原为喜温作物如棉花等重要产区，水利条件好的地区为水稻种植区。

沙漠气候是以空中水汽少，太阳辐射强，昼夜温差大，成云致雨机率小为其气候特点。有时，空中虽有降水，但常未落到地面即被蒸发了。热带和副热带沙漠是由于位居副高和恒定信风控制下形成的。温带沙漠多在大陆中心，周围被高原和山系所环绕，使海洋气流难以侵入而形成的。在沙漠气候条件下，自然植被缺乏，只有潜水涌出的凹地水草田，才有植物。有水灌溉时才能从事农业生产。

(3)季风气候与地中海气候

季风气候的特点是夏季高温与多雨相结合，冬季寒冷与干燥相结合，夏季具有海洋性，冬季具有大陆性。地中海气候则不然，夏季高温与干旱相配合，冬季温和与多雨相配合，夏季具有大陆性，冬季具有海洋性。典型的季风气候出现在副热带大陆的东岸，特别是亚欧大陆的东南岸；典型的地中海气候出现在副热带大陆的西岸，尤以亚欧非大陆之间的地中海周围为显著。

季风气候中的季风有两种情况：一种是由于水陆分布不均匀和它的增热冷却不一致所产生的季节风(参考第5章)；另一种是由于行星风带的季节移动，在两个行星风带平均相接近的地带，随着季节而出现的不同方向、不同性质的季节风。后者出现在赤道两侧，也就是在气候带中我们所指出的赤道季风气候。前者就是这里所要着重讨论的。

在副热带大陆东岸，夏季受副热带高压的影响。如东亚，正位于北太平洋高压的西部，盛吹来自热带海洋的东南风，携带大量水汽，可凝降大量雨水，在足够高的山地迎风坡降水尤多。冬季，副热带大陆东岸，受高纬大陆反气旋的影响。对东亚来说，就是位于西伯利亚冷高压的东缘，盛吹干冷的偏北风，降水很少。这种干冷风也可影响到大陆东岸的暖温带，所以大陆东岸的季风，可以扩及到很广的纬度范围。

副热带大陆西岸，夏季，处在海上副热带高压的东侧。如西欧的地中海区正位于亚速尔高压的东侧。气流从中纬度吹来，低层温度较低，上层常有下沉逆温，阻碍上升气流的发展和云雨的形成，致夏季干燥。冬季，因行星风的南移，这一地区为盛行西风所控制，气旋活动多，阴雨天气多，它南北延展逾10个纬度。

由于季风气候夏热多雨，所以林木繁茂，盛产稻、棉、茶、麻、竹和油桐。冬季冷而干燥，所以林木以落叶为主，越冬作物要能抵抗低温。因为地中海气候夏热而干，冬温而湿，所以植物可以常绿不凋，副热带果树如柑橘、柠檬可以生长良好，越冬少受冻害。

(4)高山气候与高原气候

由于高山与高原的海拔高度高，对于气象要素的影响是有共同点的，这在气候形成的地理因素中的地形部分已叙述了。但就气候来说，它们异多而同少。如果我们说高山气候具有海洋性，那么高原气候则具有大陆性。

高原上，由于陆地面积大，夏季和昼间，在强烈的太阳直接辐射下而增热，成为同高度大气层的热源。冬季和夜晚，由于地面有效辐射强烈，成为同一高度大气的冷源。因此，高原上温差比较大，高原凹地尤甚。因为高山山巅陆地面积小，增热冷却比较缓和，所以温差小些。

一般山地较平原降水多些。但对高原来说，除其边缘外，海洋气团常难深入高原中心，降水量反而较小，周围被群山环绕的高原尤为干燥，若高原周围有开旷的谷地，高原中心降水则多些。

随着山地地形复杂多样，而使山地气候比较复杂。通常气温随山地高度的递减率，超过温度随纬度增高的递减率。因此，如果山地海拔达到足够高的话，自山麓到山顶的气候变化就很显著。高山上的垂直景观，也像从低纬度到高纬度一样，形成垂直的景观带，这种分布，同样也反映在栽培植物上。我国川西高地东侧，在海拔200~400m江河两岸为副热带雨林；400~1500m为常绿林；1500~2000m为半常绿或落叶林，2000~3000m为阔叶针叶混交林，3800~4000m为针叶林，4000~4500m为高山灌木；4500~4800m为高山草原，4800~5300m为地衣冻原，5300m以上终年积雪不消。在农牧业生产上，4000m高度主要是放牧，间种青稞，1600~3000m种玉米，1000m以下种水稻。西藏高原上，热量条件好的地方，小麦可种植到3800m。纬度高的地区，种植高度低些，在阿尔泰山，大麦到1500m就成熟得不够好了。同时，由于栽培制度和技术的改进和选育品种工作的成就，使农业种植高度逐渐向更高的高度扩展。

8.5　气候的变迁

从20世纪初开始，世界气候有所增暖，到了40年代开始转冷，60年代末到70年代初，特别是在1972年前后，出现许多气象异常现象，于是气候变迁成为一个引起人们极为关注的问题。

从地史上、文献考据上，以及近百年来气象观测资料上看，气候总是在经常变化着的。虽然它的变化规律仍待进一步地探讨，但到目前为止，可以肯定，气候是波动的。为了方便起见，我们把它分为地质时期、历史时期、近代、现代和变迁原因来介绍。

从公元1200—1300年，我国历史气候进入第四个温暖时期，在这个时期中，黄河中下游又有大量竹子生长了。

进入14世纪，转入第四个寒冷时期。在1329年和1353年，太湖结冰，厚达数尺，人在冰上行走，桂树全部冻死。

8.5.1　地质时期的气候变迁

地质时期是史前期的总称。由于距离现在的时间太远，很难确切地说明地质时期的气候是怎样变化的，一般从地球表面冰雪覆盖程度（即冰河期、间冰期的交替出现）来反映。这种气候变化幅度大，强烈影响地理、地貌和生态系统，并在地层中保存着丰富的遗迹。通过对地质资料的分析，可以了解其变迁情况，故称地质时期的气候变迁。

几亿年来的气候总是以温暖时期与寒冷时期的交替出现为特点。地质资料证明，温暖时期的气候比现代暖，那时地球上冰雪已完全融化，南北两极也没有冰冻现象。这样的湿暖时期占整个地球气候史的9/10。在这漫长的温暖时期中，出现了几次短时期的寒冷气候。在寒冷时期中，不但南极和北极出现了大面积的冰层，在高山上也出现了冰川，中纬度的某些平原也出现了冰盖，这就是冰川时期，也称冰河时期，又称冰期。当前科学界公认的三次大冰期，它们是根据寒冷时期出现的地质时代的名称而命名的。第一个寒冷时期称震旦纪大冰期，距今约6亿年前；第二个寒冷时期称石炭——二迭纪大冰期，距今2亿~3亿年间；第三个寒冷时期称第四纪大冰期，从距今约3百万年前开始。大冰期之间的温暖时期称为间冰期。根据考古材料分析，大冰期中的气候也不是一直寒冷，而是冷暖相间出现的。例如：第四纪大冰期，就是由3个温暖时期和4个寒冷时期所组成。一般把这3个温暖时期称为亚间冰期，4个寒冷时期称为亚冰期。

鄱阳亚冰期，距今90万~120万年，当时北方气候显著转冷。

鄱阳—大姑亚间冰期，距今80万~90万年，当时南方气候湿热，北方干燥，湿润热带和亚热带向北延伸。

大姑—庐山亚间冰期，距今37万~68万年，当时气候比现在温暖。

庐山亚冰期，距今24万~37万年，当时雪线比大姑期高，说明在大姑亚冰期比庐山亚冰期的气候更冷。

庐山—大理亚间冰期，距今24万~12万年，气候向干旱寒冷变化。

大理亚冰期，距今12万~1万年，气候又相对趋于寒冷。

上述亚冰期和亚间冰期的气候也是经历一系列变化的，其中了解比较详细的大理亚冰期，就是由5个副冰期和副间冰期所组成，这5个副冰期和副间冰期的时间尺度约1万年左右。

8.5.2 历史时期的气候变迁

近几千年由于人类文化出现，根据历代史书文献记载，考古文物推证，所获得的长时期的气候变化情况称为历史时期的气候变迁。在距今五、六千年的人类历史时期内，气候的冷暖干湿也是交替出现相间变化的。

历史时期的气候，是大理亚冰期中的第五个副冰期结束后1万年左右时期。这个时期的后半期，我国丰富的历史资料证明了它有4个温暖时期和4个寒冷时期。即：

仰韶文化时代和河南西阳殷墟时代的温暖气候时期，公元前3000年至公元前1000年。

周代初期寒冷气候时期，公元前770年至公元零年前后。

秦汉时代的温暖气候时期，公元前770年至公元零年前后。

六朝时代的寒冷气候时期，公元初至公元600年。

隋唐时代的温暖气候时期，公元600—1000年前后。

南宋时代的寒冷气候时期，公元1000—1200年。

元朝初期的温暖气候时期，公元1200—1300年。

明末清初的寒冷气候时期，公元1400—1900年。

所谓寒冷气候时期，只是相对的冷一些，特别是最后一个寒冷气候时期，在北半球和中国的气候变迁上均有一定的普遍性。这一时期的气候变迁又称为近代气候变迁。

8.5.3 近代气候的变迁

这里所谓近代指的是从公元1400年到1900年，共长500年。这段时期的气候，称为 14 世纪以来的第四次寒冷时期。其中在 1550—1600 年和 1770—1830 年冬季温暖。1470—1520 年、1620—1720 年和 1840—1890 年冬季寒冷，而以 1650—1700 年为尤冷。在这 50 年中，太湖、汉水和淮河均结冰 4 次，洞庭湖结冰 3 次，鄱阳湖也结了冰，我国热带地区在这半个世纪中，冰雪也极频繁。另外在 1493 年，我国东部沿海出现强寒潮和特大雪暴，降雪断续长达五个多月，苏北沿海海水也冻结成冰。1513 年，洞庭湖封冻，人骑可行。1653 年大雪，平地丈余，淮河封冻。1665 年，北京冬季平均温度比现在低 2℃。1670 年我国东部沿海大雪长达 20 天，平均积雪数寸。1845 年冬季大雪，黄河淮河冰冻不陷车，时间长达 40 天。

由此可见，我国历史气候是温暖与寒冷周期起伏交替的。竺可桢同志认为，大约每一个 400~800 年的期间里，可以分出 50~100 年为周期的小循环，温度变化在0.5~1.0℃之间。并且对温暖时期来说，时间尺度越来越短，温暖程度越来越低；对寒冷来说，长度越来越大，程度越来越强。而且这种变化是具有世界性的，它和欧洲温度升降有联系，只是在同一起伏中，欧洲波动常常落在中国之后。正是由于气候变化具有世界性，所以只要世界气候平均温度有微小变化，都能导致极地冰层或高山冰川的很大移动，从而引起较大范围的气候变化。

8.5.4　现代气候的变迁

1900 年以后的气象观测记录证明，从 19 世纪末叶开始，到 20 世纪 40 年代，世界气候是增暖的(图 8-3)。到了 20 世纪 40 年代以后，世界气候变冷，我国气候也有同样的反映。从 40 年代开始到现在，我国气温总的趋势是下降的，多数地区的 5 年平均气温已降到多年平均气温以下。1955 年 1 月，华中、华南许多地区绝对最低温度突破了历史记录，淮河上游正阳关结冰 46 天，汉水结冰 20 天，洞庭湖完全结冰 3 天。从 1955—1962 年，气温有一短期回升。1963 年又开始下降，夏季尤为明显。到了 1969 年冬季，渤海出现了几十年来罕见的封冻现象。

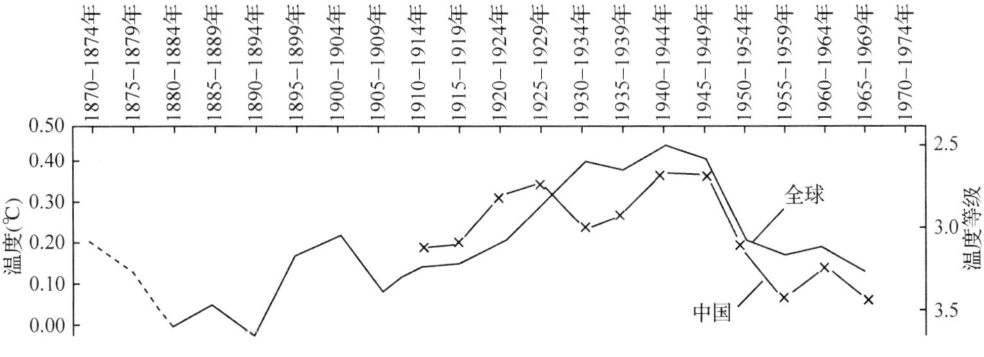

图 8-3　我国温度等级 5 年平均值和全球平均气温每 5 年平均值变化图

从 19 世纪末到 20 世纪 60 年代，我国降水变化，具有 3 个少雨时期，分别出现在 19 世纪末、20 世纪 30 年代和 60 年代，平均周期为 35 年。目前我国正处在降水趋向增多的上升阶段。华北降水低点比长江中下游要晚 7~8 年，当前，华北仍处在 35 年周期的少雨末期。华南与中纬度的降水趋势不同，周期长年明显缩短，平均约 14~18

年。为了看出20世纪我国降水量变化的总趋势，图8-4绘出我国大范围降水年距平的多年变化曲线。曲线数值为正距平负距平次数之比，取9年滑动平均值。比之大于1时，为正距平占优势；比之小于1时，为负距平占优势。

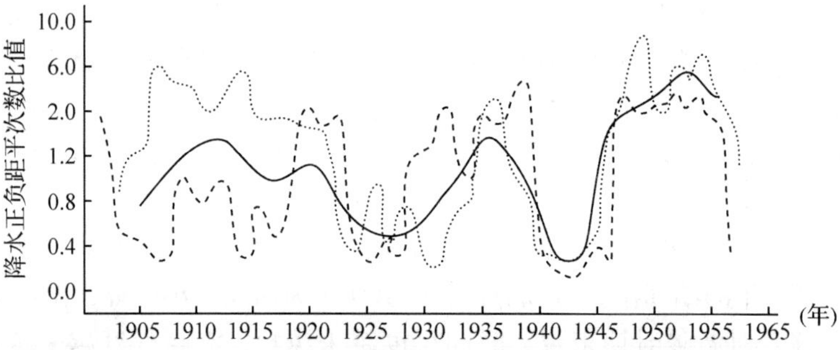

图8-4 20世纪我国大范围降雨正负距平比值的多年变化图

全年(——)；夏半年4~9月(------)；冬半年10~3月(……)

综合上述，我国南北方的冷暖与干湿气候变化有明显的周期性振动(表8-8)。

表8-8 我国冷暖干湿气候的周期性振动

年代	1901—1910年	1911—1920年	1921—1930年	1931—1940年	1941—1950年	1951—1960年	1961—1970年
降雨	干	湿	干	湿	干	湿	干
气温	暖	冷	暖	冷	暖	玲	冷

8.5.4 气候变迁的原因

从前面的讨论，我们可看出气候的变迁，既非一直变冷，亦非一直变热，而是以各种不同时间尺度的冷暖干湿交替出现的。它的时间尺度从十年、几十年、百年、千年到万年，在地质时代则要用百万年和亿年计算。这里将气候波动的原因略加介绍。

我们已知，太阳辐射是气候形成的决定性因素，如果太阳辐射发生变化，就必然引起气候的变化。我们也知道，太阳辐射对于气候的影响，又常通过热量平衡各分量的作用，而大气环流在大气热量交换中又起着重要的作用。所以，我们讨论气候变迁的原因时，这些问题就会交织在一起。

竺可桢同志曾对我国历史时代气候的变化与太阳活动的关系作过研究。他根据我国史书关于太阳黑子的记载和我国及欧洲各世纪严冬次数相对照，得到表8-9的资料。表中资料表明，黑子记录多的世纪，也是我国历史上严冬多的世纪，欧洲亦不例外。

表8-9 各世纪太阳黑子出现次数与我国及欧洲严冬次数对照表

世　纪		6	7	8	9	10	11	12	13	14	15	16
黑子次数		16	0	0	9	2	5	28	7	19	0	1
严冬次数	中国	19	11	9	19	11	16	24	25	35	10	14
	欧洲				11	11	16	25	26	24	20	24

现代研究指出：太阳黑子最多时，日面上的扰动最大，太阳大气的吸收率也最

大，所以到达地面的太阳辐射量并不大。相反，在太阳黑子极小值时，太阳辐射本来就弱，达到地球的太阳辐射量当然也少。只有在极值之间，到达地球的辐射量才最多。当地球接受太阳辐射量增多时，容易导致副热带高压带北移，使中、高纬度的纬圈环流加强。反之，地球接受太阳辐射量减少时，经圈环流增强，南北冷暖空气交换增加，东亚冬季寒潮活动频繁，就可出现严冬。由于太阳黑子周期变化在 7.3 年到 16.1 年之间，平均周期长度为 11.1 年，所以导致环流有大约 11 年的周期变化，气候也有大约 11 年的周期变化。

在近年研究太阳黑子与气候变化的关系中，不但发现在太阳黑子的 11 年周期中有双波振动现象，而且有两个 11 年周期组成的 22 年周期，有 4 个 22 年周期组成一个 80~90 年的世纪周期，还有 200 年和 400 年的超长周期现象。由此可见，气候变化与太阳黑子周期的关系是复杂的。

影响气候的变迁，除太阳黑子和大气环流等自然因子外，人类活动改变了下垫面状态，干扰了大气成分的组成，也可以影响气候的发生变化。例如，灌溉起了“绿洲效应”；大型水库起了“湖泊效应”；防护林起了“障壁效应”；城市起了“热岛效应”；大气中人造二氧化碳和喷气机飞行产生的卷云和水汽产生了“温室效应”。大气中人造尘埃起了“阳伞效应”；人为热起了“火炉效应”等不一而足。但是气候变化是许多因素相互作用的结果。以二氧化碳为例，只考虑工业废气使二氧化碳增加，不考虑二氧化碳与生物圈与水圈的交换，以及二氧化碳使地球增暖后伴随着水分循环的增加是不全面的，因为后者可以抑制二氧化碳的增加，从而限制了它对大气的升温作用。

复习思考题

1. 气候、天气、气象；气候学、天气学、气象学各有哪些区别?

2. 比较大陆气候与海洋气候；高山气候与高原气候；季风气候与地中海气候；草原气候与沙漠气候的异同。

3. 利用某地气温资料，确定当地四季的起止日期及各季的持续时间。

4. 为什么会出现气候系统概念?

5. 根据给定的气候资料，判断甲、乙、丙、丁各地的气候类型。

第9章　中国旅游气候

我国位于世界最大的大陆——亚欧大陆的东南部，最大的大洋——太平洋的西岸。海岸线长11012km，略呈弧形。南面中南半岛与印度洋相距不远，西面和北面与大陆接壤。西部深居内陆、东部临海的地理位置使我国南北方、东西部气候差异极大。

我国陆地面积960万km^2，约占亚洲面积的1/4，比整个欧洲还大，经纬度为73°40′~135°10′E，3°59′~53°32′N，南北跨纬度49°33′，这使我国具有从赤道到冷温带气候之间的多种气候带。

我国西高东低的地势，有利于夏季海洋上暖湿气流入侵内陆。我国地形地貌复杂，高山、高原、丘陵、盆地、平原、河流、湖泊等无一不有。复杂的地形必然带来气候的多样性。

9.1　中国气候特征

我国气候特征：季风性明显、大陆性很强、温度差异大、降水变化复杂。

9.1.1　季风性明显

总的来说，我国气候属于季风气候。它的特征，不仅反映在风的季节变换上，也反映在温度降水等主要气候要素上。当然，由于我国领土广阔和地形复杂等因素的影响，随着各个地区的位置、地形的不同，其气候的季风性表现得并不完全一样。

(1)季风性在风上的反映

季风性气候的特点，首先应当反映在风向的季节变换上。其次，表现在季风盛行时间和进退日期两方面。

①风向的季节变换　隆冬1月蒙古高压稳定在蒙古高原，干冷空气从此扩散外流。我国各地区，随着它和蒙古高压的相对位置和地形的不同，虽均盛行冬季季风，但在风向上是不一致的。东北地区位于蒙古高压的东部，盛行风向以西及西南风为主。东经110°以东，北纬40°以南，处于高压的东南部，以北和东北风为主。东经110°以西，地形干扰特别明显，风向比较紊乱。黄河上游接近高压中心，静风较多。其他地区仍以北或东北风为主。

春季，因为是冬夏季风交替季节，全国风向比较紊乱。由于时届4月，我国出现了以河套为中心的鞍形气压场。从黄河上游到黑龙江口，为一个半稳定的锋面带，锋带附近的风向，无法分出它的最大频率。松辽平原地区，以西南风和南风为多。从山东半岛到广东沿海，以东南和南风为主。长江中游以南，偏北偏东风为多。黄河上游，以北至东北风为多。

盛夏7月，副高压西伸，其脊线侵入我国上空。我国处在印度低压向黑龙江延伸的大低压槽内，所以，地面盛行风向为偏南至东南。东南风的频率以东南沿海为最大。华南的风向从东南偏南至西南。长江中游为偏南风。云贵高原西南风频率更大。四川盆地偏南风与偏北风频率几近相等。黄河下游风向主要在东北至南之间。华北平原、山西高原风向凌乱。辽河、松花江以东，风向以北至西南之间为主。黑龙江及辽河以西，各种风向频率接近相等。

时届10月，全国盛行风向已经接近于冬季，各地风向都以偏北为主。唯汉中及四川风向凌乱，云贵高原东北风与西南风频率接近相等。由于我国冬季风较夏季风为强，持续时间亦较久，秋季是冬季风夏季风向冬季风交替时期，它的南下较夏季北上为快。

②季风的地域差异　我国季风分布，具有明显的地域性差异。大体从河套向西，没有明显的冬季风和夏季风的交换，终年都在极地大陆气团控制之下。从河套向东至大海，北自黑龙江，南至南岭以北，在一年中有冬季风与东南季风的交替。由南岭附近向南至南海中部，在一年中分别有冬季风、东南风的交替，继而有东南季风和西南季风的交替，它是全国季风最明显的地区，从冬到夏，先有冬季风与东南季风的交替，继而有东南季风和西南季风的交替；自夏到冬也有两次交替，但在先后次序上与春季相反，时间也比较短促。到了南海南部，即南沙群岛附近的海面上，一年中又只有两种季风的交替，表现为东北信风和西南季风，它和长江流域以北冬夏交替的东南季风和冬季风在性质上是不同的。

由于青藏高原地形的特殊，该地季风表现和我国东部低地季风不同。它的季风现象是由西风带和赤道东风带的季节位移所形成的。由于它的面积广大，它的季风现象也随地区的不同而不同。大体情况是，藏北地区与新疆近似，即终年在西风带影响之下，季风现象不明显；藏南地区季风现象明显，冬季盛行西风，夏季盛行东风；山口低地河谷，可有来自印度西南季风的入侵。

③季风的进退时间　我国南部沿海（北纬20°），在3月初受到夏季风的影响，4月可以影响到东南沿海（北纬25°）以及长江流域（北纬30°）。这时，华南夏季风已开始盛行了。5月夏季风影响到淮河流域（北纬30°~35°），6月到华北北部（北纬40°）或东北（北纬45°~50°）。这时，华南进入夏季风极盛时期，华中进入盛行期。7月，是夏季风极盛期，可以深入到北纬55°附近。8月中，在北纬50°以北的夏季风开始减弱。到了9月，东北、华北为北风所控制。同时，9月初，在东部沿海以及长江流域一带，偏北风亦开始占优势，仅东南沿海和南部沿海地区，到10月夏季风才开始退出。10月以后，全国又都进入冬季风的全盛时期。由此可见，夏季风北上时，需时3个月，南撤时仅需时1个月，因此，夏季风北进是渐进的，南退是迅速的。

从东亚大范围季风进退来说，夏季风进退是渐进和突进两种过程交替出现的。6月中、7月中和9月初分别为夏季风突进和急退的日期。但在不同地区，季风进退速度和季风强度是不同的。在我国大陆上，夏季风来得慢，去得快，冬季风较夏季风为强。东南亚则与我国相反。从冬夏季风在我国各地维持的时间来看，华南冬夏季风盛行期各约5个月。华中冬季风盛行期约6个月，夏季风仅3个月。华北及其以北地区则是冬季风占绝对优势，约占9个月，夏季风最多不过两个月。

(2)季风性在气温上的反映

我国寒暑的更替，与盛行季风的性质有密切的关系。寒冷季节，就是冬季风极盛之时；暑热季节，就是夏季风鼎盛时期。而且每当冬夏季风有一次明显进退活动时，气温即有一次下降或上升的跳跃。一般在冬季风开始退却时，即在3月初和4月中，气温有两次突增；在夏季风开始撤退或冬季风在9月初第一次南下或突进时，气温即出现一次突然下降。这种现象不仅每年都很明显，而且，凡是该季风所波及的地区，都具有同样的现象。气温突增与突降的数值，随着纬度的增高而相应增大(表9-1)。

表9-1 季风进退与旬平均气温变化表(℃)

地名	3月			4月			5月			9月			10月			11月		
	上旬	中旬	差值	上旬	中旬	差值	上旬	中旬	差值	上旬	中旬	差值	上旬	中旬	差值	上旬	中旬	差值
哈尔滨	-10.2	-4.8	+5.4	3.3	6.0	+2.7	12.1	14.4	+2.3	20.0	16.7	-3.3	8.8	6.0	-2.8	-1.4	-6.5	-5.1
北京	1.2	4.7	+3.5	10.7	13.2	+2.5	18.2	20.5	+2.3	21.5	19.7	-1.8	15.1	12.6	-2.5	6.9	4.3	-2.6
汉口	7.7	10.4	+2.7	14.3	16.0	+1.7	19.6	20.9	+1.3	25.7	23.3	-2.4	19.4	17.8	-1.6	13.7	11.5	-2.2
广州	16.3	18.0	+1.7	20.5	21.6	+1.1	25.3	25.5	+0.2	27.7	27.1	-0.6	25.1	24.0	-1.1	21.4	19.9	-1.5

从表9-1春秋季各月上中旬平均温度的差值对比可以看出：3月初入春，3月上中旬各地温差均具有跃升现象，它比4月和5月上中旬温差大得多。9月初入秋，9月上中旬，各地温差除广州外，均具有猛降现象。11月上旬入冬，该月上中旬降温较9月上中旬还要大。特别是广州，一般为9月初南下冷空气影响所不及，至9月上中旬，温差仅0.6℃，10月冷空气对广州影响仍不强，使10月上中旬平均降温为1.1℃，虽大于9月，但小于11月，这是由于季节进入初冬，北来冷空气开始强烈袭击广州。

此外，由于我国季风特强，加强了南北方的热量交换。在冬季，北来冷空气南侵到温暖的低纬度，所以冬季的最大水平温度梯度在我国南部。夏季，因南来暖空气北上到较高的纬度，所以最大温度梯度位于夏季风的北缘。又因为冬季冷空气的南侵受山脉影响很明显，所以，在冬季平原地区的温度都较其同纬度山区的背风面为冷。

(3)季风性在降水上的反映

我国降水的水汽，主要依靠季风的输送。

由于我国夏季，除西北内陆仍受极地大陆气团的影响外，均盛行西南季风和东南季风。冬季，全国除云贵高原部分地区外，均在冬季风控制之下。因此我国水汽输送，总的来说有3支：一支受西南季风的影响，来自孟加拉湾和印度洋；另一支受东南季风的影响，来自南海；第三支受西北季风的影响来自大西洋和北冰洋。其中一、二两支带来的水汽丰富，是我国大陆降水的主要来源。夏季，它们可把水汽输送到河套南部、华北和松辽平原；冬季，第一支供应云贵高原和广西上空的水汽，第二支输送的水汽，限于东南沿海。至于第三支水汽输送的范围，夏季限于西北内陆，冬季在强劲西北风影响下，可以输送过长江流域，但携来水汽不论冬夏均甚少。由于这样的水汽输送，使我国降水出现了3个最显著的特点：①雨季的起讫日期和季风进退的日期基本上是一致的。②年降水量的季节分配以夏季为多。③全国降水空间分布的总趋势由东南向西北减少。

为了说明我国雨季起讫日期和季风进退日期的关系，我们引用表9-2中的资料。表中资料表明，雨季开始日期都比夏季风开始盛行日期要晚些(比较表中Ⅰ、Ⅲ项)，在华南要迟20天，华中和华北都迟10天。但雨季结束日期，又比夏季风退出时间早些，华中早20天，华南早25天。但如把雨带移动前(后)雨量急增(减)也包括在雨季内(比较表中Ⅱ、Ⅲ项)，它同夏季风盛行期就很一致了。也就是说，在华南，夏季风盛行约5个月，雨季是5个月；在华中，夏季风盛行约3个月，雨季也是3个月；到了华北，两者均不足2个月。

我国各雨季的降水量，对于全年降水量均具有决定性的作用。广州5~9月的平均雨量之和，占全年平均总降水量70%以上；武汉6~8月的雨量，占全年40%以上；北京7、8两个月(7月以20天计)雨量也占全年的40%以上。

表9-2 雨季起讫日期和季风进退日期的比较(日/月)

项　目	华南起讫日期	华中起讫日期	华北起讫日期
Ⅰ. 雨季(大雨带两次经过日期)	16/5~2/9	20/6~24/8	20/7~19/8
Ⅱ. 雨季(包括过渡期在内)	30/4~21/9	9/6~5/9	10/7~28/8
Ⅲ. 夏季风盛行起讫日期	26/4~27/9	10/6~12/9	10/7~2/9

9.1.2 大陆性很强

(1)大陆度及其分布

通常用“大陆度”一词表示气候的大陆性。因为气候的大陆度就是表征海陆因素在气候形成过程中所起作用的程度。在计算大陆度时，通常根据气温年较差值以此为依据，只是为了消除纬度对气温年较差的影响，所以用气温年较差和纬度正弦的比值来表示：

$$K = \frac{1.7A}{\sin\Phi} - 20.4$$

式中，K为大陆度；A为气温年较差；Φ为地理纬度。因为它是经验公式，所以A乘以系数1.7，并将比值减去20.4。凡是一地的大陆度在50以上者，为大陆性气候，50以下者为海洋性气候。所以，气候大陆度既表明某地气候受大陆影响的程度，又表明受海洋影响的程度。由于海洋和大陆表面的热力性质不同和热量平衡的差异，使停留在它上面的气团具有不同的属性，从而形成所谓海洋性气候和大陆性气候。另外又通过大气环流，促使海陆间进行热量交换和水分交换，其结果形成各种不同程度的大陆性气候和海洋性气候，因而有各种不等的大陆度的出现。

就我国大陆度的分布来说(表9-3)，台湾省的大陆度在50以下，其中东部沿海的大陆度较西海岸为弱，这是因为东岸夏季风较强所致。大陆上，岭南和滇南大陆度均在50以下，这是因为那里夏季风不但控制时间长，而且带来水汽多，从而云雨多，抑制了温度升得过高。青藏高原上，因为地势高，大陆度亦不足50。全国大陆度以新疆、内蒙古和东北为最大，达到70~80，这些地区的气候可算是典型的大陆性气候了。我们如果将表9-3所列全国大陆度和夏季风所盛行的地区相对应地分析，显然可以看出，凡是夏季风最强和持续时间越久的地区，海洋性气候表现得越显著。特别是在东南季风和西南季风交替出现的华南和南海区域为甚。反之，在夏季风影响微弱，控制时间又短，甚至没有夏季风的地区，前者如东北和内蒙古，后者如河西走廊和新疆，气候的大陆性特强。

表9-3　中国各地大陆度表

地名	大陆度	地名	大陆度	地名	大陆度	地名	大陆度	地名	大陆度
台东	17	福州	47	延安	60	包头	65	太原	71
昆明	25	亚东	48	南京	61	敦煌	65	长沙	72
台南	27	成都	50	杭州	61	开封	66	呼和浩特	74
康定	38	西宁	50	北京	61	南昌	66	沈阳	76
拉萨	39	重庆	52	汉口	61	西安	66	库车	77
昌都	41	贵阳	57	兰州	63	安东	69	哈尔滨	83
南宁	45	上海	58	济南	64	承德	70	乌鲁木齐	86
广州	47	桂林	59	酒泉	64	银川	70	吐鲁番	89

注：表中按大陆度大小顺序竖排。

(2)大陆性在气温上的反映

气候的大陆性，在气温上的反映特别明显。这里介绍我国气温年较差和春秋温度对比，足以反映我国气候的大陆性。

气温年较差是我国气候重要特征，是冬酷冷而夏炎热，换言之，即气温年较差特大。隆冬1月，北京(北纬39°48′)月平均气温为－4.7℃，而北纬40℃的全纬圈各地平均为5.5℃，北京负差距10.2℃；武汉(北纬30°38′)为2.8℃，同纬度(北纬30°)各地月平均为14.7℃，武汉负差距为11.9℃。盛夏7月，北京平均26.0℃。北纬40°平均为24.0℃，北京正差距为2.0℃，武汉同月平均29.0℃，北纬30°平均为27.3℃，武汉正差距为1.7℃。我国气候这种冬酷冷夏炎热，证明它的大陆性很强，致使温度变化趋向于极端化。

反映我国气候大陆性强的气温年较差，全国也不是一致的。大体在东北北部气温年较差达40℃左右，蒙新地带在30℃以上，黄河流域在25~30℃之间，长江流域在20~25℃之间，珠江流域在15~20℃之间。也就是说，气温年较差由南向北增大，由沿海到内陆也有增大的趋势。这与表9-3中大陆度的分布基本上是一致的。其中个别地区或者由于地形地势和气流的运行出现特有天气的影响，可与上述规律不完全相符。如乌鲁木齐冬季云雾较多，缓和降温使气温年较差较小，武汉夏秋多晴，增大了气温年较差等。

春秋温对比大陆性气候与海洋性气候的重要区别之一是前者春温高于秋温；后者相反，秋温高于春温。

表 9-4 中的资料表明，西北内陆和塞外草原，都是春温高于秋温，华北北部与之相同，这些地区气候的大陆性特别明显。而黄河中下游以南，其中特别是北自大连，南到广州，秋温高于春温带有海洋性气候色彩。四川盆地因为多秋雨，云贵高原因为 10 月雨季尚未结束，显出春温高于秋温。拉萨春温仅较秋温高 0.2℃，几近相等了。

表 9-4　中国各地春(4 月)秋(10 月)平均气温对照表(℃)

地名	乌鲁木齐	呼和浩特	哈尔滨	酒泉	北京	大连	西安	开封	青岛	成都	武汉	上海	昆明	梧州	广州	拉萨
春	2.7	7.7	6.1	9.3	13.2	8.9	14.0	14.5	10.9	17.0	16.0	13.8	16.7	21.1	21.8	8.3
秋	1.9	6.5	5.9	7.3	12.5	13.8	13.6	14.9	14.3	16.7	17.5	17.9	15.0	23.1	23.8	8.1
温差	+0.8	+1.2	+0.2	+2.0	+0.7	-4.9	+0.4	-0.4	-3.4	+0.3	-1.5	-3.9	+1.7	-2.0	-2.0	+0.2

(3) 大陆性在降水上的反映

大陆性气候的降水特点有：①雨量集中夏季；②多对流性热雷雨；③降水变率大。

热雷雨在大陆上，经过日间地面和近地层空气猛烈增热，引起空气垂直层结对流性不稳定，从而产生热雷雨。因此，大陆上热雷雨多发生在夏季日间午后或近黄昏的时候。气候越具大陆性，午后增热越强烈，空气垂直层结对流越不稳定，只要空气中具有足够的水分，就易出现对流性热雷雨。所以热雷雨出现的频率，可以反映它的气候大陆性的程度。

关于我国热雷雨出现的情况，截至现在，介绍资料仍不多，但从我国雷雨出现的规律，可以推断我国热雷雨的情况。我国雷雨分布的特征是南部多于北部，山地多于平原，内陆多于沿海，夏季多于冬季，华北和西北内陆半数以上集中于夏季。其中南部多于北部，显然由于南部经常受到热带海洋气团和赤道海洋气团控制的结果，不但多气团雷雨，而且又多锋面雷雨；山地多于平原，是由山地地形影响，容易引起动力不稳定的结果，致多地形雷雨。至于夏季多于冬季，显然既与夏季风输送大量水汽有关，也与容易出现热力对流不稳定有关。特别值得注意的是大陆多于沿海，内陆既常为夏季风所不及，空中水汽又远少于沿海，它的雷雨较多显然是由于它的气候具有显著大陆性，夏季最易引起热力对流不稳定所致，因而内陆雷雨多，实际上就是对流性热雷雨多，也就证明它的气候大陆性强。

降水变率大。陆性气候降水方面的特点之一，是降水变率比较大。表示降水量的变率，通常多用相对变率。相对变率的大小，约略可示一地雨量的变动程度。降水变率越小，对农业生产的计划安排以及农业设施的设计越有利。降水变率过大，间接干扰旅游活动。

我国各地年降水量变率的大小，可以充分反映出它的气候大陆性程度。华南是我国年降水相对变率最小的地区，从云贵到闽粤，一般在 15% 左右，南岭山地还小到 10% 以下，这个地区也是我国气候大陆度最低的地区。长江流域一般也在 15% 左右，但长江以北和天目山、武夷山以西的赣江流域，年降水相对变率增大到20%以上，所以南昌长沙一带大陆度也比较大。从大别山到燕山的江淮、黄淮和河北三个平原年降水相对变率增大到25%，该地区气候的大陆性也特别显著，大陆度均达到60以上。自古以来，这一地区的旱涝记载是比较多的。向西到了陇山山地年降水变率又变小，一般不足20%，甚至在15%以上，而这些山地的大陆度如天水、西宁均在60以下。再到河西走廊和新疆，年降水变率增大到60%以上，甚至达到70%以上。而这些地区，大陆度可增至80以上。

东北的年降水变率从东向西和从北向南均加大，三江平原年降水变率不过15%，辽东山地也不足20%，但到辽西就增加到20%以上。在大陆度方面，长春、沈阳不足80，但满洲里和免渡河在80以上。由此可见，年降水变率大的地方，大陆度也大；降水变率小的地方，大陆度也小。这就表明降水变率的大小，可以反映气候大陆性的强弱。

9.1.3 温度差异大

我国温度时空变化的分布和特点，可以概括为两大部分，即时间变化差异多，空间分布差异大。

(1)温度时间变化差异多

由于我国气候具有大陆性，所以在温度的时间变化上是比较剧烈的。又因各地区地理环境比较复杂，季风交替也不相同，因此温度的时间变化差异是很大的。下面举例说明。

①春秋升降温北快于南　我国温度随着四季交替的变化，无论春季的增温和秋季的降温，都是北方快于南方，内陆快于沿海，只有部分地区如北疆、四川和云南，由于地形和雨季的影响，春增温和秋降温才相对减小(表9-5)。

表9-5　我国四季(1、4、7、10月)平均气温升降比较表(℃)

季	乌鲁木齐	呼和浩特	哈尔滨	酒泉	北京	大连	西安	开封	青岛	成都	武汉	上海	昆明	梧州	广州	备注
1~4月	13.3	21.2	25.8	19.3	17.9	14.2	15.3	15.2	13.5	11.4	13.2	10.5	8.9	9.1	8.4	1~4月升温
4~7月	12.0	14.1	16.6	12.9	12.8	14.0	12.7	12.9	13.8	8.8	13.0	14.1	3.2	7.2	6.5	4~7月升温
7~10月	12.8	15.3	16.8	14.9	13.5	9.1	13.1	12.5	10.4	9.1	11.5	10.0	4.9	3.2	4.5	7~10月降温
10~1月	12.5	20.9	23.6	17.3	17.2	19.1	16.9	15.6	16.9	11.1	14.7	14.6	7.2	11.1	10.4	10~1月降温

至于为什么北方升降温快于南方，内陆快于沿海，这在前面讨论季辐射差额时已经指出了，这是因为，北方和内陆春季辐射差额上升，以及秋季辐射差额下降，都是北方和内陆快于南方和沿海。

②四季气温日较差　我国四季气温日较差各地参差不一。一般说来，北方春季最大，长江流域春秋相近，华南沿海秋大于春。年平均气温日较差，北方大于南方，内陆大于沿海，长江流域因四川盆地多云雾，似有沿海大于内陆的趋势，云贵高原因为地势较高，陆地面积又较大，致气温日较差较华南沿海为大(表9-6)。

表9-6 我国各地四季和年平均气温日较差比较表(℃)

季	酒泉	北京	大连	西安	开封	青岛	成都	武汉	上海	昆明	梧州	广州
冬(1月)	12.7	11.4	7.8	10.6	9.4	7.6	6.9	7.5	8.2	14.0	7.7	9.2
春(4月)	14.3	13.9	9.0	12.9	12.4	7.5	9.5	8.9	10.1	12.8	6.1	6.5
夏(7月)	14.0	10.2	6.6	11.5	10.6	5.2	8.6	7.8	8.9	8.0	6.7	7.8
秋(10月)	14.5	13.8	8.3	11.1	12.9	7.6	6.6	8.5	10.2	9.0	8.1	9.8
年(1~12月)	13.7	12.1	7.9	11.4	11.3	6.9	7.8	8.1	9.2	10.9	7.2	8.1

一地气温日较差的大小，与这个地方的天气和地理环境有密切的关系。凡是天气晴朗，白昼有利于太阳直接辐射加强，夜晚有利于地面有效辐射加强，则气温日较差大。由于华北春季多晴，华南秋季多晴，所以华北春季气温日较差最大，华南秋季最大。内陆较沿海多晴，故内陆大于沿海。四川盆地云雾较多，沿海地带空气中水汽多，既不利于白昼太阳直接辐射加强，也不利于地面有效辐射增加，故终年气温日较差均较小。

(2)温度空间分布差异大

我国温度的空间分布，随着地理纬度、盛行风向、地形地貌和距海远近不同条件的影响，差异都很大。

①冬夏高低温度中心的位移　隆冬1月，我国有两个高温中心和两个低温中心。前者在海南岛南部和台湾省南端，该月平均温度都在18℃以上。后者在新疆东北角的富蕴地区(青河-23.5℃)和大兴安岭北端的根河区(根河-31.5℃)。盛夏的温度分布比较复杂，7月月平均气温在30℃以上的高温中心有：江西信江下游(贵溪30.2℃)和新疆吐鲁番(33.0℃)。至于盛夏低温中心，如果以7月月平均温度低于18℃为标准，不但区域广大，而且中心分散。整个青藏高原北部、天山区、北疆乌伦古湖以西、阿尔泰区、大兴安岭北部、五台山区、理塘区都是。

②南北温差冬大于夏　通常说我国1月等温线大致与纬线相平行。实际上，在西部山区随地形弯曲很大，东部低地从华北平原向南到江汉平原向南凸出也很明显，这就是说在山区温度随海拔高度增加而温度降低。在平原上随着北来冷空气长驱直入，其温度较同纬度东西两侧的丘陵山地为冷。

在我国东部丘陵平原地区，冬季1月南北温差很大。1月月平均气温等温线空间分布，根河地区在-32℃以下；海南岛南端在20℃以上；-8℃等温线与燕山长城相近；0℃等温线大致和淮河、汉水上游平行；8℃等温线几乎与南岭平行。哈尔滨1月平均温度为-19.7℃，广州为13.4℃，南北纬度相差22.5°，而温度相差33.1℃。纬差1°，温差约为1.5℃(图9-1)。

我国7月月平均气温等温线与1月大不相同。除西部山区等温线仍与等高线平行外，东部低地在500m等高线以下者，即淮河以南，巫山、雪峰山以东，几乎全部在28℃等温线包围之中；华北平原可以26℃等温线为其北界。在沿海，从长江口到珠江口，是一条28℃等温线，几乎和海岸线相平行，河北、山东和苏北沿海与26℃等温线相平行。我国北部的根河区等温线为16℃，海南岛为28℃。哈尔滨7月月平均气温为22.7℃，广州为28.3℃，南北纬差1°，温差只有0.2℃，仅为冬季1/7(图9-2)。

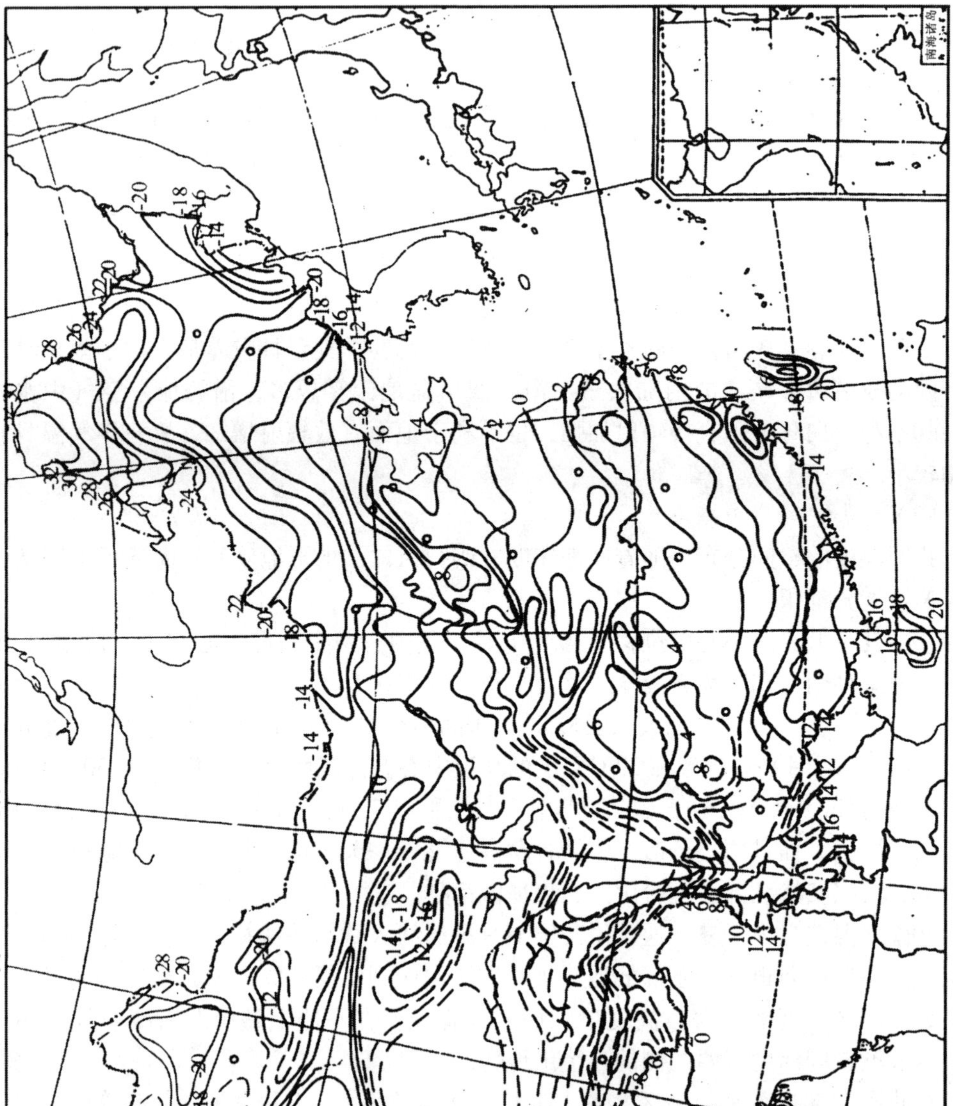

图9-1 中国1月月平均气温图

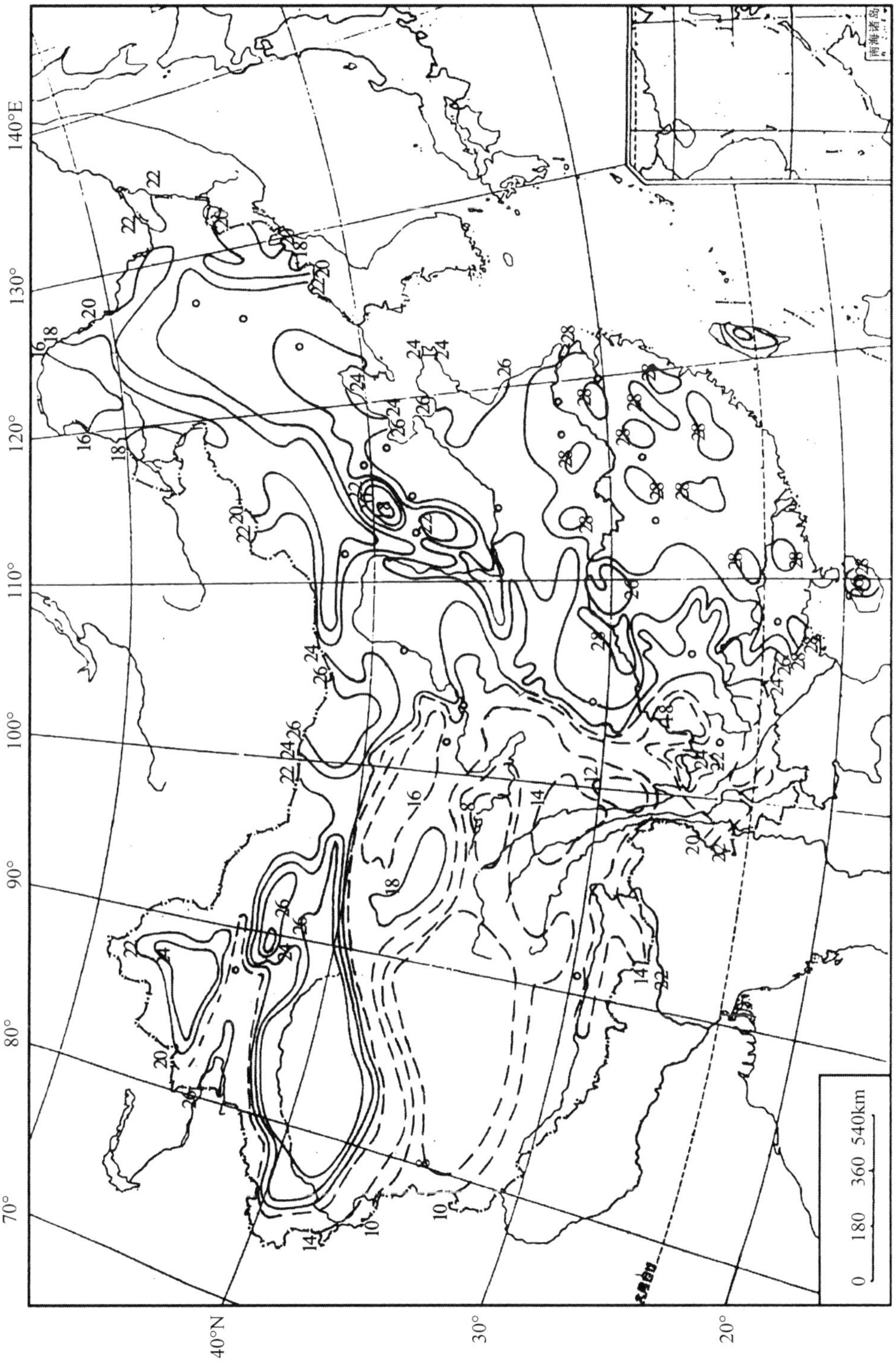

图9-2　中国7月月平均气温图

值得注意的是初夏梅雨季节，华北可较长江两岸温度为高。6月月平均气温，北京为24.2℃，上海23.2℃，济南26.3℃，南京24.5℃，郑州26.3℃，武汉25.8℃。盛夏7月，华中气温有高于华南的。该月月平均气温，武汉为29.0℃，长沙29.5℃，南昌29.7℃，而广州是28.3℃，汕头是28.3℃，海口为28.4℃，这就出现异乎常规的、温度不随纬度增高而降低的反常现象，我们称之为“温度倒置”。

9.1.4 降水复杂化

我国降水的季风性远甚于大陆性。正如前面介绍的那样，雨季的起讫和季风的进退在时间上是基本一致的。但在不同的地区，夏季风盛行时间有长短，输送水汽有多少，再加地形和下垫面性质不同，致使各地降水量和降水季节都有很大的不同。此外，即是同在一个地区，年际降水量随着季风强度年际的变化，整个大气环流年际的波动，都可引起降水情况复杂多变。下面我们分为季节变化和空间分布来介绍。

(1)降水的季节变化

我国降水的季节变化是多种多样的，概括起来有下列几方面：

①降水量季节分配不均匀　表9-7说明了降水量的季节分配。表9-7表明，在夏季(6~8月)，秦岭淮河以北，降水量均占全年总降水量的60%以上，只有北疆因终年受到极地大陆气团带来的水汽较少，致夏季雨量不足60%；关中因为多秋雨，夏季不足50%；秦岭淮河以南，夏季占40%左右。

在春季，秦岭淮河以南，因为夏季风来得早，致春季降水较多，约占全年总降水量的1/3；四川盆地位居内陆，夏季风来得迟，春季降水不及全年的1/5；昆明因春季西南季风仍未到，仅占全年的12%。

表9-7　中国各地四季降水量(mm)占年总量的比率(%)

地名	乌鲁木齐	呼和浩特	哈尔滨	酒泉	北京	大连	西安	开封	青岛	成都	武汉	上海	昆明	梧州	广州
年总量	572.7	426.1	533.5	82.2	682.9	656.1	604.2	622.0	777.4	936.0	1260.1	1123.5	991.7	1525.3	1680.5
冬(12~2月)	4	3	2	8	2	4	4	5	4	2	10	13	4	8	7
春(3~5月)	29	13	13	15	10	14	23	18	14	17	32	28	11	34	31
夏(6~8月)	51	69	65	54	75	64	45	56	58	63	43	37	59	43	44
秋(9~11月)	16	15	20	22	13	18	32	21	24	18	15	22	26	14	18

秋季，因为华西山地多秋雨，东部沿海因为常有台风出没，所以占全年降水量百分比较大；在云贵高原，因西南季风10月以后才撤退，故秋雨占全年总降水量的1/4。

全国四季均以冬季降水为最少，只是江南因多存在静止锋，冬季降水占全年总降水量的10%以上；内蒙古因近蒙古高原中心，降水最少，不足5%；大体秦岭淮河以北，巫山徭山以西，均不及全年降水量的 10%。

②多雨中心的季节位移　由于我国冬季(12～2 月)是干季，全国仅在武夷山以西和南岭以北，存在一个东北—西南向带状的 50mm 闭合等雨线，成为多雨中心。它的范围以 12 月最小，1 月略有扩张，2 月向北扩及长江以北，西到湘鄂西部，东和南到沿海，中心闭合等雨线上升到 100mm。

入春以后，3 月 50mm 降水量等值线向北扩及淮北，向西扩及川西和滇东，历经 4 月和 5 月，它的范围虽有扩大，但变化不大。只是在冬季多雨中心的位置上，于 3 月出现了降水量为 150mm 闭合等值线，4 月为 200mm 闭合等值线，5 月为 300mm 闭合等值线。

进入夏季，6 月 50mm 降水量等值线向北跃进到黑龙江沿岸，纵贯内蒙古东部，向西括及青藏高原东部。300mm 闭合等雨线，这时呈现为零碎分散状态，到了 7 月，分散得更为明显。盛夏，多雨中心多在山区，这说明地形雨占的比重是很大的。7 月，50mm 等值线，更向西北移动，从中蒙边境穿河套向西南到雅鲁藏布江上游。此外，在天山区出现一个 50mm 以上的相对多雨区。8 月，全国降水分布形势近似 7 月，但范围略有缩小。

入秋以后，全国降水形势大变，9 月 50mm 降水量等值近似 6 月。但 6、7 两月的零散多雨中心，这时大部分消失了。另在华东、华南各出现一个经向多雨带，并由岭南一个纬向多雨带相连接，雨量在 150mm 以上。自华北向南经湖北到湘赣呈“马蹄形”的少雨区，其中从江汉平原到湘南不足 50mm。10 月，有两条 50mm 等值线分别出现在长江南北。到了 11 月，全国降水形势与冬季已无差别。

③暴雨的季节性　我国日降水量在 50mm 以上的暴雨，主要出现在夏季半年。一般来说，在华南、华中，起于 4 月止于 10 月；在华北、华东，起于 5 月止于 9 月。月暴雨日数等于 1 的等值线，5 月大体在江南；6 月北扩至长江中游；7 月北移到华北和辽东半岛，西伸到川西；8 月和 7 月近似；9 月急退至东南沿海和华南沿海；10 月退出大陆。

造成我国夏季半年暴雨的主要天气系统，大体是冷锋、切变线、低涡、季风梅雨、台风、南支西风槽和地方性热雷雨。它们都是夏季半年盛行的天气系统。如果其中几个天气系统在高低空配合起来，例如 500hPa 有低涡，700hPa 有切变，地面有冷锋，同时越过一地上空，尤易出现暴雨，甚至有大暴雨或特大暴雨。

(2)降水的空间分布

①年降水量的空间分布　我国年降水量的分布与各地夏季风盛行的时间有密切的关系，地形也起着一定的作用。

年降水量 400mm 等值线(图 9-3)所经过的地点，大体与夏季风在盛夏季节影响的北界基本上是一致的。这条线自大兴安岭起，向南偏西，经坝上草原，过陕北到兰州，再到拉萨，将全国分为东南半壁夏季风影响所及的湿润区域和西北半壁夏季风影响所不及的干旱区域。

在东南半壁湿润区域，800mm 年降水量等值线，东自青岛起，向西到淮北，然后循秦岭经川西到西藏高原东南角。这条等值线和 400mm 等值线之间，是夏季风影响较短的地区，一般限于7月和8月。该区内年降水量从南向北由800mm减至400mm。但在迎夏季风的山坡，要较附近地区多些，甚至超过800mm，如燕山、五台山和泰山即是如此。年降水量1600mm等值，起自浙东三门湾，向西到赣鄂湘边境，南折到五岭向西，过桂林，向西南经十万大山到滇越边界。在1600mm与800mm两条等值线之间，是夏季风影响长达3个月以上的地区，即长江流域区，全区年降水量分布的总形势，是由东南向西北减少。同样，在山区迎夏季风之坡面，如潜山、霍山和雪峰山以及南岭中部，年降水量达1600mm以上，而在豫西北风山坡年降水量不足800mm。1600mm年降水量等值线以东以南的地区，乃是夏季风影响最长的华南区，是我国东部降水量最多的地区。在局部山地，迎夏季风之坡面年降水量可以超过2000mm，如浙闽山地、南岭等地。而"台湾"中央山脉、海南五指山和粤桂的云开大山及十万大山均在2400mm以上。

年降水量400mm等值线以北和以西的干燥半壁，由于青藏高原的作用，为夏季东南季风和西南季风影响所不及，广大地区年降水量不足200mm。藏北高原和柴达木、塔里木两盆地均不足100mm，甚至在500mm或25mm以下。唯天山、阿尔泰山和祁连山区降水量则较多，其中天山北坡和祁连山甚至达到600mm以上。

关于青藏高原年降水量的分布，根据最近的资料，自藏东南4000mm以上向西逐渐减少到500mm以下。在喜马拉雅山区，随着高度的抬升，降水逐渐减少，这和我国东部低丘平原地区随着高度增加，降水增多的现象，恰好相反。

②年降水日数的空间分布　全国年降水日的分布和年降水量并不一致。我国年降水量由东南沿海向西北内陆减少，但年降水日的分布在江南和南岭之间形成一个纬向分布多值带，东南沿海和华南沿海反较少些。年160降水日等值线为这个多降水日带的外界，它的西端在桂北黔南折向西北，延伸到川西，直到陇南岷山。除这个多降水日带外，只有长白山区、滇南区和西藏高原东南角，年降水日达到160天以上。

降水日在一年内的配置，也和降水量季节分配一样，集中在暖季，但各地区出现最多降水日的月份是不同的。大致情况是江南多在5月和6月，西北、华北、内蒙古和东北辽河流域大多在7月和8月，松花江和黑龙江流域又多在6月和7月，川西则在8月和9月。

9.2 四季气候与旅游

我国幅员辽阔，地形复杂，各地气候条件差异很大，各地的四季特点也不相同。根据10℃和22℃的四季温度指标，林之光先生等计算了全国590个气象台站的四季开始日期，画出了我国的春始、夏始、秋始和冬始四张分布图，从图上可以看到我国各地进入四季的大致时间。

9.2.1 春季

我国各地春季增温快慢不一，入春早晚不一，春季长短不一，如图9-4所示。

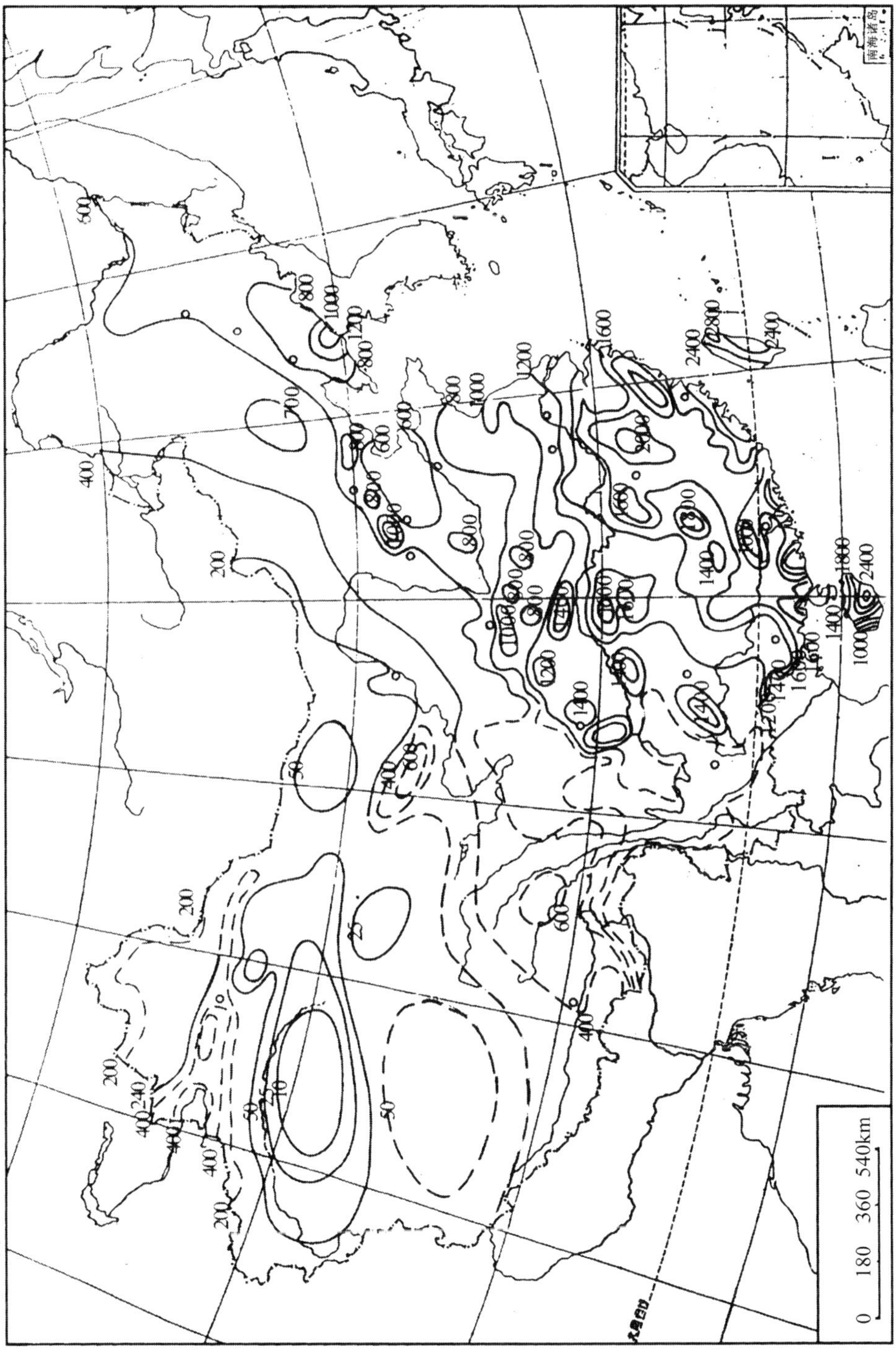

图 9-3　中国年降水量(mm)图

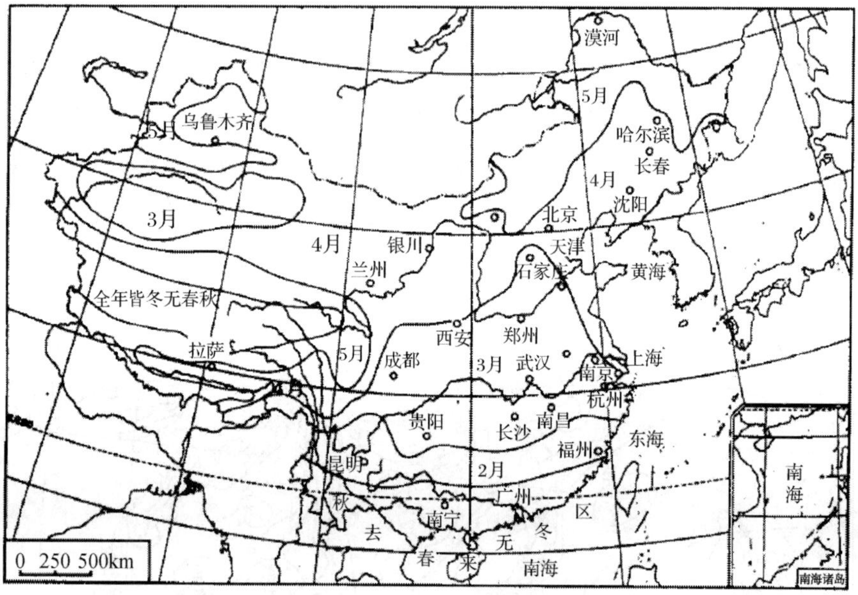

图9-4　我国春季开始月份图

绵亘在广东、广西与江西、湖南之间的南岭山脉，是我国1月10℃等温线经过的地方，是华中气候与华南气候的分界线，也是我国春天起步的地方。从东向西延伸的南岭山脉阻挡了北方冷空气的南下，使得南岭以南的四季是春秋相连，长夏无冬；南岭以北有了霜凝雪飞的冬天，全国冬去春来的景象从这里开始，逐渐向北方、向高山延伸。

南岭山脉北麓的郴州2月底3月初开始进入春天，春季长75天，桂东山区春季长100天。由此向北入春时间逐渐推迟，江西南昌3月9日，湖南长沙3月10日，湖北武汉3月14日，河南郑州3月25日，首都北京4月1日，辽宁大连4月16日，黑龙江的哈尔滨4月26日、伊春5月11日、海拉尔5月16日、漠河5月20日，是全国入春最晚的地方。各地春季长短不一，北京的春季55天，海拉尔123天。云南中南部地区，因纬度低，冬季太阳高度角大，热量丰富，东部又有高山阻挡寒潮冷空气入侵，即使最冷的1月，月平均气温也在10℃以上；温暖如春，又因其海拔高(1500m左右)，盛夏7月平均气温也在22℃以下，温凉如春，所以是四季如春的地区。昆明2月18日入春，春季长达280天以上，是我国春季最长的地方。因此有春城之美誉。

西北内陆地区，气候干旱，植被稀少，地面吸收的太阳辐射能几乎全部用来增热大气，所以西北内陆地区入春早，入春后升温快。例如新疆吐鲁番3月16日入春，比同纬度的东北平原早1个多月，春来得早，去得更早，4月下旬就入夏了，春长只有44天，是我国四季俱全的地区中春季最短的地方。北京4月1日入春，4月的月平均气温比3月升高8.4℃。漠河4月比3月升温13.5℃，5月又比4月升温9.6℃。越往西北内陆增温越快，“春风一夜，千树梨花”就是对北方春季升温迅速的写照。

长江中下游地区的春天不像北国之春那样阳光明媚，而是“清明时节雨纷纷”的景象。长江中游的湖南长沙、江西南昌等地3~5月的平均日照百分率只有28%，白天有 72% 的时间见不到阳光，阴雨天多，地面上得到的太阳辐射大大减少，加之土壤潮湿，水分蒸发大量耗热，因此春季升温慢。长江下游，东部沿海地区的上海、嵊泗列岛等地 4 月初入春，春到海面的时间是最晚的，因为海洋热容量大，导热率也大，受热后增温慢，失热后降温也慢，所以沿海地区的春季姗姗来迟。

南方春季温和多雨，全年雨量充沛，江河水量丰盈，孕育了江南的青山绿水，奇峰异洞的绚丽风光。世界自然遗产武陵源的奇峰异洞、张家界国家森林公园的青山绿水、杭州的西湖春色、桂林阳朔甲天下山水的形成都与多雨湿润的气候相关，是气象气候育景造景功能的具体体现。

9.2.2　夏季

在盛夏季节里，我国南起南海诸岛，北至大小兴安岭，处处呈现一派群山披绿，生意盎然的景象。夏季由于北半球倾向太阳，北方的白昼比南方长，使得我国夏季南北温差小，例如：哈尔滨与广州，纬度相差 22°33′，7 月平均气温仅相差 5.6℃。一般纬度相差 1°，气温平均相差 0.2℃；全国大部分地区最热月出现在 7 月，全国普遍高温，最热的时期出现在 7 月下半月至 8 月上旬。等温线分布零乱是我国夏季气温分布的又一特征；淮河以北江浙沿海地区，等温线分布与海岸线平行；长江流域，两湖盆地的等温线闭合成为高温中心，长江流域出现“三大火炉”；西部山地受海拔高度影响，等温线分布与等高线一致；个别地区出现温度倒置现象，例如：位于 39°48′N 的北京 6 月平均气温 24.3℃；位于 31°23′N 的上海，6 月平均气温为 23.2℃。这种低纬度（或低海拔）地区比高纬度（或高海拔）地区气温低的现象称为温度倒置。6 月，上海与北京出现温度倒置现象的原因，主要是上海受海洋气候影响，增温慢，北京受大陆气候影响，增温快。

按气候平均气温高于 22℃ 为入夏标准，我国南海诸岛全年皆夏，各地入夏时间如图 9-5 所示。

气象上将一年中，日最高气温高于 35℃ 的天数作为夏季炎热程度的一种指标。我国 35℃ 以上的“炎热日”几乎各省都有，长江中下游是我国夏季大面积高温区，炎热日普遍在 20 天以上，有 7 个省的一些地区炎热日达 30 天以上。湖南衡阳，江西吉安、贵溪，浙江丽水等地的炎热日均在 30 天以上。新疆吐鲁番盆地 7 月平均气温 33.1℃，极端最高气温 49.6℃（1975 年 7 月 13 日），炎热日多达 100 天。夏季的吐鲁番，发烫的大地把空气烘得猛烈上升，远看吐鲁番盆地北侧由红色砂岩组成的火焰山，缕缕青烟，似在燃烧。从天山口刮过来的强风，把这里的砂岩雕刻得条条斑痕，疑似道道烈焰，增加了吐鲁番盆地的炎热感觉。但由于气候干燥、空气相对湿度低，又有风，汗液可以迅速蒸发，大量散热“出汗不见汗”，所以人体也感觉不到热不可耐。

气象部门将日最高气温高于 32℃ 的日子定为“暑热日”，日最高气温高于 37℃ 的日子作为“酷热日”的指标，在“酷热日”里，不仅最高气温高，一天中最凉的时候，气温也有 30℃ 左右。

7、8 月间，长江中下游地区梅雨已过，伏旱来临，在副热带高压控制下，气流下沉，云雨消散，似火的骄阳使地面温度升高到 65～70℃，发烫的大地又源源不断地把

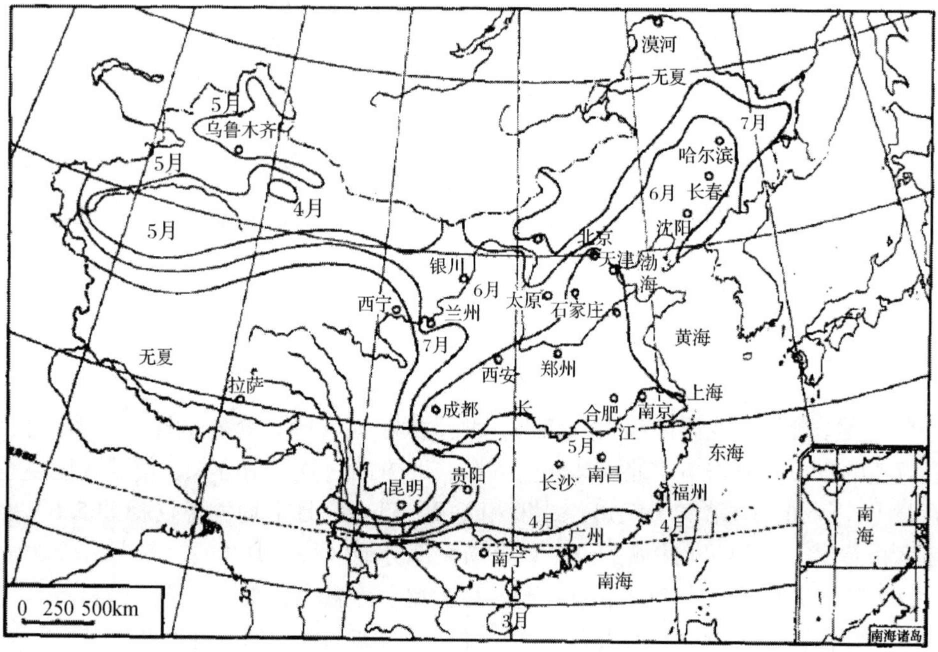

图 9-5　我国夏季开始月份图

热量传给大气，使气温升高。1959 年、1961 年、1967 年和 1971 年是重庆、武汉、南京的共同大热年。这四年期间，重庆平均暑热日 77.2 天、酷热日 26.4 天，武汉平均暑热日 71.2 天、酷热日 12.0 天，南京平均暑热日 62.6 天、酷热日 9.4 天。此外，还有一些狭窄河谷或盆地夏季比"三大火炉"更热，例如：四川万县炎热日 36.8 天，开县炎热日 46.2 天，分别比重庆正常年份的平均值多 3.0 天和 12.4 天；九江的炎热日 25.0 天，比武汉多 3.0 天；安庆炎热日有 21.8 天，比南京多 4.7 天。武夷山脉西北坡麓的江西贵溪炎热日数达 44.4 天，南岭北坡湖南衡阳的炎热日数达 46.2 天。这些地方夏季不仅气温高，而且空气相对湿度大，年平均值相对湿度一般大于 75%，甚至更高，再加上这些地方夏季风极小，"望树梢纹丝不动，看水面波纹不起"。高温、高湿和缺少凉风，使得这些地方的夏季更加酷热难熬。不良气候迫使人们外出旅游。这些地方，人口集中，交通方便，经济比较发达，应当是旅游商看好的客源市场。

9.2.3　秋季

9、10、11 月是统计划分的秋季，10 月是秋季的代表月。就 10 月中旬来说，北京已是深秋时节，武汉正值中秋佳节，福州秋季刚来临。此时的大、小兴安岭，海拔 4500m 左右的藏北高原都已入冬，而台湾、南海诸岛 10 月气温还在 24℃以上。各地实际气候状况与统计划分结果很不一样。按照候平均温度 22℃以下，10℃以上为秋季的划分法，哈尔滨 8 月 11 日入秋，北京 9 月 4 日入秋，武汉 9 月 24 日入秋，广州 10 月 29 日入秋，南海诸岛便是无春、无秋、无冬全年皆夏的地区。全国各地入秋时间如图 9-6 所示。

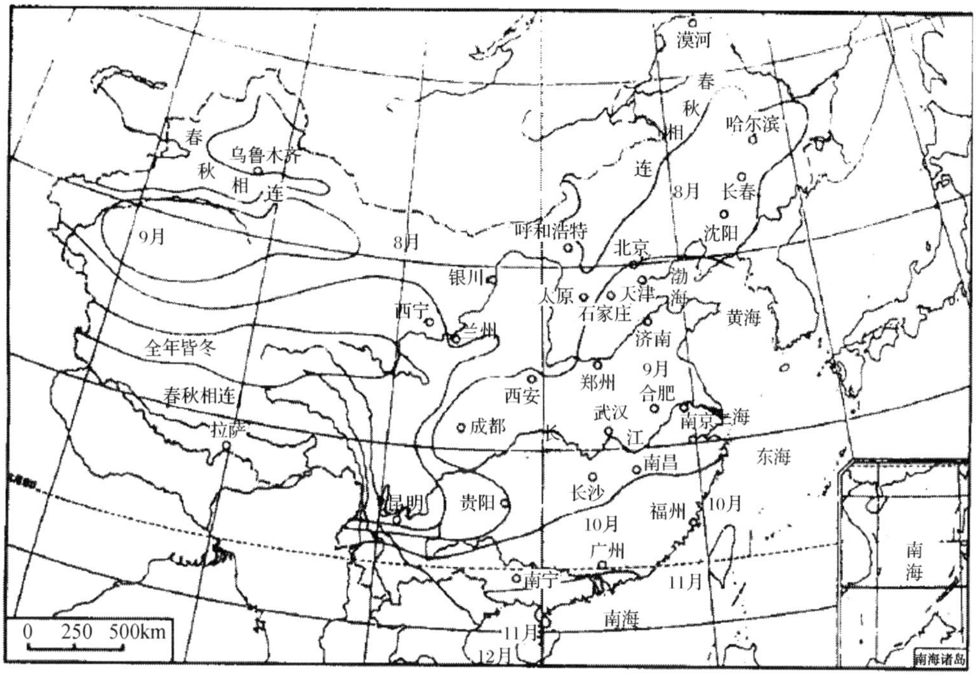

图 9-6　我国秋季开始月份图

纵观全国，秋季有如下特点：一是全国气温差异大，10 月的东北，气温已在 0℃以下，华北 10℃左右，黄河流域 16℃左右，华南 22～24℃，南海诸岛高达 26℃左右。二是大部分地区有秋高气爽的天气和舒适宜人的气候，例如哈尔滨、北京、上海、武汉、广州、兰州、乌鲁木齐和拉萨这 8 个城市，10 月 5 天中只有 1 天有点雨，雨日少，云量也少，在淮河以南，南岭以北，大致两湖盆地为中心的地区，9、10 月是全年雨日和云量最少的季节，“月到中秋分外明”和“十月小阳春”就是这一带秋天的写照。三是全国的秋季都比较短暂，大部分地区的秋天只有 50～60 天。例如：哈尔滨秋季长 49 天、北京 52 天、郑州 59 天、武汉 58 天、长沙 57 天、上海 62 天，我国四季俱全地区中，秋季最短的是新疆吐鲁番，仅 32 天。四是淮河秦岭以北春季气温升高快，秋季气温降低也快，秋温低于春温；淮河秦岭以南春季气温升高缓慢，秋季气温降低也慢，秋温高于春温。最后一个特点是以四川、贵州为中心的西部地区，9、10 月的总雨日都在 20～30 天以上，四川盆地西部地区秋季还是全年雨日最多的季节，例如四川雅安这两个月的雨日多达 44 天，10 月份降雨时数高达 257 小时，平均每天下雨 8 小时，故有“雅州天漏”之说。西部名山峨眉山 10 月雨日 26 天，降雨时数 433 小时，平均每天下雨 14 小时，历史上最长连续无降水日数只有 6 天，为全国之最。华中气候区的东、西部地区秋季气候迥异，东部秋高气爽，西部秋雨绵绵。

重阳登高，秋日郊游是我国人民的传统喜爱活动。秋季，大部分地区秋高气爽，是外出旅游的黄金季节。

9.2.4 冬季

我国冬季南北气温差异大，自然景观对比鲜明。我国冬季是世界同纬度地区最冷的地区，其寒冷程度相当于纬度北移5°，例如，1月平均气温北纬30°的湖北武汉为3.7℃，阿尔巴尼亚12.4℃，全球30°N地区平均为12.4℃；40°N的北京为-4.8℃，米雅谷-0.6℃，北京比米雅谷低3.2℃，全球40°N地区平均为5.5℃；我国位于50°N的满洲里1月平均气温-25.7℃，同纬度的英国格林尼治为-3.8℃，这一纬度上的全球平均值为-7.2℃。我国漠河的纬度与英国利物浦相近，利物浦市冬季每天气温都在0℃以上，而漠河每天都有-35℃左右低温。我国1月月平均气温等温线，除山地外，大致与纬圈平行，这说明冬季影响我国气温分布的主要因子是太阳辐射，但由于大气环流和地形的影响，等温线出现曲折，有的地方出现冷暖中心，冷中心出现在两湖盆地，暖中心出现在四川盆地，冬季最冷的地方在东北呼伦贝尔草原和新疆北部的阿勒泰地区。1月0℃等温线通过淮河下游、秦岭、四川盆地西缘、由此南折至康定再西折至西藏东南部。全国大约有1/4地区1月平均气温在0℃以上。台湾、海南及南海诸岛是我国冬季最暖的地方。由于我国幅员辽阔，按低于10℃的气温指标，全国入冬时间相差极大，如图9-7所示。

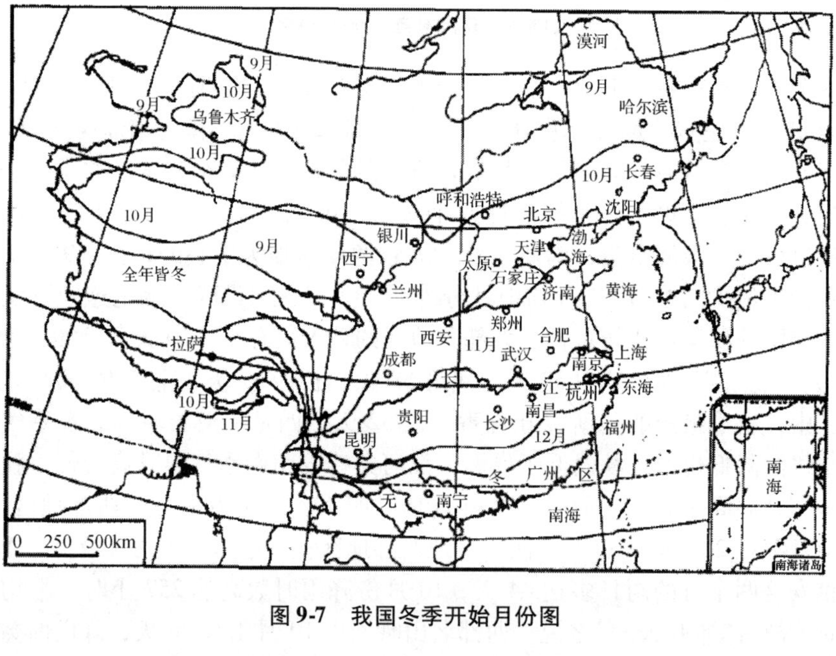

图9-7 我国冬季开始月份图

1月，北京的日照百分率高达70%，淮河流域50%，湖南南部25%，广州42%。如果此时我们乘火车沿京广线南下，会觉得湖南南部阴沉多雨；但是如果转向西行，才知道贵州北部及其和四川接壤的那些地区，才是我国的阴雨中心。例如，遵义冬季日照百分率低至11%，即平均每天只有67分钟可见太阳，贵阳市1月的日照百分率只有17%，湄潭县1964年1月，日照时间只有0.6小时。这些地区两天中总有一天有雨，而且常常淅淅沥沥连绵不断。例如贵州省毕节县1968年1月15日至2月27日间，天天有雨。

我国冬季最晴朗地区之一的昆明市日照百分率达73%，历史上最长的连阴雨天不超过3天，昆明西北部的宾川县，1月日照百分率高达81%。昆明的冬季，蓝天丽日，菜花金黄，鲜花竞放，常绿的行道树随风摇曳，处处呈现一派浓郁的春光，真不愧是四季如春的春城。但是昆明有句谚语："四时无寒暑，一雨便成冬。"在昆明，下了雨不穿毛衣就会感冒。去昆明旅游，不要忘了带毛衣。

9.3　部分旅游城市的气候特征

我国有近百个历史文化名城，这些城市都是著名的旅游胜地，根据东、西、南、北、中的地理分布来阐述哈尔滨、北京、广州、上海、成都、西安、海口、三亚8个旅游热点城市的气候特征。

9.3.1　冰城哈尔滨

黑龙江省地处中纬度亚洲大陆的东岸。冬季在极地大陆气团控制下，气候严寒、干燥。夏季受副热带海洋气团影响，降水集中，气候温热、湿润。具有明显的季风气候特征。

哈尔滨是黑龙江省的省会，位于松花江南岸，是一座风光秀丽，景色优美的城市，有东方莫斯科之称。1995年春，新华社报道，哈尔滨不再使用"冰城"的别名，并正式通知国内各大媒体。十多年过去了，"冰城"哈尔滨在许多人心中仍然挥之不去，因为它的特色太鲜明了。地理位置为45°41′N，126°37E，海拔171.7m。年平均气温3.6℃，1月平均气温-19.4℃、4月6.0℃、7月22.8℃、10月5.6℃，6月最热，月平均气温25.0℃，气温年较差42.2℃。极端最高气温36.4℃，极端最低气温-38.1℃。年平均气温日较差11.7℃。一年中日最低气温低于0℃的日数有182.6天，低于-10℃的日数为120.7天，低于-20℃的日数66.1天，低于-30℃的日数6.9天。哈尔滨是我国北方四季分明的城市，4月26日入春，春季长61天；6月26日入夏，夏季长51天；8月16日入秋，秋季长56天；10月11日入冬，冬季长197天。平均年降水量523.3mm，主要集中在7、8、9月；冬季有稳定积雪。年平均相对湿度67%，最大降水强度104.8mm/d，年平均风速4.7m/s，多南风和西南风。春季多大风，四季之中，最有特色的旅游季节是夏季和冬季。

哈尔滨整个夏季的气温在20~30℃之间，最热的6月平均气温也只有25℃，比北京最热月平均气温还低0.8℃，人们不会感到夏季的酷热，加上哈尔滨夏天昼夜温差大，平均风速较大(3.4m/s)，比北京要舒适得多。盛夏，人们成群结队到松花江边，或荡舟江中，或挥臂击水，或躺在沙滩上舒展四肢，进行沙浴、日光浴、海水浴，人们想象不到哈尔滨会有能游泳的夏天，或在彩色的蘑菇伞下联欢、野餐。当落日西沉的时候，满天火红的"云锦"倒映江中，江平如镜，美不胜收。入夜人们可以乘上游艇，尽情领略松花江绮丽的夜景。一年一度的"哈尔滨之夏音乐会"凝聚了哈尔滨人的高雅情操。哈尔滨人最喜欢哈尔滨的夏天，也最珍爱哈尔滨的夏天。

哈尔滨的冬季，长达半年有余，冷得像寒带。在这期间，常常是一夜之间满树银花，满城银装素裹，一派粗犷壮丽的北国风光，哈尔滨1年有33.1个降雪日，年积雪日数达105.1天。寒冬是哈尔滨的滑冰旺季，晶莹如镜的冰场遍布松花江上，光洁的冰面在阳光照耀下像透明的玉石，滑冰人像展翅的飞燕，你追我赶，喧声笑语，热闹非凡；各种冰上游戏，丰富多彩。春节前后，哈尔滨的艺术家们，借助天工，为人们雕刻出各种独具匠心的冰雕造型，创造出一个绚丽奇异的水晶世界，吸收了成千上万的国内外游客，使哈尔滨成为我国冬季的旅游热点。

哈尔滨冬季太阳高度角低，昼短夜长，冬至那天正午的太阳高度角仅20°45′，早晨7:36日出，下午16:07日落，昼长只有8小时41分钟，夏至那天，哈尔滨的太阳高度角为67°4′，加上这个季节，北半球又倾向太阳，早晨4:19日出，下午19:53日落，白昼长达15小时34分钟。冬、夏两季的昼长相差将近1倍，由于哈尔滨的冬季长达197天，夏季长仅51天，所以哈尔滨许多单位的作息时间是以冬季为准绳的，几乎所有大商店一年四季都是16:00关门，这使初到哈尔滨的旅游者，多少有几分不习惯。

9.3.2 首都北京

北京地处华北平原的西北角，西依西山，北连燕山，东望渤海，南接华北平原。地理位置为39°48′N，116°28′E，海拔高31.2m。地势由西北向东南倾斜，山区海拔高一般在600m以下，少数高山达2000m以上，著名的灵山、百花山比泰山还高700~800m。东侧的潮白河、西边的永定河都自北向南流入渤海。

北京属大陆性季风气候。冬季受大陆性气团控制，寒冷干燥；夏季受海洋性气团控制炎热多雨；春、秋两季冷暖适中。

北京4月初春始。春季短，升温快，风速大，湿度小，是北京春季气候的特点。北京的春季55天，而同纬度美国纽约的春天有89天，与之相比，北京的春天确实短。短得自然界杨树从发出嫩芽到绿叶满枝，一般只用一个星期时间。北京4月的月平均气温比3月升高8.4℃。北京春季降水少，空气相对湿度小，午后相对湿度一般只有30%~35%，相当干燥，有“春雨贵如油”之说。乍到北京的游客，要多喝开水，避免口鼻上火；睡前在室内要洒水或放盆冷水，调节空气湿度，以防止鼻内小血管偶有干裂。春季多大风，4月平均风速3.4m/s，大风夹着沙粒，有时大风前整个天空都变成黄红色，街上行人如果不戴口罩，会吹得满嘴沙尘。

北京的夏季有103天，以7月最热，7月平均气温26.0℃，清晨的最低气温平均只有21.5℃，比国内许多城市的夏季凉爽；在世界同纬度上，7月纬圈平均气温24.0℃，与此相比，北京偏热。北京年降水量644.2mm，主要集中在7、8月，尤以7月下旬和8月上旬最为集中，这21天的降水量几乎占全年降水量的三分之一。1959年7月31日曾出现过244.2mm/d的最大降水强度。6月高温天多，相对湿度小(60%)，干热；7月中旬以后，雨天多，空气相对湿度达80%，闷热天气多。如按14：00气温高于28℃，相对湿度高于70%的日子为闷热日，则北京全年有6.9个闷热日，其中7月中旬及以后有6.3天。

北京9月6日金风送爽，秋季来临，10月25日秋去冬来，秋季长50天，比春季还短5天，是一年四季中最短的季节。北京的秋季虽短，却秋高气爽，温暖宜人，空气清新，极少风沙。

北京10月26日入冬，翌年3月31日终止，冬季长157天，为四季中最长的季节。气候平均气温低于0℃的严寒日长达91天(11月30日~2月28日)。北京1月平均气温-4.7℃，比同纬度其他地区平均偏低10℃。北京冬季5个月中有霜日75.6天。北京的冬季虽冷，但阳光却多，平均每天可照6.5~8小时。冬季到北京旅游的人，在公园里找个背风的地方晒晒太阳，小憩一会儿也是一件趣事。不过北京居民却从不冬季晒太阳，因为室外比室内冷得多。

首都北京，是全国的政治、经济、文化中心，交通方便，人文古迹众多，自然风光优美，气候四季分明，是全年皆宜的旅游胜地，是全国旅游业的龙头。

9.3.3 大都市上海

国际大都市上海是我国第一大城市，位于长江三角洲平原的东端，原太湖流域，黄浦江及其支流。吴淞江穿越市区，地处农业发达的鱼米之乡，是我国最大的工商业基地和重要的科学文化城，是国际交往中的一大港口城市。

上海位于31°10′N，121°26′E，海拔高4.6m，在北亚热气候区内，年平均气温15.7℃，气温年较差24.3℃，年平均气温日较差7.6℃，极端最高气温38.9℃，极端最低气温-10.1℃，年降水量1100mm左右，降水日近133天，最大降水强度204.4mm/d，各月相对湿度在70%~84%之间，年平均为79%，年平均风速3.5m/s。这里气候温和湿润，四季分明。春季始于3月下旬、夏季始于6月上旬，秋季始于9月下旬，冬季始于11月下旬。春季长70天左右，夏季约110天，冬季长达4个月，秋季最短，约2个月。濒临东海，受海洋调节，冬季不甚寒，夏季不太热，最冷月平均气温3.3℃，最热月平均气温27.9℃，夏季日最高气温高于35℃的炎热日只有8.7天，仅比北京多2天，比武汉少12.3天，比长沙少21.2天。

黄浦江与其支流吴淞江穿越上海市区汇合后经吴淞口流入长江，远洋巨轮可以直入市区在黄浦江内港停泊，各类船只高度密集，往来穿梭，构成了上海外滩“船的世界”景观，浦江之水，滔滔而来，沿岸黄浦公园及浦东公园绿树成荫、鲜花遍地，浦江两岸高楼大厦鳞次栉比、威武壮观，是人们游憩畅怀，浏览风光的好去处。

黄浦江畔的春天，气候十分宜人，气温在14~19℃之间。4月平均气温14.0℃，平均最高气温18℃，平均最低气温10℃，纷纷春雨占据全月2/3的天数，晴天有10天左右。晴天干爽，有利于旅游，纷纷细雨给各种景物装上一层神秘色彩，更赋予一种朦胧美感。上海人有“三月三，看桃花”的传统，在市南区，离黄浦江不远的龙华风景区有十年古刹龙华寺和龙华古塔，巍巍耸立，附近水道曲折多湾，湾湾可见龙华，春日游览，沿岸桃红柳绿，满园春光，意趣盎然。

黄浦江畔的上海夏天无酷暑，习习凉风从海上吹来，体舒神爽。由外滩登船，沿黄浦江至吴淞口，看长江水天相连，天地宽阔，尽享旷达之美。夜间游览两岸灯火，万船通明，仿佛置身银河繁星之中。

上海9月23日左右入秋，秋季各月平均气温在12.3~23.6℃之间，10月的降水量只有50.1mm，空气相对湿度为77%。此时金风送爽，天高气爽，是旅游的最佳季节。秋日上海桂林公园的菊花展览闻名遐迩，吸引了大量的观赏者。

上海的冬天，气候不甚寒冷，1月平均气温3.5℃，最暖的1950年，1月平均气温为6.3℃，严冬只在极个别年份出现。上海是在近代开始蓬勃发展起来的，市内的豫园是江南有名的古园，豫园一带又称老城隍庙，这里文物古迹、园林景致、商场店铺、特色小吃等应有尽有，是一个以小商品、土特产闻名中外的商业区，是上海独具一格的旅游胜地，寒来暑往，终年热闹非凡。南京路、淮海路堪称中外旅游者的购物天堂。龙华苗圃是全国首屈一指的盆景园，品种多，且各具特色，是一处“春撒明媚，夏堆葱郁，秋展苍劲，冬汇高洁”的旅游胜地。

上海，这个现代化的大都市，堪称为一个气候四季宜人，景观四季迷人的旅游城市。

9.3.4 羊城广州

广州简称穗，是我国南方的大城市，因有一仙人赶着五只山羊，带着一束谷穗降临广州的典故，被称作“五羊城”，又因四季鲜花盛开，还有“花城”之誉。是一座历史悠久，富有革命传统的英雄城市，也是我国最早的港口城市之一，改革开放以来，广州的旅游业发展迅速，旅游收入居全国之首。

广州背靠白云山，屹立于珠江三角洲的北端，东、西、北三江在此汇合，珠江穿城而过，将广州分成河南、河北两部分。老城区在河北，新城区在河南。地理位置23°08′N，113°19′E，海拔高6.3m。低纬度、低海拔、枕江临海的地理条件，孕育了广州秋去春来，长夏无冬的气候。温高湿重，雨量丰沛，降水强度大，多雷暴，虽然日照强烈，但由于季风和海陆风的调节，夏无酷暑，一年四季山青水秀，鲜花盛开，呈现出一派典型的亚热带和热带自然景观，被誉为“南国风光”而驰名中外。

广州位于北回归线以南，1月平均气温13.3℃；年平均气温21.8℃，气温年较差15.1℃，年降水量1694.1mm。只是在强冷空气南下期间，五日平均气温可降到10℃以下，例如：1948年1月26日出现过2.5℃的低温，1932年1月7日至12日6天平均气温为5.7℃，1942年2月11日至28日5天平均气温为4.6℃，这些都是广州历史上最冷的冬天了；1922年1月14日，广州也曾出现过日平均气温为21.9℃的高温。可见，广州已经没有气候上的冬季。秋天过后就是春季。

据1908—1983年76年的资料，广州入夏最早的是1928年，4月7日入夏，最迟的是1979年5月18日。夏季终止时间是10月9日；最迟的有两年，1928年11月11日和1979年11月12日。夏季长达半年多。最热月7月，月平均气温28.4℃，比长沙低0.9℃，比武汉低0.4℃。极端最高气温38.7℃，比长沙低1.9℃。一年中日最高气温高于35℃的日数为5.7天，长沙为29.9天，广州比长沙少24.2天。可见，广州的夏季虽长，却很少有酷热难熬的日子。广州虽然夏无酷热，但由于夏季长，室内开空调的时间也比较长，一般5月3日开始，10月13日终止，1年中有164天需要使用空调，不过广州用单冷机即可。广州属于亚热带湿润季风气候，高温多雨，长夏无冬，秋去春来的气候类型。三冬无雪、四时常花，春荣、夏秀、秋华、冬实的四季气候和四季景观对旅游者有巨大吸引力。

9.3.5　“天府”之都成都

成都市是一座历史文化名城，位于四川盆地西部，属亚热带半湿润季风气候。春早、夏热、秋凉、冬暖四季分明，景色各异，终年游人不绝。

成都位于 30°40′N，104°04′E，海拔高 505.9m，年平均气温 16.2℃，10 月 16.8℃，气温年较差 20.1℃，极端最高气温 37.3℃，极端最低气温 -5.9℃。年降水量 947.0mm，集中在 6~9 月，最大降水强度 195.2mm/d，年平均空气相对湿度 82%。平均风速 1.1m/s。成都的春季从 3 月上旬至 5 月中旬，历时约 80 天，春季升温快，变化大，平均 5 天上升 1℃。春雨不多，约 130mm，其中 80% 是夜雨，真是“好雨知时节，当春乃发生。随风潜入夜，润物细无声”。春季日照时间，平均每天 3~4 小时，空气相对湿度 78%。成都的春季虽温暖爽朗，但变化大，春游成都仍需防寒衣物。

成都的夏季始于 5 月下旬，止于 9 月上旬，长约 110 天，是四季中最长的季节。7 月最热，月平均气温 25.6℃，日最高气温高于 35℃的炎热日平均每年只有 1 天。成都夏季降水量占全年的 59% 以上，雨日 58 天占夏季的 50% 左右，月平均相对湿度 80%~85%。多雨、不热是成都夏季气温主要特征。夏游成都，必须带伞。

成都的秋天长约 70 天，是四季中最短的季节。秋季多数时间的日平均气温在 14~18℃之间，气温使人感觉舒适，但由于秋季雨日多达总数的 57% 以上，雨日多，日照少，云量多，使人感觉沉闷。据统计，1951—1980 年 30 年间的中秋夜，有 20 年降夜雨，4 年阴天不见星月，只有 2 年是天高云稀、皓月当空。可见中秋节在成都赏月是不容易的。

成都的冬季从 11 月下旬至翌年 2 月下旬，长约 100 天，1 月最冷，月平均气温 5.5℃，日最低气温低于 0℃的日数平均每年 13 天，平均风速 1.0m/s。风和日丽是成都冬季气候特征。四川物产丰富，冬不冷、夏不热的宜人气候，丰富的旅游资源和四川人热情好客的性格匹配在一起，使四川成为人们向往的旅游胜地。

9.3.6　唐城西安

西安是我国唐朝的首都，为我国六大古都之一，是座世界名城。西安位于 34°18′N，108°56′E，海拔 396.9m，在渭河平原中部，属暖温带半湿润气候，四季分明，春秋短促，长冬有夏。

西安年平均气温 13.3℃，气温年较差 23.7℃，年降水量 580.2mm，年平均空气相对湿度 71%。

西安的春季升温快，从 3 月下旬到 5 月底，仅 60 多天，4 月平均气温 15℃，5 月平均气温 19℃。此时虽已进入雨季，但降水量较少，4 月 52.0mm，5 月 63.2mm，雨日少；4 月平均空气相对湿度 70%，绝大多数人感觉舒适，是西安的最佳旅游季节。

西安的夏季，始于 6 月初，终于 8 月底，长约 3 个月。夏季平均气温在 25.2~26.6℃。降水量少，6、7、8 月的降水量分别为 52.2mm、99.4mm、71.7mm，日照时间长，平均每天日照7.3~7.5小时，空气相对湿度低，月平均相对湿度为59%~74%。日最高气温高于35℃的炎热日有23.8天，有部分人会有不舒适的感觉。

9月和10月是西安的秋季，月平均气温为19.4℃和13.7℃，绝大多数时间的日平均气温在14.0℃以上，降水量为98.3mm和62.4mm，降水量不大，但小雨日多，日降水量小于5mm的日数有12.6天，天气比较阴沉。

西安的冬季，11月初至翌年3月底长约150天。由于西安处于秦岭北麓的渭河平原上，冷空气下沉堆积，冬季气温较低，各月平均气温分别为6.6℃、0.7℃、-1.0℃、2.1℃、8.1℃，1月最冷。全年日最低气温低于0℃的日数有93.7天，低于-10℃的日数有2~6天。风速较小，月平均值在1.6~2.0m/s。冬季使人有冷的感觉。

西安是我国现在保存的建都年代最早的一座古城，市内及附近有许多名胜古迹，例如：西安碑林、大雁塔、小雁塔、秦始皇陵、西安城墙、钟楼、古楼、秦始皇兵马俑等，众多的旅游资源使西安成为我国四大旅游城市之一，在有些外国游客眼里，西安就是中国的象征，他们认为：没到西安，枉到中国。由于西安的主要旅游资源是观光型旅游资源，游览活动受气候影响不大，一年四季都可以前往。如果考虑气候因子，以春、秋季最佳，夏季尚可，冬季有点冷。

9.3.7 避寒胜地海南岛

海南岛位于南海北部，在18°10′~20°10′N，108°37′~111°03′E之间，由琼州海峡将它和大陆分隔。海峡宽20~30km，平均深约40m，最深120m，由于紧靠大陆，冬半年仍受冬季风影响。

海南岛是我国第二大岛屿，面积3.4万km^2，仅次于台湾岛(3.6万km^2)。地处热带，是南海上的绿色明珠，是我国南疆的宝岛，被称为东方的夏威夷，拥有丰富的光、热、水资源，气候暖热湿润，山川秀丽、四季常青，充满热带风光。现已建设成国际旅游岛。海南岛面积虽不大，却因五指山(主峰海拔1867m，海拔1500m以上的山峰有6座)雄居在中部，形成中央高、四周低的环形层状地貌，岛内各种自然条件随之出现环状结构、南北差异、东西递变和垂直变化等特点，岛内各地的气候明显不同。全年日照时数，全岛平均2178.1小时，中部山区云雾较多，只有1750小时，大部分地区在2000小时以上。各月日照时数不等，一般7月最多，2月最少。由于海南岛拥有阳光、海水、沙滩和冬季温暖的气候优势，岛内许多地方已成为旅游度假胜地，岛北端的海口市和南端的三亚市已建设成为我国的重要避寒基地。

(1)海口市

海口市位于20°01′N，是海南省的省会。是一座有着悠久历史的古城。

①气温　年平均气温23.8℃，最热月7月平均气温28.4℃，与广州市同期值相等，比湖南长沙同期低0.9℃，比“火炉”武汉低0.4℃。1月最冷，月平均气温17.2℃，与青海省省会西宁市7月的月平均气温相等，比西藏拉萨7月平均气温高2.1℃。就是说海口最冷月比内地许多地方的最热月还要暖热，而最热月又比内地许多地方凉爽。气温年较差小，仅11.2℃。极端最高气温38.9℃，出现在1952年4月

10日，全年日最高气温超过35℃的炎热日21.9天(比长沙少8天)，2~9月均有出现，以5、6、7月最多。极端最低气温2.8℃，出现在1955年1月12日。海口市气候平均气温≥22℃的时间始于3月5日，终于11月3日，持续244天。

②降水　由于海南岛的水汽来源充足，降水量大、降水类型丰富，台风型、锋面型、低槽型、热带辐合带各种类型均有，其中一半以上属台风型降水。年降水量全岛平均1640mm，海口市为1685mm，最多的年份可达2480mm(1928年)，最少的年份仅702mm(1936年)。海南只有雨季、旱季之分。海口的雨季最早始于3月，最迟始于7月，终止期最早8月，最迟12月。雨季里各月的雨日12~22天，旱季各月不足10天，全年降雨日数为150天。海口雨季的降水量占全年的80%。雨季多暴雨，山区容易出现山洪暴发。

海南岛处于东亚季风南缘，随着天气系统的季节性转换，风向风速都随之改变，冬季盛行偏北风，夏季盛行偏南风。在没有大的天气系统控制时，昼间风从海洋吹向陆地，夜间风从陆地吹向海洋，海陆风调节了岛上气候。

(2)三亚市

三亚市比海口市的地理位置更偏南，位于18°14′N。属于热带海滨城市，是我国冬季的旅游热点城市之一，将逐步建设成为国际避寒、度假、旅游为中心的城市之一。大东海、鹿回头、落笔洞、小洞天和天涯海角被誉为三亚市五大风景游览地。冬季气候十分宜人。

①日照　三亚市年日照时数2514小时，其中春季(3~5月)为657小时，占全年的26%，夏季(6~8月)689小时占全年的27%，秋季(9~11月)603小时，占全年的24%，冬季(12~2月)565小时，占全年的22%。

②气温　三亚市四季常青，年平均气温25.5℃，1月平均气温20.9℃，4月26.4℃，7月28.4℃，10月25.9℃，6月的月平均气温最高为28.5℃，气温年较差7.6℃，这说明三亚海洋性气候特征明显，气温年变化曲线呈单波型，见图9-8。候平均气温≥22℃的夏季从2月4日开始；12月2日终止，持续302天，比海口市多58天。全年有311天的日平均气温≥20℃，一年四季365天的日平均气温≥10℃。从气温来看，三亚也没有气候上的冬季。

三亚市的平均气温高，气候暖热，不但是良好的避寒基地，而且还有一年四季可以利用的广阔洁净的天然游泳场。

③降水　三亚市年降水量1255mm，比海口市少430mm，最多的年份1871mm(1971年)，最少的年份674mm(1977年)。各月都有降水，但92%集中在雨季，旱季只占8%。

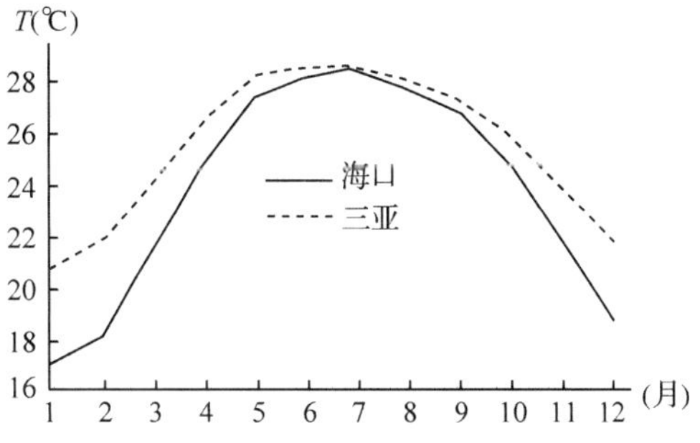

图9-8　海口、三亚气温年变化图

④风向风速　三亚市的主要盛行风向是偏北风和偏南风。由偏南风转向偏北风的时间是9月，由偏北风转向偏南风的时间是2月。冬季风期间天气系统比较单一、

稳定。冬天的大东海平静得出奇，辽阔的海面晶莹如镜，迭印着蓝天、白云、黛山的倒影，远处天水一色，令人心旷神怡。大东海以“水暖、沙白、滩平”蜚声海内外，游客可以畅游于碧波之间，浮游于雪浪之上；也可以躺在沙滩上沐浴柔和的阳光；或者在沙滩上拾贝壳、挖螃蟹、垒沙塔。

综上所述，海南岛的气候属热带气候，日平均气温高于10℃的日数有365天，长夏无冬；一年中绝对最低气温低于2℃的时间极短，不超过3小时。冬季暖热，适宜于观光旅游、避寒度假、科学考察和科普教育，是我国重要的避寒基地之一。

9.4 山地旅游气候概述

我国是一个多山国家，山地、高原和丘陵面积占全国土地面积的65%，海拔1000m以上的山地高原面积超过国土面积的50%，青藏高原周围很多山峰海拔超过6000m。全世界8000m以上的14座高峰，全部坐落在我国西南边境，山多而高是我国的地理特征之一。我国将海拔5000m以上的山地称为极高山。这个高度大致与雪线或现代冰川的末端相符合。极高山多是山峰陡峭、冰峰冰塔林立，景色壮观的地区，是登山旅游和科学考察的主要对象。

山体的存在，不仅自身形成独特的山地气候，而且影响其周边地区的气候。不同纬度、不同海拔高度、不同坡向、不同植被条件下的山地气候特征不同。一般高纬度地区的山地，因得到的太阳辐射比低纬度山地少，使得高纬度地区山地的高山植被带永久冰雪带以及适于人类旅游的层域都比低纬度山地低。在同一座山地，海拔升高，太阳辐射增大。气温降低，风速增大，气压减小，在一定限度以内降水量增加。南坡比北坡气温高，迎风坡比背风坡降水多。

山地气候按其海拔高度有山岳气候与高山气候之分。海拔2000m以下的山地气候称山岳气候，海拔2000m以上的山地气候称高山气候。

9.4.1 山岳气候与旅游

海拔2000m以下的山岳地区，因其阳光充足，气压适中，空气清洁，夏季凉爽宜人，旅游者在此度假疗养，能使呼吸加深，肺活量增大，促进血液循环，改善血液成分，增强体内氧化过程，有益人体身心健康。因此，一定层域以内的山地气候于人体有益。人的健康长寿，虽然与许多环境因素以及良好的饮食习惯、生活方式、心理状态有关；但良好的山岳气候环境是十分重要的因素。国内外老年问题科学调查研究发现，大多数长寿人都生活在海拔1500~2000m的山地条件下。广西巴马县是个山区县，是我国有名的长寿县，那里的人之所以健康长寿，主要是因为那里气候宜人，空气清洁，空气中负离子含量普遍高达1000个/cm^3以上，有益于人体健康、长寿。此外，巴马人勤劳简朴，80岁高龄老者还上山种地，下田耕耘，这是巴马人健康长寿的表征，也是巴马人健康长寿的原因之一。

9.4.2 高山旅游与气候

我国山高而多，登山游览、探险猎奇、科学考察、锻炼意志、陶冶情操、强健身心是必不可少的旅游活动。但是，因为海拔升高，气压降低，超过一定限度，人体会感觉不适。夜间，如果房间小而室内人员多，又是关闭门窗时，室内氧气含量会因人的呼吸作用而减少，必然会加重缺氧，引起肺水肿或高山昏迷，应当警惕。高山上，一般海拔越高，空气越稀薄，高山反应越严重，发病率越高。

高山反应的起始高度，因纬度不同而异，一般在低纬度地区约3000~3500m，中纬度地区2000~2500m，高纬度地区1500m左右。出现高山反应的高度还与地形地势，气候等因子有关。在同纬度地区，地势平坦、气候干燥的高山比地形破碎，气候湿润的高山反应的起始高度高。高山反应与人体适应能力有关，有的人即使登上很高的高山也无高山反应，有的人还没登上出现高山反应的起始高度就有不适之感，人出现高山反应的个体差异甚大，上面说的起始高度是对大多数人而言。

9.5　风景名山的旅游气候特征

我国山多，作为旅游胜地的风景名山亦不胜枚举。例如四大佛教名山中的九华山、普陀山、峨眉山和五台山，五岳之中的东岳泰山、西岳华山、南岳衡山、北岳恒山、中岳嵩山，著名的风景山地黄山、庐山、雁荡山、武夷山、井冈山、青城山、九嶷山、鸡公山……难以尽述。这些名山虽然都具有山地气候的共同特征，但因地理纬度、海拔高度、地质结构的不同而形成不同的气候特征。

9.5.1　黄山

黄山位于安徽省太平、黟县、歙县、休宁四县交界处，北望长江，南眺天目山，东西两侧为海拔500m的丘陵低山，山势呈东北—西南走向，号称72峰，峰峰相连，以莲花峰最高，海拔1872m，天都峰、光明顶两峰的高度均在1800m以上，是我国东部少有的高峰。

黄山自古以来都是游览胜地，以奇松、怪石、云海、温泉闻名于世。黄山松苍劲挺拔，神形俱佳。黄山花岗岩奇峰峭壁，怪石嶙峋，姿态万千。黄山温泉水质清澈，可饮可浴。黄山地近江海，植被保存较好，水汽丰富，受地形抬升，在海拔1600m的峰峦之间凝结成云雾，山峰将云雾割裂成5块，号称黄山五海：玉屏楼前观南海，清凉台上观北海、白峨岭上观东海、排云亭上观西海、光明顶上观天海。黄山的云，只见云铺深壑，絮掩危岩，波涛翻滚就在身边，云海伸手可握，妙不可言。

黄山虽地处亚热带，属亚热带湿润气候，但因山峰比山麓高1600m，气候垂直变化大。山上的光明顶(海拔1840.8m)，年平均气温7.8℃，最冷月平均气温-3.1℃，最热月平均气温17.7℃，极端最高气温27.1℃，5月5日入春，持续159天，10月11日入冬，持续206天。玉屏楼海拔1680m，5月18日入春，9月26日入冬，春季长131天，冬季长234天。可见，黄山的山上是长冬无夏，春秋相连。从半山寺开始，随着海拔高度降低，夏季逐渐增长，四季分明，见表9-8。

光明顶的冬季约50%的时间有小雨，由于气温低，水汽丰富，冬季60%以上的时间有雾，12月至翌年3月期间多雨凇和雾凇，出现频率为25%和40%，雾凇为晶状雾凇，玉树琼枝一派北国风光。冬季月平均风速为5.0~6.6m/s。气温低，水汽多，风速大，使人感觉很冷。光明顶进入春季后，日平均气温在14~18℃之间。此间虽然雨日多，风速大，但很少有连绵阴雨，平均日照时数每天可达4.2~5.1小时，绝大多数人感觉舒适。春季是黄山的最佳旅游季节。从海拔高度来看，以海拔1340m左右的半山亭一带为避暑最佳去处。

表9-8 黄山各高度四季分配(姚启润等，1986)

地 点	海拔(m)	春 季		夏 季		秋 季		冬 季	
		起日(日/月)	天数	起日(日/月)	天数	起日(日/月)	天数	起日(日/月)	天数
光明顶	1840	19/5	129	—	—	—	—	25/9	236
玉屏楼	1680	18/5	131	—	—	—	—	26/9	234
半山寺	1340	17/5	74	30/7	11	10/8	55	4/10	225
云谷来	890	9/4	83	1/7	53	23/8	79	10/11	150
温 泉	650	6/4	60	14/6	78	31/8	72	11/11	146
太 平	193	26/3	56	21/5	124	22/9	49	10/11	136

9.5.2 庐山

庐山又名匡山，匡庐，是鄱阳湖平原上的一座断块上升山地，孤峰突起。主峰大汉阳峰海拔1474m，比鄱阳湖高1200~1400m，全山有90多座峰，主峰不明显。庐山有大小瀑布几十处，终年倾泻，其形、声、态均令人叫绝。

庐山地处亚热带，气候温暖湿润。具有春来晚、夏不显、秋去早、冬季长的山地气候特征。从气候上看，与附近的平原湖区相比，庐山得天独厚，自成一体。一年之中最暖的6、7、8月，月平均气温低于22℃，是夏季炎热的长江中下游平原之中的"凉岛"，是我国著名的避暑胜地。春季3、4、5月，平均气温11℃，秋季9、10、11月平均气温12.6℃，冷热相宜，是寻芳觅艳、红叶寄思的大好季节。唐代诗人白居易的名句"人间四月芳菲尽，山寺桃花始盛开，常恨春归无觅处，不知转入此中来"。这不仅是对庐山花景的赞美，也是对庐山气候和物候特点的真实写照。

庐山气候的另一特点是降水多，云雾多。年平均降水量1800mm左右，比九江多400~500mm。春夏之交，山上经常云雾弥漫，置身于山中而不见其全貌。冬季水汽凝结高度降低，山顶常常在云雾之上，俯瞰山下是茫茫云海；仰视山上，庐山虚无缥缈，时隐时现，"不识庐山真面目，只缘身在此山中"。庐山的六景：云海、日出、夕阳、宝光、晨景、"玻璃世界"都是气象气候景观。在山地气候中，常见云海，但像庐山那样排列有序的波状云，连绵成片，宛若银浪滔滔的则很少见。庐山常年云量平均为天空的6~7成，7~8月云量最少，2~6月是多云时节，平均7~8成，其中6月最多达8成以上，是观云海的最佳时间。

庐山日出，美妙至极。晨曦初露，东方吐白，湖光山色，融为一体，东方地平线上越来越亮，由灰变黄，再由黄变澄，湖水尽处，一轮红日显现，给排到天际的云层披上了彩霞。随之群峰覆斜阳，庐山画中藏，谁能不争先恐后去登高望远，尽享庐山日出之趣！庐山观日出，最高的汉阳峰是最理想的场所，观日出的最佳时节是7月。

庐山日落，极为迷人。游人登上天池亭，极目西望，夕阳渐坠，晚霞浓抹，散落天际的波状云，荚状云，瑰如红桔，云有淡有浓，有薄有厚，形态各异，竞相争妍。观日落的最佳季节亦为7月。

庐山的“宝光”和“晨景”，是在雾气弥漫之际，背向太阳而立，在太阳相对方向的云屏雾墙上，可能出现围绕人影的彩色光环，在小天池，五老峰等地，有时可见这种大气中的光象。

庐山的“琉璃世界”主要是12月、1月和2月出现的雨凇和雾凇景观。庐山全年积雪36.2天，一般12月中旬见雪，3月中旬断雪，雪天看庐山一片晶莹的玻璃世界更为壮观奇妙。

9.5.3 峨眉山

峨眉山在四川盆地西南部平畴突起，高出五岳，秀甲天下，主峰万佛顶海拔3099m，金顶3077m，重峦叠嶂，险道钻天。梵刹淋宫，亭阁桥廊、依山就势，巧夺天工。峨眉胜景有100多处，金顶观云海、日出、宝光，使游人惊叹叫绝。

峨眉山地处亚热带，气候湿润，降水充沛，山顶与山麓高差约2600m，金顶年平均气温3.0℃，比山麓城区低14~15℃，最热月平均气温11.8℃，最冷月1月，平均气温-6.0℃。峨眉山气候垂直变化大，海拔每上升100m气温下降0.61℃，山顶有冬无夏，春秋相连。6月下旬至8月下旬期间，日平均气温在10~12℃之间，是峨眉山短促的春秋季，山麓已是挥扇纳凉之时，山顶最高气温仅22℃左右，气候十分宜人。冬季，由于水汽在海拔1500m左右凝结成云，山顶一带阳光明媚，日照时数和晴天日数是全年最多的季节。山顶冬季的日照百分率达45%左右，而山麓仅16%~19%。

受天气影响，峨眉宝光年出现频率为19.5%左右，以12月至翌年3月出现频率最大，平均在25.8%~39.3%之间，是全国宝光出现频率最多的地方。

峨眉山的洪椿坪，海拔1120m，空气清新，是山中的避暑胜地。

峨眉山拥有古生常绿林约1万hm^2，植物3000多种，特有种属中尚有距今7万多年至1亿年前的孑遗植物；动物有2300多种，其中不少稀有动物。生物多样性和良好的生态环境，丰富的旅游资源，吸引着科学工作者，文化工作者，致使峨眉山终年游客络绎不绝。

从旅游气候角度看，12月至翌年2月期间，由于气温低、风速大，山上使人感觉很冷，11月和3月，使人有冷的感觉。最佳旅游季节是4~10月。

9.5.4 五岳

五岳是我国五大名山的总称。它们是山东的东岳泰山、陕西的西岳华山、湖南的南岳衡山、山西的北岳恒山、河南的中岳嵩山。

(1)东岳泰山

泰山海拔1500m，按海拔高度排第三，因其雄踞于平原丘陵之上，相对高度大，仰视角大，尤显巍峨雄伟，有登泰山而小天下之誉。泰山是历代封建帝王封禅祭祀活动的地方，历史古迹众多，1987年被列入世界遗产目录。无论从西路或东路登泰山，一路上均有胜景相伴，一年四季游客都络绎不绝。

泰山地处我国温带大陆性气候带内，冬冷夏热，春秋干爽。因它东距黄海仅200km，尚能受到海洋气候的调节，气候相对于内陆各地稍有改观。

泰山脚下的泰安市，海拔130m，比泰山低1400m，年平均气温12.8℃，而泰山则5.3℃，海拔每上升100m，气温降低0.53℃。7月平均气温山下26.4℃，山上18℃。1月平均气温山上为-2.9℃，山下则为5.6℃。年降水量，山下的泰安725.7mm，山上为1163.8mm。山上的年降水量已接近我国东部长江下游地区，相当于南移5个纬度。夏季多雨，春秋次之，冬季最少。泰山空气相对湿度较小，仅7~8月可达86%。综合考虑气温、降水、空气相对湿度等气候要素，泰山的最佳旅游季节应该是7月和8月。

泰山观日出是登泰山旅游的重要活动之一。登泰山之巅，站在观日台上，举目东方，天际闪出鱼肚色亮光，继而呈现出瑰丽的朝霞，旭日在霞光中微露，先是窄若弯镜，渐渐地成满圆形，犹如红色玛瑙的晶莹，冉冉地离开地平线。这时，天际的彩云，或金黄，或橘红散散点点，浓淡相宜。遇上晴天，把握好时机与角度，可以拍摄到“太阳跳出手心”的照片。为便于旅游者观日出，在此提供泰山5~10月日出时刻表1份，见表9-9。

表9-9 泰山5~10月日出时刻表(姚启润等，1986)

日期	日出时刻	日期	日出时刻
5月15日	4:55	8月15日	5:16
6月15日	4:42	9月15日	5:43
7月15日	4:54	10月15日	6:08

(2)西岳华山

华山古称花山，海拔高2100m(五岳之中排首位)。华山北峰为云台峰，山势峥嵘，三面悬绝；华山南峰最高，仰天池和黑龙潭在此峰顶；华山东峰又称朝阳峰，可观日出；华山西峰有沉香劈山救母的神话传说。华山素以险峻著称，自古华山路一条，登华山是锻炼意志，享受峻美的绝好去处。

华山处在我国温带大陆性气候带内，冬季较冷，夏季较热，春秋季过渡明显。山顶与山下相比，海拔每上升100m，气温下降0.48℃。6、7、8月是华山最暖的季节，此时山上的气温16~18℃，而山下24~26℃；12月至翌年2月，山上气温-5~-7℃，山下为-1~1℃；春秋两季多变，山上与山下的变化接近一致。年降水量，山上为900mm，山下为700mm，主要集中在7~9月。夏季空气相对湿度较大，7~9月在74%~77%之间。夏季是华山旅游的最美季节。

(3)南岳衡山

南岳古称岣嵝山，又名霍山。以烟云和秀丽而誉满中外。海拔高约1300m，是五岳之中海拔最低的山岳。

衡山处在我国亚热带湿润季风气候带内，四季分明，气候温和湿润，年平均气温17~18℃，7月平均气温29~30℃，1月平均气温5~6℃。衡山山顶的年平均气温11~

12℃，最热的7月平均气温为21~22℃，最冷的1月为0℃，海拔每上升100m，气温下降0.5℃。年降水量山上多达2100~2300mm，山下仅1300~1400mm，山上比山下多800mm。降水主要集中在3~8月，占全年的69%。

暖湿的气候条件孕育了南岳多姿的秀美风景，半山亭古松参天，浓荫蔽日，树形各异。秋季的山色有红有绿，半山亭以下多为翠绿或墨绿；半山亭以上多为浅红色，一层一种颜色，十分美妙。这主要是山上山下，气温和降水量差异悬殊而引起的景观变化。

南岳的云海“山矗天上，云起峰流”。每当云生雾起时，群峰隐没在云海之中，只剩下尖尖峰顶，飘飘欲动，年平均雾日为252天，最多可达281天(1970年)，至少206天，每月都有20天以上的雾日，3~6月期间，每月的雾日多达23~26天。雾给南岳的山峰蒙上一层神秘的面纱，更衬托出其山势之秀美。

南岳虽然多雾，却也有观日出的好景点。7~10月期间，月平均日照150~250小时，平均每天约有5~8小时的日照时间，这是南岳观日出的适宜季节。观日出的地点以祝融峰最佳。当雪花降到地面后，尚未溶化而堆积起来的雪才叫积雪。气象部门规定，在气象站所看到范围内，有逾1/2的面积被雪覆盖叫积雪，个别地方的雪堆积不算积雪，气象上不记载。南岳年降雪100mm，降雪日数18天，初雪12月5日，终雪3月13日最早初雪11月11日，最晚终雪4月17日，最大积雪深度41cm。南岳可观雪景的时间较长，但须注意交通安全。南岳的雨凇堪称一景。1~2月间出现雨凇的概率较大。1968年1月29日至2月28日，南岳山上雨凇累积，最大直径达1066mm，重6071g/m。当气温低于-3.1℃时，便开始出现雨凇和雾凇。

雨凇是一种自然灾害，容易引起交通事故。这个季节观雨凇应当徒步上山，避免汽车打滑。即使步行上山也需脚步稳重，以防滑倒摔跤。

南岳山高多大风，全年8级以上大风日数为107.7天。

(4)北岳恒山

北岳恒山海拔高2000m，仅比华山低100m，在五岳之中排列第二。恒山位于山西省浑源县境内，其高峨，其险峻均可与西岳媲美，1500年前北魏的第一个皇帝就将恒山视为军事要地，在山下开凿通道。北宋，置重兵于此，筑营垒，架栈道，至今留有当年的军事遗存。恒山有十八景，以悬空寺最著名。悬空寺，依山就势，造型奇特，结构惊险，犹如空中楼阁，被誉为“天下巨观”。

恒山属温带大陆性气候，比北京干燥，气温变化也比北京大。这里冬季寒冷少雪，春季干旱多风，夏季温和湿润，秋季凉爽短促。年平均气温6.1℃；1月最冷平均气温-12.9℃；7月最热，月平均气温21.6℃。年降水量429.4mm，比北京少250mm，主要集中在7~8月。7~8月雨热同季，空气清新，环境雅静，是游北岳的最佳季节。

(5)中岳嵩山

嵩山在河南省登封县境内，海拔高1440m，五岳之中列第四，仅比南岳衡山高140m。嵩山与中岳庙和少林寺毗邻，是中原地区藏龙卧虎之地。

嵩山属温带大陆性气候。年平均气温，山上9.6℃，山下14.3℃，山上比山下低

4.7℃。7月最热，山上21.7℃，山下27.5℃，1月最冷，月平均气温山上-3.6℃，山下0.3℃。海拔每上升100m，气温下降0.5℃。年降水量山上870mm，山下650mm；年降水量分布不均匀，7月的降水量占全年的50%，4~9月为雨季。5月山上气温可升至15℃，山下已在20℃以上，6~8月山上的气温在20~22℃之间，9月山上气温降至15℃左右。5~9月此处雨热同季，植被繁茂，登中岳峰顶，北眺黄河，似丝绸缎带，放眼中原沃野，俨成绿野，是游览嵩山的美好季节。嵩山毗邻的少林寺、中岳庙全年皆可朝觐，登封县是著名的武术之乡，以武会友等文化旅游，四季皆宜。

9.6 云雾景观资源

大雾弥漫，能见度降低，阻碍交通，影响人们正常生活，浓雾和强浓雾是一种气象灾害；可是因为山区多雾，对茶叶生长有利，高山产名茶，雾又是一种气候资源；在许多风景区，雾还是一种旅游景观，给人们带来美的享受，是一种宝贵的旅游气候资源。

(1)峨眉山云雾

峨眉山的云雾久负盛名，不仅特别多，而且特别浓。峨眉山的云海，是由低云组成的，上半年以层积云为主，下半年以积状云与层积云相混合的云居多。

在所有名山中，峨眉山云雾之多雄居榜首，其雾日年平均为322天之多，最多可达338天。这里的云海比较独特，著名的七十二峰，大多在海拔2000m以上，峰高云低，于是映入游人眼帘的，便是云海中时隐时现的座座岛屿，云腾雾绕，宛若佛国仙乡。

游客上山无论步行还是乘车，往往都可以清楚地感受到云雾的区别：在九老洞以下，云在头上；从九老洞到洗象池，人在云中；上了洗象池至金顶，云在脚下。在金顶观云海，与在飞机上凭窗而视，感受完全不同。站在金顶，只见云涛汹涌，状如大海；时而浓云涌来，人在其中，伸手莫辨；时而云开雾散，上下天光，一碧万顷。

诗人赵朴初“天著霞衣迎日出，峰腾云海作舟浮”就是这一景致的绝妙写照。夏日的峨眉山，在云雾里若隐若现，犹如西子娥眉颦锁，更增添了几分妩媚。难怪人们要在这“秀绝天下”的名山中流连忘返。宋人有一首《卜算子》，其上半阕云：“水是眼波横，山是眉峰聚。欲问行人去那边，眉眼盈盈处。”用来形容此情此景，可以说是惟妙惟肖。

峨眉山的许多佛寺都冠上了一个“云”字，如臣云庵、白云寺、集云寺、卧云寺、归云寺……它们全都隐没在白云深处的“银色世界”里。而这些胜景大都与云雾有关。大自然中的水汽本来就是变幻无穷的，在峨眉山特殊的地理环境下就更加显得绚丽多姿。

先说“洪椿晓雨”。由清音阁沿黑龙江上溯，两岸悬崖陡壁，栈道蜿蜒其间。有时途中遇到山雨，人们就在烟雨升腾的峡谷中穿行，尽得“搜奇剔隐”的佳趣。

这里水汽条件本来就很丰富，再加上峡谷地形有利于上升运动，水汽在抬升过程中冷却而凝结成云雾，缭绕山间。游人身在云雾中，便感到似雨润身了。

到了洪椿坪，又是一番景色。洪椿坪以寺旁大椿树而得名。但更有特色的是这里的山雨。洪椿坪位于黑龙江峡谷的上端，清晨微雨初雾，巍峨的群山，清新的空气，更加使人心旷神怡。“洪椿晓雨”景点也是峨眉山一绝。

金顶、千佛顶、万佛顶三峰并峙，犹如笔架一般。东临悬崖，峭壁高达2000m，直落崖下平川。这种得天独厚的地势便形成了峨眉山特有的“海底云”。虽然同是由水汽抬升凝结而成云雾，但是洪椿坪位于峡谷之中，而金顶则雄踞高山之巅。因此，在金顶环顾四周，但见白云茫茫、波起涛涌，好像大海汪洋，游人宛如置身于海中孤岛一般。

金顶气势磅礴。无风时，置身于睹光台看茫茫云海，连接天际，片片浮云宛若浪花拍打脚下；有风时，乱云飞渡，如狂涛巨浪，惊心动魄。

金顶佛光又称峨眉宝光，峨眉佛光是大气中的奇异光象。当早晚云海平静，大气中有一定水汽之时，置身于睹光台背阳而立，宝光即可出现，人影在彩色光环之中，影随人动，绮丽多彩。

在“海底云”下多有降雨的可能，而在云雾之上则往往有阳光照耀。当游人站在睹光台上，前有“海底云”，后有太阳光，在这些云雾水滴的孔隙中便会发生光的衍射作用，从而产生内紫外红的彩色光环，色带排列正好与虹相反。太阳光可把人影映于光环之内，人行影亦行，人舞影亦舞，于是乎一些游人就飘飘欲仙，“佛光显圣”“峨眉宝气”之说正是由此而起。

舍身岩下，为峨眉山年代最久、规模最大的灵岩寺遗址，因地处偏僻，故人迹罕至。但由此仰望灵岩(即舍身岩)，万仞绝壁，现于云雾中，实为峨眉胜景所在。

(2)张家界云雾

张家界位于湖南省西北部，一年四季有雾，年平均雾日125天。当地群众习惯根据云雾判断未来天气，“有雨山戴帽，无雨山缠腰”便是当地人的经验总结。张家界国家森林公园的云雾千姿百态、变幻无穷，经常可见这样一些景象：瞬息之间云雾弥漫四合，白如玉、软如绵、光如银、阔如海。俯瞰白云中的群峰，好似海洋中的群岛，波涛滚滚，上下翻腾、气势磅礴、雄伟壮观。如果遇上阵雨，那云海日出的景观更美，一阵滂沱大雨过后，先是氤氲朦胧大雾，接着是袅袅上升的白云，随后这些白云环绕浮起，白茫茫一片，天际相连，太阳喷落而出，山峰流光溢彩、璀璨夺目、无限清新。黄石寨海拔1080m，在景区的后门附近的山脊上有一处天然巨石，形似乌龟，晴天岩体金黄色中带着绛红，名“金龟岩”。无论从哪个角度观看，金龟的形象都十分逼真，老伸着头，背上荷着笨重的龟壳，四脚外伸，一步一步地向云海爬去，“金龟”似漂游在云海中，此情此景被称为“金龟探海”或“雾海金龟”。夕阳西下时，落日西沉，彩霞满天，好似“金龟”正向落日爬去，此时导游会解说此景为“金龟送日落”或“落日等金龟”。有时候，山下雾罩细雨，山上则阳光明媚，出现“霏霏细雨萧萧下，云封雾锁艳阳天”的景象。游山途中，经常可遇从山下向上抬升的雾，此时雾从脚下掠过，使你“腾云驾雾”，如入仙境，飘飘然不知南北西东。在黄石寨观云雾的景点有望峰台、望仙台、观涧台、观洞台等几处。张家界国家森林公园境内的鹞子寨、袁家界、朝天观、西海等处亦有美妙无穷的云雾景观。

张家界云雾多的原因有三：一是湘西北山多、树多、河流溪涧多，水汽充沛；二是地势高、气温低，水汽容易凝结；三是大面积森林通过蒸腾，使大量水汽进入空气并达到饱和状态，遇到凝结核，凝结成水滴，形成云雾。

(3)衡山云雾

衡山，位于湖南省中部湘江江畔，又名“南岳”，是我国著名的五岳之一。衡山共有72峰，以祝融峰、紫盖峰、天柱峰、芙蓉峰、石禀峰最高，其中祝融峰1290m，雄居绝顶，是观云望雾的理想之处。

这里，春云似烟，夏云如海，秋云若纱，冬云朦胧，五彩斑斓，景象万千。

雾轻时，苍松荡晃，山峦潜影，若隐若现，影影绰绰，似观淡雅山水画；雾浓时，山林茫茫，天地蒙蒙，头上飘云，足下涌雾，荡于胸前，流于指隙，令人不分南北，不辨高低，似有腾云驾雾、飘然欲仙的感觉。

古往今来的文人墨客，都爱咏赞衡山云雾。唐朝韩愈的“喷云泄雾藏半腹，虽有绝顶谁能穷”；明朝方勉的“行尽千山与万山，衡山更在碧云间”；清朝黄本骐的“衡峰崔嵬云蓬蓬，蟠云出没如飞龙”；近代谭嗣同的“身高殊不觉，四顾仍无峰，但有浮云渡，时时一荡胸”。这些脍炙人口的著名佳句，更给衡山锦上添花，使衡山获得“五岳独秀”的美称！

人们常说：“云为空中之雾，雾为地面之云。”其实，云和雾都由空气中水汽凝结成的细小水滴悬浮聚合而成。除了高低之分外，没有本质差别。衡山多年平均雾日为252天，最多达281天。春季，雾日每月25天左右，有的月份天天有雾。和湘北洞庭湖平原地区年雾日15天相比，是它的17倍。就是以雾多著称的我国重庆和英国伦敦(90~100天)与衡山相比，也是小巫见大巫！

衡山地处江南，北倚“横亘八百里”的洞庭湖，空中水汽十分充沛，气候湿润，年平均相对湿度为85%，年雨量达2074mm，相当于海南省的降水量。

衡山山高气温低，全年平均气温11.3℃。7月平均气温21.5℃，1月平均气温0.1℃，比洞庭湖平原一带低5~7℃，相当于地理位置向北推移6~8个纬度。气温低，空气容易达到饱和，形成云雾，悬浮空中，缭绕山头，为衡山增色生辉。

高山多雾者甚多。许多名山都可以和衡山媲美。但是，衡山因地理位置偏南，太阳辐射强烈，云雾来往迅速，变幻无穷，与当地繁茂的植被、俊秀的山峰交相辉映，相衬成趣，使衡山云雾显得更加婀娜多姿。

(4)九华山云雾

素有“东南第一山”之称的安徽省九华山，唐代以前叫九子山，主峰天台海拔1323m。自从唐代诗人李白写下“昔在九江上，遥望九华峰，天河挂绿水，秀出九芙蓉”的赞美诗句后，才易名九华山。

“银海轻浮碧空寒，荡风平却石栏干。恍若五色蜃楼起，不羡蓬莱阁上看。”这是清代诗人何正鹏对九华山云海奇观的精彩描写。九华山四季多云，常年有雾，有时雾粒、低云和毛毛细雨相互交融，全年云雾天多达168天，被称为“云雾之乡”。

九华山的云雾变幻多姿，时而为风平浪静的汪洋；时而成波涛汹涌的大海；时而像奔泻千里的急流；时而似倾注山谷的瀑布；时而轻柔如绢，袅袅婷婷；时而怒气冲霄，电闪雷鸣；时而团聚，时而消散；时而上腾，时而下坠；时而东进，时而西撤；

时而回旋，时而舒展；时而荡漾，变幻无穷，绚丽多姿。这千变万化的烟云，天天不同，时时不一。

九华山观云海，在小天台、大天台、莲花峰为最佳。当雨雪新霁之后，九华山受稳定高压控制，上空又有逆温层影响，云块不易消散，也不会下雨。逢山色迷蒙，千米以下山峰皆淹没在滚滚白浪中，此时登十王峰，穿行云层时便感到自己仿佛置身在云雾缭绕的“仙境”之中，一旦超脱云层上限，俯瞰下界，眼前却是另一番景象：云铺深壑，絮掩危岩，汪洋无际，只有天台、中峰、双峰、狮子峰、莲花峰等诸高峰显露于云波之上，如大海中的岛屿。而这虚无缥缈的云海，又随着气流的快慢缓急，对流的强弱，忽而平静，忽而荡漾，忽而波涛汹涌。

倘若能赶上旭日东升的时候观九华山云海，那更是妙不可言。清雍正年间，池州太守李暲在天台峰玉屏台上建捧日亭。“捧日亭中望东海，日射海水红玫瑰。万树鸟语杂箫管，千岩花笑纷徘徊。”然而凌晨登十王峰观云海，更胜捧日亭。远眺东方，可以看到湛蓝的天空像是被抹了几笔白色油彩，接着鱼白色天际幻出无数暗红色长带，慢慢地扩散，山峰云海也随之由黑变青、变黄、变红。突然，从海空交接处绽露出一个红色光点，瞬间光点变成弧形光盘，在上升中变形：从弧形到半圆，从半圆到大圆，刹那间一轮圆形的火球冲破波涛汹涌的云海，喷薄而出，腾空而起。霎时浓雾变得稀薄，蔚蓝的天空被射出万道霞光，茫茫云海和重重叠叠的峰峦竟如血染。

令人惊奇的是，九华山曾多次因云雾密度垂直分布差异较大，在光线的折射作用下出现了“海市蜃楼”的奇景。

(5)天柱山云雾

天柱山位于安徽省西部，横跨潜山、岳西两县，共有42峰，以天柱峰为最高，海拔1760m，峭拔倾柱，直插云霄。相传元封五年(前106年)汉武帝南巡，登祭天柱，封号“南岳”。今祭台遗址尚存。唐代著名诗人白居易曾有诗云：“天柱一峰擎日月，洞门千仞锁风雷。”天柱峰由此而得名。

天柱山属于亚热带季风湿润气候，年降水量在1600mm左右，一年四季雨量分布不均匀，秋冬季雨雪不大，春雨连绵，夏季雨水集中，多大雨、暴雨。

天柱山是著名的多雾山区。由于天柱山层峦叠嶂，沟谷纵横，地势复杂，气流多变，所以形成的雾千姿百态，变幻奇特。它忽而自山谷冉冉而起；忽而从半空轻轻掠过；一会儿黑压压地翻腾不已；一会儿升高变得薄如轻纱。

每当风起云涌、阴雨持续时，天柱山被云雾所笼罩，成了茫茫似海的雾潮云浪。这时人站在山下仰望，头顶上是排列整齐的波状云；到山腰进入云海，只见雾气腾腾，云烟飘荡，使人宛如腾云驾雾。若临峰顶，顿觉天开云散，视野倍增，只见脚下云雾在千峰下渐渐升腾，缭绕翻滚，群峰上的苍松，好像出没于波涛中的风帆。

(6)黄山云雾

黄山雄居于风景秀丽的安徽省南部。徐霞客赞美道“五岳归来不看山，黄山归来不看岳”，可见黄山之美，美不胜收。

自古黄山云成海，黄山以峰为体，以云为衣，其瑰丽壮观的“云海”以美、胜、奇、幻享誉古今，一年四季皆可观，尤以冬季景最佳。依云海分布方位，全山有东海、南海、西海、北海和天海；而登莲花峰、天都峰、光明顶则可尽收诸海于眼底，领略“海到尽头天是岸，山登绝顶我为峰”之境地。

大凡高山，可以见到云海，但是黄山的云海更有其特色，奇峰怪石和古松隐现云海之中，就更增加了美感。黄山的年雾日达255.4天，水气升腾或雨后雾气未消，就会形成云海，波澜壮阔，一望无边。黄山大小山峰、千沟万壑都淹没在云涛雪浪里，海拔高于1800m的天都蜂、光明顶也就成了浩瀚云海中的孤岛。阳光照耀，云更白，松更翠，石更奇。流云散落在诸峰之间，云来雾去，变化莫测。

风平浪静时，云海一铺万顷，波平如镜，映出山影如画，远处天高海阔，峰头似扁舟轻摇，近处仿佛触手可及。不禁想掬起一捧云来感受它的温柔质感。忽而，风起云涌，波涛滚滚，奔涌如潮，浩浩荡荡，更有飞流直泻，白浪排空，惊涛拍岸，似千军万马席卷群峰。待到微风轻拂，四方云慢，涓涓细流，从群峰之间穿隙而过；云海渐散，清淡处，一线阳光洒金绘彩，浓重处，升腾跌宕稍纵即逝。云海日出，日落云海，万道霞光，绚丽缤纷。

深秋，红树铺云，成片的红叶浮在云海之上，这是黄山罕见的奇景。北海双剪峰，当云海经过时为两侧的山峰约束，从两峰之间流出，向下倾泻，如大河奔腾，又似白色的壶口瀑布，轻柔与静谧之中可以感受到暗流涌动和奔流不息的力量，是黄山的又一奇景。

玉屏楼观南海，清凉台望北海，排云亭看西海，白鹅岭赏东海，鳌鱼峰眺天海。由于山谷地形的原因，有时西海云遮雾罩，白鹅岭上却青烟缥缈，道道金光染出层层彩叶，北海竟晴空万里，人们为云海美景而上下奔波，谓之“赶海”。

更神奇的是，由于雾的存在，有时在黄山，还能看见宝光的现象。当太阳升起或落下去时，站在玉屏楼旁或北海宾馆前的山顶上，太阳对面的山谷又正好有云雾，这时阳光将你的身影投射在雾幕上，你便出现在七彩光环之中，你动影也动，你停影也停，犹如“仙人”一般。

由于云雾的多变，使美丽的黄山风景永远没有重复的时候。飞来石、鹦哥石、孔雀石、天鹅石、石猴观海，云雾烘托，惟妙惟肖。云雾中，迎客松、接引松、竖琴松、飞龙松、梦笔生花。自然精灵，苍劲坚忍；云开雾散，人字瀑、百丈泉、翡翠池、高山天池，清粼欲滴，秀色可餐。光帚破晓、云海日出、东海之波、西海晚霞，神功造化，如梦如幻。这云雾，时而一片汪洋，时而推波涌浪，时而像奔泻千里的急流，时而似悬挂山涧的瀑布，没有一刻消停的时候，把黄山点缀得美轮美奂。

(7)庐山云雾

庐山，位于江西北部、九江之南，北傍长江水，东临鄱阳湖。庐山最高峰——汉阳峰海拔1474m，故有毛泽东“一山飞峙大江边，跃上葱茏四百旋”的佳句。庐山处于中国亚热带东部季风区域，具有明显的山地气候特征。其气候的一大特点是常年多雾，年平均雾日为190天左右。“一雨百瀑匡庐山，一峰千态匡庐云”变幻莫测的庐山云雾令游人陶醉。

清晨，站在庐山上，如果是晴天，庐山清秀的景色历历在目。只见，山峰如翡翠，屋顶似珊瑚，红绿相间，绚烂夺目；可是，转瞬间，山峰、屋顶全隐没在一片云海之中。一阵阵云雾飘荡起来，使你置身在云雾之间。浓云如烟雾把一切都淹没了，淡云似薄纱，飘然过来。有时，一股云流顺着陡峭的山峰倾注到山谷之中，好像一条瀑布，这就是庐山有名的“瀑布云”。

庐山是一座两侧受大断裂挟持而起的块垒式断块山，由于地质构造上的特点，庐山山峰多为断崖陡壁，峡谷深幽，好像用刀切成。山谷纵横交错，山峰之间常常云雾缥缈，变幻莫测。特别是春夏之交，云雾迷漫，经常见到云海奇观，云层往往比山峰还低得多，只见白云绕山，山峰好像海中的岛屿，给庐山增添了无限景色。

庐山很多地方都可以观云赏雾。而最具诗情画意的观赏点有“含鄱口”和“龙首崖”两处。

含鄱口在庐山牯岭之南约6km处，它如同张开的巨口衔住正对着的鄱阳湖，因此而得名。含鄱口的含鄱岭上，有一座雕梁画栋的方形楼台，名为“望鄱亭”。此亭既是看日出的好处所，又是观云雾的理想地。常有阵阵浓云从汉阳峰上瀑布般倾泻而下，须臾之间就幻化成茫茫云海，将远水近山遮得严严实实。而当一阵山风吹来，云开雾散，又现出湖泊、田野，恰如在天上俯瞰人间。

龙首崖位于牯岭西南，与文殊台、大天池毗邻。它绝壁千丈，一块巨石似龙首伸出壁外，像是正欲腾云而去，故得名。在这里，时而大片大片的白絮从深谷中浮升起来，周边峰峦树木瞬间随之隐去，龙首崖如一条蛟龙在云海中漂游；时而一团一团的云朵紧贴着崖壁，静静歇息，俨如石壁绽放的花朵；风吹来，翩翩起舞，似在幽幽峡谷中向龙首崖献艺致敬。

庐山云雾，婀娜多姿、妙趣横生，来去匆匆、含情脉脉。当你兴致勃勃尽情赏景时，忽地一阵云雾不知从何处升腾起来，迅疾拉开一张巨大的幕布，变魔术般把美景全然遮住。而就在你为此而惋惜甚至哀怨时，一阵清风刮过，又是江天一览、美景再现，令人称奇叫绝。也有一些时候，它们久久不肯散去，给你留下一些遗憾。

庐山的云雾不仅吸引着国内外游人，而且是科学工作者研究云雾的好场所。庐山是个自然形成的大雾室，中国气象科学研究院在这里建立了云雾观测站，研究成云降雨的规律，还进行了驱雾催化的实验。

复习思考题

1. 比较地中海气候与季风气候；大陆气候与海洋气候；山地气候与高原气候的异同?
2. 我国夏季最高气温为什么出现在西北内陆地区，而不出现在华南地区?
3. 山地旅游气候资源有哪些特色? 是否都对人体有益? 为什么?
4. 如何利用各地旅游气候资源?
5. 我国有哪些避寒度假旅游地? 其特色是什么?
6. 夏季避暑选择什么地方好? 为什么?
7. 闷热日的气象指标是什么?

第 10 章　林区旅游气候资源

古代，人类走出了森林，经过千百年的奋斗，创造了今天的文明与繁荣，但是，随着生产的发展，社会的进步，带来了环境恶化，损害了人类健康。20 世纪末，人类社会又出现了“回归自然，返璞归真”的热潮。生态旅游成为当今世界的旅游热点，越来越多的人认识到 21 世纪是生态旅游世纪，是未来旅游的方向。这意味着，许多人将重返大自然，重新走进森林。

人口学家、医学家、生物学家、环境生态学家提出了一个新理念：人类健康状况的好坏，寿命的长短与居住地物种数量的多少呈正相关。居住地物种数量越多，则越健康长寿。森林里植物种类多，有乔木、灌木、草木、地衣；森林里动物数量也多，有鸟、兽、昆虫等及众多的土壤微生物，森林里的物种多样性说明森林是人类生存的理想环境。

森林除了物种丰富外，还具有许多环境优势。例如森林植物释放的植物精气可以杀菌，于人体健康有益；森林里空气负离子含量高，有益于人体身心健康；森林小气候优越；大面积森林可以涵养水源、保持水土、调节气候，林区气候舒适宜人，被视为宝贵的旅游资源。我国林区面积大，旅游气候资源极为丰富。这里仅以笔者对我国已经旅游开发的林区的旅游气候资源研究为例，介绍几个森林公园的旅游气候资源。

10.1　张家界的气候资源

张家界位于湖南省西北部的原大庸市（现称张家界市，这里仍用其原称）境内，是我国第一个森林公园——张家界国家森林公园所在地，距大庸市区 32km，海拔 300～1334m。土地面积 4810hm^2（含国营张家界林场和张家界、袁家界两个代管村），森林公园的面积为 2800hm^2，已基本建成景区的面积为 2467hm^2。据 1989 年森林资源清查资料记载，张家界的森林覆盖率为 80.1%，张家界国家森林公园内的森林覆盖率高达 98%。

张家界国家森林公园的前身是 1958 年建立的国营张家界林场。1982 年国家计委批准成立张家界国家森林公园。1984 年湖南省林业厅批准将附近的张家界和袁家界两个村划给森林公园代管。1989 年湖南省批准成立武陵源风景名胜区，张家界国家森林公园便成为武陵源的园中园，归湖南省林业厅管理。

张家界的气候资料列入表 10-1 和表 10-2。由表 10-1 和表 10-2 得知，张家界气候温和，四季分明，冬无严寒，夏无酷暑，气温年、日差较小，最热月出现在 8 月；降水充足，雨热同季，空气相对湿度大，云雾多，日照少，静风多，风速小，无霜期长，自然灾害少，具有亚热带湿润季风气候区域内典型的山地气候特征。

表 10-1　张家界各气象要素逐月平均值(1987—1989 年)

月份	气温(℃)					降水		雾日(天)	霜日(天)	日照时数(小时)	空气相对湿度(%)
	月平均	平均最低	平均最高	绝对最低	绝对最高	降水量(mm)	降水日(天)				
1	3.2	0.9	7.9	-4.5	16.3	30.4	9	9	15	33.4	85
2	3.3	2.0	7.6	-4.5	22.1	53.0	11	10	15	33.2	80
3	6.3	3.2	11.1	-1.9	19.9	52.6	16	17	7	22.1	87
4	12.5	8.5	20.5	0.6	31.5	57.0	9	9	—	110.3	85
5	16.8	13.9	21.5	8.8	32.6	229.6	19	14	—	52.8	90
6	19.6	16.4	25.7	7.7	31.9	164.0	14	11	—	81.1	91
7	20.2	19.3	27.2	16.9	36.4	209.9	17	16	—	95.0	90
8	23.2	19.6	28.4	15.7	33.7	182.8	11	10	—	73.7	89
9	19.2	15.5	25.6	9.0	30.5	100.5	11	6	—	98.4	99
10	14.4	11.0	19.6	3.4	29.4	97.4	11	7	—	90.9	81
11	9.9	5.8	13.6	-3.5	21.9	29.6	6	7	1	66.7	78
12	4.9	1.4	10.6	-3.5	20.4	21.7	5	9	3	52.2	82
全年	12.8	9.8	18.3	-4.5	36.4	1228.5	139	125	42	809.8	85

表 10-2　1987 年张家界的风向风速

月份	风向频率(%)									风速(m/s)							
	E	SE	S	SW	W	NW	N	NE	C	E	SE	S	SW	W	NW	N	NE
1	4	12	11	2		3	1	2	65	2.5	2.7	4.2	4.0		4.7	2.0	2.0
2	3	5	3			4	9	9	69	2.7	4.5	5.0	6.0			3.8	2.3
3	3	2	9	2		1	6	12	65	4.0	4.0	4.5	6.0		3.5	4.7	2.4
4	1	10	4	1		1	3	10	70	4.0	5.8	5.5	4.7		6.0	4.0	3.3
5	2	3	6	3		2		6	78	2.0	4.0	4.0	6.0		6.0		2.7
6	4	7				1	3	5	79	4.0	5.0		8.0		3.0	4.0	2.4
7	2	5		1		2		1	89	2.0	4.8				4.0		2.0
8	3	8	4	1		1	2	6	76	2.0	3.4	4.0				5.0	2.0
9	1	8	1			2	1	1	86	4.0	3.4	2.0			4.0	2.0	2.0
10	2					2		6	90	4.7					2.0		4.3
11		18		1		2		3	76		2.4		4.0		2.0	2.0	2.0
12		14				5			81		2.3				2.4		
全年	2	8	3	1		2	2	5	77	2.7	3.5	2.4	3.2		3.1	2.1	2.3

张家界位于武陵山脉中段，四周有高山屏障，境内山峰林立，溪流纵横，地形复杂，高度差异大，光、热、水资源再分配状况明显，气候垂直变化大。

10.1.1 光能资源

(1)太阳辐射

采用左大康经验公式计算出大庸市各月的太阳总辐射月总量和年总量。根据1986年5月小气候观测时得到的张家界境内金鞭溪(代表谷地)和黄石寨(代表台地)与大庸市太阳总辐射总量的百分率，计算得到张家界境内谷地和台地太阳总辐射年总量为3.28GJ/m^2和4.17GJ/m^2，其逐月分布见表10-3。由表10-3可见，张家界境内的太阳辐射分布是台地多、谷地少，夏季多、冬季少，8月最多，12月最少。海拔500m左右的谷地太阳总辐射年总量为3.28GJ/m^2，8月的月总量为0.45GJ/m^2，12月的月总量为0.15GJ/m^2。海拔1000m左右的台地得到太阳总辐射比谷地多21%，其年总量为4.17GJ/m^2，8月的月总量为0.57GJ/m^2，12月的月总量为0.18GJ/m^2。生长期内的太阳总辐射总量谷地为2.81GJ/m^2，台地为3.57GJ/m^2，均为全年的85.7%。

表10-3 张家界的太阳总辐射逐月分布情况(GJ/m^2)

地点	1月	2月	3月	4月	5月	6月	7月	8月	9月	10月	11月	12月	全年
大庸	0.20	0.22	0.28	0.36	0.42	0.49	0.58	0.58	0.40	0.31	0.23	0.19	4.26
沟谷	0.16	0.17	0.21	0.27	0.32	0.38	0.45	0.45	0.30	0.24	0.18	0.15	3.28
台地	0.20	0.21	0.27	0.35	0.41	0.48	0.57	0.57	0.39	0.30	0.23	0.18	4.17

植物进行光合作用时吸收的光谱范围是0.38～0.71mm，这与可见光的波长十分接近。可见光约占太阳总辐射的50%，可以近似地将它作为光合有效辐射。因此，张家界境内，谷地的光合有效辐射年总量为1.64GJ/m^2，生长期内的年总量为1.40GJ/m^2；台地的光合有效辐射年总量为2.08GJ/m^2，生长期内的光合有效辐射年总量为1.79GJ/m^2。张家界台地的太阳总辐射年总量略高于四川重庆(3.49GJ/m^2)和贵州遵义(3.48GJ/m^2)；谷地的太阳总辐射年总量比四川重庆和贵州遵义分别少0.21GJ/m^2和0.2GJ/m^2。

(2)日照时数和日照百分率

根据地理位置计算，张家界的年可照时数应是4425小时，用遮蔽图测算出来的可照时数是1306.7小时，而张家界气象站1987—1989年实测的平均年日照时数仅809.9小时，比全国低日照区四川的峨眉还少137小时。1987年7月，研究人员在张家界用经纬仪测绘出9个点的地形地物遮蔽图，按所在纬度制作各月的太阳轨迹，求出各测点各月的月平均日可照时数，列入表10-4。

由表10-4可知，黄石寨、腰子寨、袁家界等山顶台地是张家界可照时数最多的地方，日平均12小时，是公园内观赏日出、日落的理想场所，同时具有一定的农业生产潜力。坡地夫妻岩和花溪峪平均日可照时数8小时以上，生长期内可达10小时以上。谷地金鞭溪的平均日可照时数仅3.58小时，是张家界境内日照最少的地方，也是全国日照最少的地方之一。

表 10-4 张家界各测点月平均可照时数(小时)

测点	时间	1 月	4 月	7 月	10 月	平均	占空旷地(%)
黄石寨*	日出	6.75	5.58	5.13	6.29		
腰子寨	日落	17.25	18.42	18.87	17.71	12.12	100
朝天观	可照时数	10.49	12.84	13.74	11.42		
	日出	9.10	7.64	7.80	8.09		
南天门	日落	14.92	14.74	14.50	15.17	6.68	55.1
	可照时数	5.82	7.10	6.70	7.08		
	日出	8.58	6.90	6.40	7.64		
花溪峪	日落	13.44	17.10	17.50	14.63	8.29	68.4
	可照时数	4.86	10.20	11.10	6.99		
	日出	7.90	6.36	6.50	7.30		
夫妻岩	日落	14.51	16.00	16.10	15.70	8.51	70.2
	可照时数	6.61	9.64	9.40	8.40		
	日出	8.83	8.20	8.38	7.82		
杉林幽径	日落	14.80	14.33	14.14	14.57	6.27	51.7
	可照时数	6.42	6.13	5.76	6.75		
	日出	10.93	10.20	9.64	10.64		
金鞭溪	日落	13.45	14.44	14.40	13.44	3.58	29.5
	可照时数	2.52	4.24	4.76	2.79		
	日出	8.67	7.66	7.73	8.22		
锣鼓塔	日落	12.37	15.80	16.53	12.60	6.26	51.6
	可照时数	3.70	3.14	8.80	4.38		

注：*大庸市与黄石寨等地日出日落时间差不超过 0.03 小时。

谷地不仅日照时数少，而且日照百分率低，金鞭溪的年日照百分率为所在测点的 62%，为同纬度开阔地的 18%。地形遮蔽和森林覆盖使谷地的日照减少了 71%，云雾水汽又使其减少了 11%，因此张家界境内沟谷地的日照百分率只有 18%，比四川和贵州的少日照地区还要低 3%~5%，成为全国日照百分率最低的地区。

(3)光照强度

1986 年 8 月和 1988 年 7 月，我们在张家界进行了为期 3~5d 的光照强度观测，以对照点大庸市空旷地的日平均值 19806lux 为 100%，其余各测点的相对值列入表 10-5。

表 10-5 张家界各测点的光照强度(%)

项目	黄石寨	南天门	夫妻岩*	锣鼓塔	花溪峪	腰子寨	大庸市
空旷地	96	42	93	92	70	57	100
林冠下	69	23	28	27	44	11	36

注：*夫妻岩的对照点设在田家台。

由表 10-5 得知，张家界境内空旷地的光照强度比大庸市小 4%~58%，林冠下的光照强度比大庸市的空旷地小 31%~89%。林冠郁闭度越大，地形越闭塞，光照度强差异越大。

综上所述，张家界的太阳辐射总量小，日照时数少，日照百分率低，光照强度小，光能资源不足，对喜光作物生长不利，对杉木、香果等多种耐阴林木生长有利；但由于境内地形复杂，台地和谷地的光能资源差异大，台地和向阳坡地的光能资源能满足果树、茶叶、红薯、玉米和多种蔬菜及菌类生产，并利用农林业资源发展牲畜家禽等养殖业，力争蔬菜、副食自产自销。日照少，使张家界的奇峰异石、深沟狭谷显得更加幽静深邃而神秘，提高了景观的朦胧感和美景度，给旅游者增添了情趣。也减免了旅游者的日晒之苦，日照少对发展当地的旅游业十分有利。

10.1.2 热量资源

(1)年平均气温和气温年、日较差

根据张家界气象站1986—1990年资料，张家界年平均气温12.8℃，比附近的慈利、大庸低3.8℃，与河北的石家庄、山东的德州相等，年平均气温偏低程度相当于纬度北移8°多，可以说张家界是湖南西北部的一个“冷岛”。1月最冷，月平均气温3.2℃；8月最热，月平均气温23.2℃，气温最高月份与光能最多月份一致。气温年较差20.0℃，比附近的慈利和大庸分别低2.9℃和2.7℃。全年气温平均日较差7.8℃，比附近的慈利和大庸分别低0.7℃和0.5℃(表10-6)。从表10-6看出，张家界的气温日较差4月最大为12.0℃，1月最小为7.1℃。1月的平均日较差与福建沿海相似，4月的日较差与烟台近似，7月与昆明、大连相似，10月与大连、天津、上海接近。气温年、日较差小，与沿海地区相近，说明张家界气候温和，具有明显的海洋性特征。

表10-6 张家界与附近地区气温比较(℃)

地点	年平均气温	年较差	平均日较差				
			1月	4月	7月	10月	全年
张家界	12.8	20.0	7.1	12.0	7.8	8.7	7.8
大庸	16.6	22.7	7.4	8.7	9.1	8.8	8.3
慈利	16.6	22.9	7.9	8.9	9.1	9.1	8.5

(2)最高气温和最低气温

1986年建立气象站后观测到的平均最高气温18.3℃，极端最高气温36.4℃，出现在1988年7月20日；平均最低气温9.8℃，极端最低气温-4.5℃，出现在1988年1月27日和2月17日。根据附近气象台站的历史资料推算，张家界的极端最高气温应该是39.5℃，出现在1971年7月26日，比著名避暑胜地——承德避暑山庄的极端最高气温低2.0℃；极端最低气温应为-12.7℃，出现在1977年1月30日。极端最低气温比附近的慈利和大庸分别高2.8℃和1.0℃，与福建九仙山相似。气温极端值亦说明张家界夏季比外界凉爽，冬季比外界暖和。

(3)四季划分

按照候平均气温低于10℃为冬季，高于22℃为夏季，10~22℃之间为春、秋季的划分标准，张家界四季长短不一，冬季长145天，夏季短仅61天，春秋季分别为89

天和 70 天(表 10-7)。张家界冬季虽长达 145 天，但日平均气温低于 0℃的日数平均只有 3 天，日平均气温高于 0℃的保证率达 99%，可以说张家界冬无严寒。

表 10-7　张家界的候温季节划分

项目	春	夏	秋	冬
起始期(日/月)	2/4	30/6	30/8	8/11
终止期(日/月)	2/6	29/8	7/11	1/4
持续期(d)	89	61	70	145

张家界的夏季不仅历时短，而且气温低，凉爽宜人。夏季日平均气温高于 30℃的日数为 0，日最高气温高于 30℃的日数为 26 天，高于 35℃的日数为 0. 3 天。夏季日平均气温低于 30℃的保证率为 100%，日最高气温低于 30℃的保证率为 93%，日最高气温低于 35℃的保证率达 99. 9%。

(4)无霜期与生长期

张家界 11 月 27 日初霜，3 月 5 日终霜，霜期 99 天，霜日 32 天，无霜期 266 天。张家界 3 月 9 日日平均气温稳定通过 5℃，12 月 1 日稳定终止 5℃，植物生长期 268 天，与无霜期几乎等长。生长期内大于等于 5℃的活动积温为 4521. 0℃，有效积温 3186. 0℃；日平均气温 4 月 15 日稳定通过 10℃，11 月 6 日稳定终止 10℃，活跃生长期 206 天，活跃生长期内的活动积温 4055℃，有效积温 1940. 7℃，生长期长，生长期内的积温高，说明张家界的热量资源充足，丰富的热量资源可以补偿一些光能资源的不足，对植物生长发育有利。

(5)气温随高度的分布

在锣鼓塔—南天门—黄石寨一线，夏季晴天，海拔 800m 以下的沟谷坡地日平均气温高于 24. 0℃，800m 以上的山坡台地日平均气温则低于 24. 0℃。据 1984 年 7 月和 1988 年 7 月观测，在张家界境内，海拔越高，森林越密集的地方，气温越低(表 10-8)。由表 10-8 可见，在锣鼓塔—南天门—黄石寨一线坡地夏季晴天日平均气温高于 24. 0℃，海拔 800m 以上气温低于 24. 0℃。夏季晴天张家界的气温比外界的大庸市低 5. 5 ~ 7. 5℃，阴天低 3. 9 ~ 6. 2℃。夏季晴天，大庸市上午 10 时后气温便上升到 33℃以上，到下午 7 时开始降温，持续时间达 9 小时之久，其中 35℃以上的高温持续 5 小时以上，而张家界境内的气温终日保持在 30. 0℃以下，比大庸凉爽舒适。

表 10-8　张家界各测点日平均气温与外界比较(℃)

观测点	黄石寨	南天门	大岩屋	杉林幽径	金鞭溪	锣鼓塔	大庸市	夫妻岩	朝天观	腰子寨	花溪峪
海拔(m)	1082	950	800	730	600	600	245	770	1250	1000	870
晴天	23. 4	23. 9	24. 4	24. 2	24. 2	25. 0	30. 5	23. 9	24. 1	23. 0	24. 8
阴天	19. 4	19. 7	20. 6	20. 6	20. 6	21. 7	25. 6	—	20. 1	—	20. 6

一般山地海拔每升高 100m，气温平均降低 0. 5℃，经海拔高度订正后，张家界各测点的日平均气温如表 10-9 所示。表 10-9 说明，良好的森林环境夏季晴天可使日平均气温降低 4℃，中午气温可降低 10℃左右。

表10-9 经海拔高度订正后张家界各景点的日平均气温(℃)

观测点	黄石寨	南天门	大岩屋	杉林幽径	锣鼓塔	大庸市	夫妻岩	朝天观	花溪峪	腰子寨
气温	27.6	27.4	27.2	26.6	26.8	30.5	26.5	29.4	27.9	28.6
与大庸差	-2.9	-3.1	-3.3	-3.9	-3.7	0	-4.0	-1.1	-2.6	-1.9

夏季张家界的森林环境中，150cm以下全天存在逆温。逆温强度一般超过1℃，最大可达4.4℃，最大强度出现在14时左右，其日变化与气温相似。这种逆温结构使空气静稳，有益于人体身心健康。空气静稳，使张家界林木生长迅速、树干通直、出材率高、材质好。

10.1.3 水分资源

降水量、干燥度和空气相对湿度是说明一个地方水分状况的重要因素，张家界降水充足，空气潮湿，水分资源丰富。

(1)降水量

湘西北是我国的多雨地区，年降水量一般在1300mm以上，而张家界多年平均降水量为1228.5mm，比周围的慈利、大庸和桑植分别少176.2mm、153mm和198.8mm，是多雨地区中的相对少雨区。一日最大降水量140.8mm，比上述地区分别小108.5mm、45.1mm和34.5mm。降水量比周围少，降水强度比周围小的主要原因有三：一是周围有群山环绕；二是本区属砂岩峰林地貌；三是有逆温存在。在这些因素的影响下，空气静稳，扰动少，对流不易发展，降水量减少。

(2)降水量的分布

张家界各月均有降水，但降水量的季节分配却不均匀。全年以5、6、7、8月最多，各月降水量均在100mm以上，其中5月降水量达229.6mm，居全年之冠，2月降水量最少，仅21.7mm。按统计季节分配，春季降水量339.2mm，占全年的28%；夏季556.7mm，占全年的45%，是全年降水量最多的季节；秋季降水量227.5mm。占全年的19%；冬季105.1mm，占全年的8%，是全年降水量最少的季节。生长期内的降水量约占全年的90%。雨热同季，对发展农林业生产有利。降水量的年际变化较小，其绝对变率为-201.3mm和289.5mm；相对变率为-16%和24%。降水变率说明张家界的旱涝灾害少，洪涝重于干旱。

(3)降水日数

张家界平均年降水日数139天，比周围的慈利、大庸和桑植分别少4.6天、15.5天和16.9天。春、夏、秋、冬四季分别为44天、42天、28天、25天，春季降水日数最多，约占全年的32%。大雨和暴雨日数13天(其中雷暴2.6天)，出现季节分散在4~11月期间。一次最长连续降水日数为15天。降水量和降水日数的逐月分布见图10-1。

(4)降雪和积水

张家界秋末开始降雪，平均每年降雪5.3次，最少2次，最多8次，冷冬年份有鹅毛大雪，一次最长连续降雪日数为7天，1989年11月17日和18日夜间出现过雪

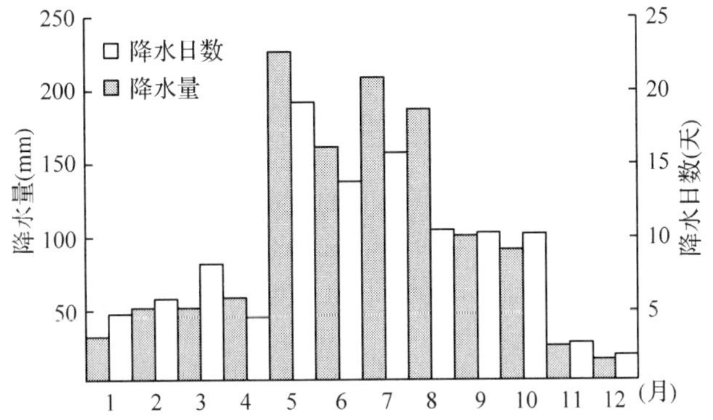

图 10-1　张家界的降水量、降水日数逐月分布图

暴。冬季有冰冻，一次最长连续积冰日数 17 天，多为薄冰。

(5) 干燥度

根据通常使用的干燥度计算式，求得张家界的干燥度为 0.64。按照干燥度 < 1 时，干燥级别为湿润的划分标准，张家界属于湿润地区。

(6) 相对湿度和云雾

张家界多年平均相对湿度为 85%，6 月最大，为 91%；11 月最小，为 78%。湘西北是我国空气相对湿度最大的地区之一，而张家界的空气相对湿度比附近的慈利、大庸大 10% 左右，比四面临海的台湾还大 3%。究其原因，主要有三：一是湘西北天上降水充沛，地上水系发达，空气中水汽来源充足；二是张家界地势高，气温低，水汽容易凝结；三是张家界境内庞大的森林植物群落不断蒸腾，大量水汽进入空气。

雾是飘浮在低层大气中的水汽凝结物，雾抬升后为云。张家界一年四季有雾，年平均雾日 125 天，比附近的慈利、大庸和桑植分别多 95.7 天、105.1 天和 64.8 天。各月雾日分布不均，以 3、5、7 月最多，分别为 17 天、14 天、16 天，9 月最少仅 6 天。张家界的雾在山上看是雾，在山下看则是云。由于常年有云雾，当地群众习惯用云雾判断未来天气，“有雨山戴帽，无雨山缠腰”就是当地的天气谚语。意思是山顶云雾笼罩预示有雨，山腰云雾缠绕预示雨过天将转晴。空气相对湿度大，云雾多，进一步说明张家界具有湿润气候特征。

张家界虽然光能资源较少，但热量资源充足，水分资源丰沛，而且光、热、水的丰值期同步，形成了极为丰富的旅游气象资源和农业气候资源。只要保护这些气候资源不受到破坏，它一直可以利用，永不枯竭。

10.1.4　气候资源的利用

①张家界地形复杂，景观奇特，森林覆盖率高，气候温和，降水充沛，相对湿度大，日照少，风速小，云雾多，气温垂直变化大，天气现象美丽多姿，空气清新，具有典型的山地气候特征，舒适宜人。旅游季节长，是人们休憩疗养、避暑消夏、科学考察、探奇览胜的理想场所，旅游气候资源极为丰富。

②张家界虽然光能资源不足，但光、热、水资源搭配合理，其丰值期又与植物生

长期同步，形成了良好的农业气候资源，适于多种动植物生长，具备发展优质、丰产、高效农业的重要基础。应当优先发展林业、林副特产品加工业和养殖业。充分开发利用森林的多种功能和综合效益，大力发展森林旅游业。充分开发利用台地、坡地的生产潜力，种植茶叶、高山蔬菜和果树。

③独具特色的砂岩峰林地貌，葱郁茂盛的森林植被是形成张家界优越气候的重要因素之一，保护森林是保护张家界气候资源和自然景观的重要途径。在开发利用张家界气候资源、创造高效益的同时，一定要切实保护好森林植被，以求对气候资源的永续利用。

10.2 桃源洞的旅游气候资源

桃源洞国家森林公园①(以下简称桃源洞，为便于区别，将桃源洞山区气候站按其站址所在地的村名简称为桃源村)现已改名为神农谷国家森林公园，位于湖南炎陵县②，由桃源洞自然保护区、国营炎陵县皮坑林场的一部分和炎陵县十都乡的桃源洞村组成，位于罗霄山脉中段井冈山西坡湖南炎陵县东北部，北面、西面与江西接壤，距炎陵县县城45km。地理坐标：北纬26°30′30″~26°32′00″，东经114°03′45″~114°07′30″，海拔高度420~1834m，相对高差1414m。整个地势由东南向西北倾斜，东南地势高耸、开阔，西北山峦重叠、沟谷深邃，地势险峻。境内植被属中国中亚热带常绿阔叶林地带，垂直分布明显，森林覆盖率90%，原保护区境内有大院(海拔1325m)和桃源村(海拔814.6m)两个山区气候站。为了说明森林公园气候特征，选取炎陵县县站为对照站。自然保护区管理局设在海拔620m的楠木坝。各气候站的基本情况如表10-10。

表10-10 各气候站的基本情况表

站 址	地理位置	海拔高度(m)	局部地形	备 注
炎陵县城	26°30′N，113°47′E	224.3	盆地	对照站
桃源村	26°30′N，114°02′E	814.6	山间台地	公园内中低山地
大院	26°27′N，113°59′E	1325.0	山间台地	代表公园内同等高度地段

10.2.1 光能资源

(1)太阳辐射

从1958—1981年大院山区气候站资源看出，大院、平坑等海拔1350m左右山地的太阳年总辐射量为367.02×10^7MJ/cm^2，比县城少73.59×10^7MJ/cm^2，与四川盆地、两湖盆地这两个我国年总辐射低值中心的年总辐射量相似。炎陵县、大院年总辐射逐日分布见表10-11。表10-11说明，桃源洞境内的太阳总辐射年变化规律是夏季大、冬季小，春秋季适中，且春季略高于秋季。全年7月最大，1月最小。森林公园与炎陵县县城的太阳总辐射夏季大、冬季小。

---

① 桃源洞国家森林公园2005年更名为神农谷国家森林公园。

② 酃县于1994年4月由国务院批准，更名为炎陵县。

表 10-11　森林公园内外的太阳总辐射分布($10^7 MJ/m^2$)

月份	炎陵县城	大院	差值	月份	炎陵县城	大院	差值
1	23.32	25.72	-2.40	8	52.29	37.79	14.50
2	23.74	21.53	2.21	9	42.13	26.63	15.50
3	28.22	25.08	3.14	10	35.45	32.02	3.43
4	35.49	31.89	3.60	11	29.01	26.13	2.88
5	40.96	36.95	4.01	12	24.01	20.73	3.28
6	45.73	37.41	8.32	全年	440.61	367.02	73.59
7	60.19	45.14	15.05				

太阳总辐射随高度分布规律是海拔升高，总辐射增大；桃源洞境内由于地形遮蔽，植物阻挡，云雾水汽多，雨日多等因素影响，出现了海拔升高，年总辐射显著减少的现象。这又是森林公园内气候凉爽的重要原因。

(2)日照时数

根据山区气候站观测，桃源洞的年日照时数为 1215.0~1553.2h。县城、桃源村、大院三站的日照时数列入表 10-12。

表 10-12　森林公园内外的日照时数分布(小时)

月份	炎陵县城	桃源村	大院	月份	炎陵县城	桃源村	大院
1	75.5	67.1	73.6	8	198.9	152.2	169.1
2	61.9	43.8	66.1	9	153.3	90.2	110.2
3	73.0	45.6	61.2	10	135.6	120.2	165.7
4	96.6	89.5	112.7	11	121.2	110.3	166.8
5	114.5	94.6	116.2	12	97.2	74.2	143.3
6	140.5	123.5	140.5	全年	1503.5	1215.0	1553.2
7	229.2	203.6	227.7				

由表 10-12 看出，桃源洞及其邻近地区日照时数年份分布规律是 2、3 月最少，7 月最多。

桃源村海拔处于炎陵县县城和大院之间，但年日照时数比低海拔的县城少 288.5 小时，比高海拔的大院少 338.2 小时，这主要是地形遮蔽所致。

(3)日照百分率

桃源村的日照百分率仅 27%，比县城低 7%，比大院低 8%，一年之中，7 月最大为 48%，3 月最小仅 12%，详见表 10-13。

表 10-13　森林公园内外的日照百分率表(%)

月份	1	2	3	4	5	6	7	8	9	10	11	12	全年
炎陵县城	23	20	20	25	28	34	55	50	43	38	37	30	34
桃源村	20	14	12	23	23	30	48	38	25	34	34	23	27
大院	22	21	16	30	28	34	54	42	30	46	52	44	35

桃源洞境内光能资源比外界少，对一些朦胧景观的形成、云雾茶的生产有利。对旅馆的被褥洗晒不利，旅游饭店、酒店、宾馆、招待所均应配置衣被烘干设备。

10.2.2 热量资源

(1)气温

桃源洞境内，年平均气温12.3~14.4℃，比县城低2.9~5.0℃，年平均最高气温17.4~19.5℃，比县城低3.5~5.6℃。年平均最低气温8.2~11.2℃，比县城低2.2~5.2℃。气温的逐月分布见表10-14。从表10-14看出，森林公园内外的月平均气温、月平均最高气温均是7月最高、1月最低；年平均气温和气温年较差随着海拔升高而降低和减少。这说明森林公园境内海拔越高，夏季越凉爽宜人。

表10-14 森林公园内外平均气温逐月分布表(℃)

	月份	1	2	3	4	5	6	7	8	9	10	11	12	年平均	年较差
平均气温	县城	5.9	7.5	12.3	17.7	22.1	25.1	27.5	26.7	23.4	18.2	12.6	8.0	17.3	21.6
	桃源村	3.9	6.1	9.0	15.2	18.5	22.0	23.8	22.8	20.0	14.5	10.7	6.9	14.4	19.9
	大院	2.9	4.9	8.6	13.4	16.0	19.6	20.8	20.3	17.2	11.2	7.4	5.2	12.3	17.9
平均最高	县城	11.2	12.5	17.6	23.3	27.4	30.5	34.1	33.1	29.5	24.6	18.9	13.8	23.0	
	桃源村	7.8	10.3	13.6	20.5	23.5	27.3	29.7	27.9	24.3	20.4	16.7	12.4	19.5	
	大院	3.4	9.5	13.1	17.8	20.6	23.8	25.8	23.0	21.6	17.2	15.2	12.4	17.4	
平均最低	县城	2.3	4.2	8.7	13.8	18.3	21.4	22.8	22.6	19.5	13.9	8.5	4.2	13.4	
	桃源村	1.5	3.1	6.0	11.3	15.1	19.1	19.8	19.5	17.2	10.7	6.9	3.7	11.2	
	大院	-0.2	1.5	4.7	9.4	12.2	15.6	16.1	15.8	13.8	6.7	2.4	0.7	8.2	

图10-2说明森林公园内各处全年各月的气温均低于县城；森林公园内外的气温差异夏季大，冬季小，春季最小，其原因主要是地形遮蔽所致；森林公园内春季气温高，回暖快，易形成春花烂漫的季相；可增添山野景色，吸引游客，对春游有利。

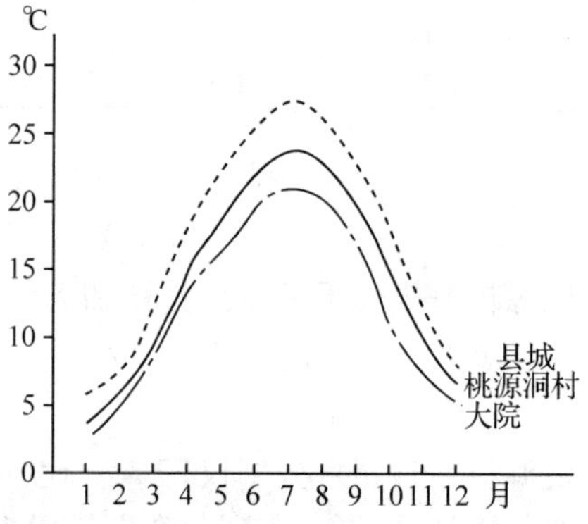

图10-2 桃源洞森林公园内外气温年变化曲线

森林公园内外的气温日较差大小随季节而异。低海拔的县城，夏季最大，秋季次之，春季较小，冬季最小，1月可达12.7℃，春季次之，4月10.5℃，10月11.0℃，夏季最小，7月8.0~9.8℃。森林公园夏季日较差小的原因主要是在森林庇护下，白天气温低，日最高气温低。这进一步说明了桃源洞森林公园夏季气候凉爽宜人。

桃源洞森林公园内外的气温年变化曲线，桃源村的极端最高气温34.5℃，出现在1990年8月16日，大院的极端最高气温29.4℃，出现在1991年7月17日，县城的极端最高气温 38.5℃，出现在 1971 年 7 月 26 日和 1979 年 7 月 28 日。森林公园境内的极端最高气温低于县城，进一步说明了桃源洞国家森林公园境内夏无酷热，是避暑消夏的理想去处。

桃源村的极端最低气温 -9.0℃，大院的极端最低气温 -11.4℃，县城的极端最低气温 -9.3℃，均出现在 1991 年 12 月 29 日。冬季桃源村由于山体阻挡了冷空气，还没有低海拔的县城那么寒冷。这说明桃源村、焦坑一带具备建设旅游村的良好气温条件。

(2) 四季长短

按照候平均气温低于 10℃为冬季，高于 22℃为夏季，10~22℃之间为春秋季的划分标准，森林公园境内四季分明，但由于海拔和地形的不同，园内各景区的四季长短不一，起止日期差异大，详见表 10-15。

表 10-15　森林公园内外的候温季节划分

地点(海拔高度)	项目	春	夏	秋	冬
县城 (224.3m)	起始期(月/日)	3/30	5/30	9/17	11/22
	终止期(月/日)	5/29	9/16	11/21	3/19
	持续期(天)	71	110	66	118
桃源村 (841.6m)	起始期(月/日)	4/10	6/6	8/23	11/2
	终止期(月/日)	6/5	8/22	11/1	4/9
	持续期(天)	57	78	71	159
大院 (1325m)	起始期(月/日)	3/31	7/11	7/30	10/10
	终止期(月/日)	7/10	7/29	10/9	3/30
	持续期(天)	102	19	72	172

由表 10-15 看出，随着海拔升高夏季缩短，冬季增长。海拔 1325.0m 处的大院候均温高于 22℃的时间只有 19 天，比凉爽的贵州毕节仅长 4 天，比著名风景区黄山半山寺的夏天长 8 天；桃源村的夏季与黄山温泉的夏季等长，起止日期仅后延 1 天，冬季持续期大院比半山寺短 53 天，桃源村比黄山温泉长 13 天。森林公园内的夏季短，占全年的 5%~21%，春秋季节长，占全年时间的 35%~48%，这进一步说明桃源洞森林公园境内的气候舒适宜人，可与大连、青岛、烟台等许多海滨疗养胜地媲美，是我国中南地区继张家界之后又一处难得的避暑疗养胜地，是夏季受酷热困扰的湖南人民的福地，是株洲地区宝贵的自然资源，是炎陵县人民一项用之不尽的财富。

10.2.3　水分资源

(1) 降水

无论是蒙蒙细雨还是急雨如注，烟雨笼罩中，山形、树体、房舍都改换了面目，朦朦胧胧，神秘莫测；雨过天晴，云绕群峰，山石如洗，空气清新；雨丝还可以唤起游人的多种情思。因此，降水不仅是主要的气象因素，而且是具有观赏功能的自然美景之一。

①降水量　一定高度内的山地，降水量有随海拔升高而增加的规律。桃源洞国家

森林公园的这一降水特征十分明显。森林公园境内降水充沛，海拔 841.6m 的桃源村年降水量 1967.9mm，比炎陵县县城多 481.2mm，比株洲市多 550.6mm；海拔 1350m 处的平均年降水量比桃源村多 197.3mm，比炎陵县县城多 678.5mm，比株洲多 747.9mm，在当地海拔每升高 100m，年降水量增加 60.3mm，是湖南的多雨区之一。最大降水强度为 19.6mm/d，出现在 1984 年 9 月 1 日。降水量季节分配不均，4~6 月占全年的 42%，11 月至翌年 2 月仅占 11%。

②降水日数　降水日数的季节分配对旅游活动有重要影响。森林公园境内的年降水日数为 182.7~202.3 天。3 月最多(19~25 天)，10~11 月最少(7~11 天)。

森林公园内外的逐日降水量与降水日数如图 10-3 所示。

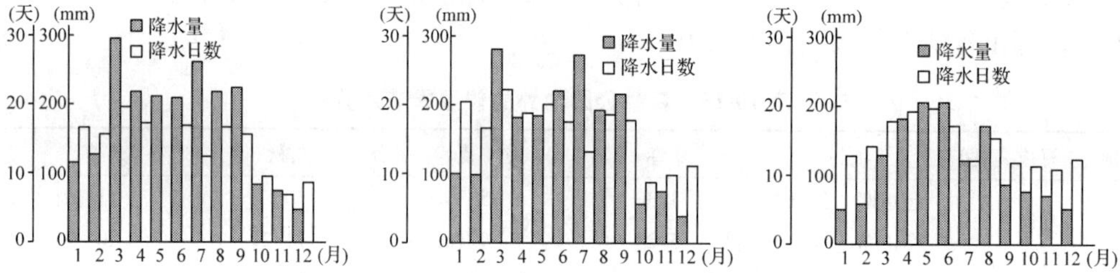

(a)　(b)　(c)

图 10-3　三地年降水量及降水日数

(a)大院年降水量及降水日数　(b)桃源村年降水量及降水日数　(c)炎陵县年降水量及降水日数

图 10-3(a)(b)(c)分别是大院、桃源村及炎陵县县城的年降水量及降水日数。可以看出森林公园境内，降水分布较均匀，全年各月均有降水，1~9 月的月降水量[图 10-3(a)(b)]占全年的 90% 以上；3 月降水最多，月降水量达到 305.0mm 和 287.0mm，分别占全年的 14% 和 15%；7 月次多，月降水量分别是 274.4mm 和 278.9mm，占全年的 13% 和 14%。图 10-3(a)(b)还可以看出，森林公园境内不仅 3 月降水量最多，而且降水日数亦是全年之冠，大院和桃源村 3 月的降水日数占全年的 10% 和 11%；7 月份降水量虽多，其降水日数与 3 月相比却比较少，只占全年的 7% 和 6%，则说明 7 月的降水强度比 3 月大，属全年之冠。

森林公园内降水充沛，季节分配均匀，降水变率较小，有利于植物生长发育，使植被丰富，景观秀丽，环境优雅；降水日数多，则雨景多，朦胧景观多，丰富了森林公园内的观赏内容，提高了观赏效果。难怪我国古诗中留下了“雨中看山也莫嫌，只缘山色雨中添”的美句。但是，降水量多，降水日数多也给旅游活动带来了诸多不便。例如，山洪暴发，暴雨成灾，交通阻隔；绵绵细雨，道路泥泞，行走不便等都会给旅游活动带来困难。有些可以通过人为措施加以改善，有些则是力不可挡，造成旅游障碍。桃源洞森林公园内暴雨日数以桃源村最少，年平均 5.7 天，分布在 6~9 月，其中 6 月 0.7 天，7 月 2.3 天，8 月 1.0 天，9 月 1.7 天。暴雨时旅游者应当随机应变，调整活动内容或旅游日程，避开这些暂时的不利影响，这样就不会影响总体旅游效果。

③降雪　雪是一种特殊降水现象，配合其他景观可以构成奇异的冰雪风光，堪称壮丽景观，招人喜爱，因此雪景富有极大的观赏价值。桃源洞森林公园的降雪集中在

冬季和初春，12 月~翌年 3 月的各月降雪和积雪天数列入表 10-16。由表 10-16 可知，桃源洞森林公园内降雪积雪天数均少，最多的桃源村年降雪天数仅 9.7 天，其中 1 月最多为 4 天。因此，要观森林公园的雪景，必须把握观赏时机，选择合适的观赏地点。时间：以 1 月机遇最多。地点：以桃源村、焦坑、皮坑一带最佳。

表 10-16　森林公园内外的降雪积雪天数(天)

地点	降雪天数					积雪天数				
	12 月	1 月	2 月	3 月	全年	12 月	1 月	2 月	3 月	全年
县城	0.8	2.7	2.5	0.2	6.2	0.2	0.8	1.4		2.5
桃源村	0.7	4.0	3.3	1.7	9.7		1.3	1.0		2.3
大院	0.7	2.0	1.7	0.3	4.7	1.3	1.0	1.0		3.3

(2)空气相对湿度

空气相对湿度是影响旅游活动的又一重要因子。空气温度与湿度的恰当组合可以形成惬意的旅游气候环境，是影响人体舒适感的主要因子之一。桃源洞国家森林公园内的年平均空气相对湿度为 86%~88%，其中 1~3 月最大为 89%~92%，10~11 月最小，为 77%~84%，逐月分布见表 10-17。由表 10-17 看出，桃源洞境内空气相对湿度全年偏大，用干燥度公式计算，其干燥度为 0.41，按我国干燥度分级标准，桃源洞属高湿地区。究其原因：一是桃源洞境内溪流众多水量大，水汽来源充足；二是森林茂密蒸散大，进入空气的水汽多。由于桃源洞境内水汽十分充沛，各海拔高处的空气湿度差异小，如图 10-4 所示。

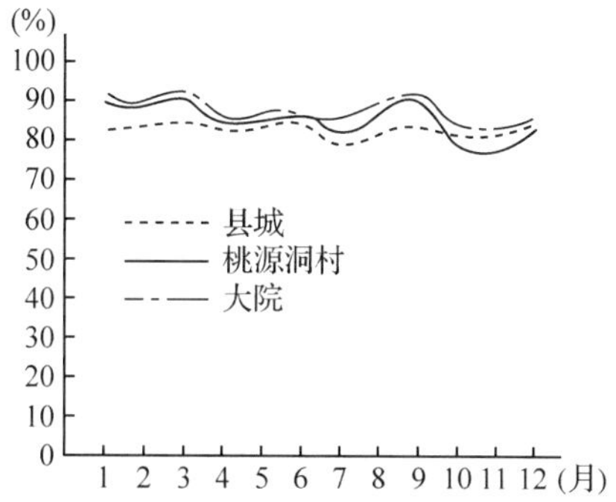

图 10-4　桃源洞森林公园内外的空气相对湿度

表 10-17　森林公园内外的空气相对湿度(%)

月份	1	2	3	4	5	6	7	8	9	10	11	12	年平均
县城	82	83	84	83	84	84	80	83	84	83	82	82	83
桃源村	90	89	91	85	86	87	81	83	91	79	77	84	86
大院	92	90	92	86	87	86	85	90	92	84	82	86	88

(3)云雾

“山无云则不秀”，山区云雾积聚，急剧流动，都会形成瞬时万变的云雾奇观，是吸引游人的一种胜景。桃源洞森林公园水汽充足，空气湿度大，云雾多。公园境内，年雾日 170.7 天，比多雾的张家界多 45.7 天，最多的 1984 年多达 200 天，比庐山还多 8 天。年内季节分配不均匀，7、8、9 月最少，月平均 6 天或 7 天，其他各月均在 15 天以上。平均 2.14 天出现一个雾日。桃源洞的云雾千姿百态，变幻莫测，是一种重要的气候景观。晴天上午，天高云淡，白云薄雾如丝如绢，缠绕在山腰，缭绕在山谷，忽而从山谷中冉冉而起，忽而从半空中轻轻掠过，飘柔多姿；雨后初晴，云雾辽阔如海，软如绵，俯瞰白云中的群山，就像大海中的群岛，白浪滚滚，上下翻腾，景色壮观；天将雨时，云雾悠忽而集，弥漫山峦，滔滔滚滚，飘飘随风，气势磅礴。在桃源洞观云雾，或仰视，或俯瞰，各有其乐。

10.2.4　风向风速

山区空气静稳，静风频率大。桃源洞森林公园内外，静风频率为60%~69%，各海拔高度的风向如表10-18、图10-5所示。

表10-18　森林公园内外的风向频率(%)

地点	N	NE	E	SE	S	SW	W	NW	C
炎陵县城	1	9	3	1	2	10	4	1	69
桃源村	4	3	1	1	1	4	9	16	62
大院	0	3	10	1	1	12	11	1	60

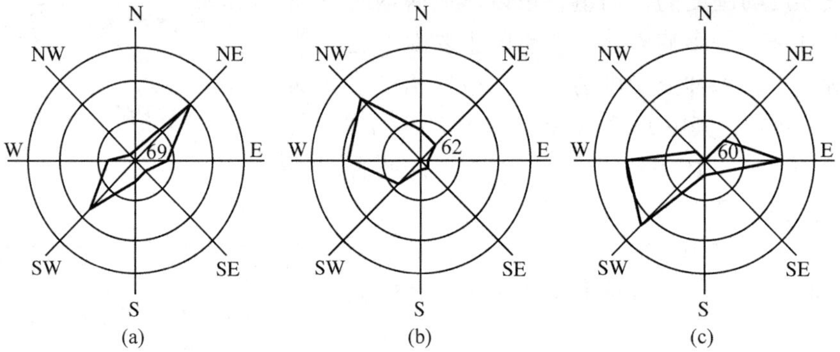

图10-5　桃源洞国家森林公园风向频率图

(a)炎陵县城　(b)桃源洞　(c)大院

桃源村静风频率62%，其他各风向频率以西北风频率最大，为16%；其次是西风频率9%；再次是西南风和北风，频率均是4%。大院多静风、西南风和西风，频率分别为6%、12%和11%。1月多东北风。各景区风向与地形有关。

森林公园内的风速小，年平均风速比园外小0.8~1.1m/s，各月平均风速见表10-19。由表10-19可见，森林公园内各月的风速小于园外，其中桃源村比炎陵县县城1月小1.3m/s，4月小1.3m/s，7月小0.7m/s，10月小0.9m/s。森林公园内由于山体阻挡，空气静稳，风力微弱，对人体健康有利。

表10-19　森林公园内外的平均风速(m/s)

月份	1	2	3	4	5	6	7	8	9	10	11	12	年平均
炎陵县城	2.0	2.1	2.0	1.9	1.8	1.5	1.4	1.4	1.7	1.8	1.9	1.9	1.8
桃源村	0.7	0.8	0.9	0.7	0.8	0.6	0.7	0.6	0.6	0.9	0.9	1.0	0.7
大院	0.8	0.9	1.0	1.3	1.0	1.0	1.5	0.8	0.9	1.0	1.0	0.9	1.0

10.2.5　旅游的气象气候障碍

冷、热、干、湿、风、云、雨、雪等要素虽有直接造景功能，但其中的严寒、炎热、台风、寒潮、冰雹、灾害性雷暴雨等天气现象，不仅无造景功能，反而会破坏自然景观，阻碍旅游活动。桃源洞国家森林公园的旅游气象障碍主要是冰冻，其次是暴雨和洪涝。

①冰冻　冰冻是一种破坏性极大的灾害性天气，根据 1958—1981 年 24 年统计资料炎陵县几乎年年有冰冻，出现时间 12 月~ 翌年 2 月。海拔 1325m 处的最长持续时间 36 天。一般山区的冰冻强度大，持续时间长。冰冻期间，天冷路滑，行车困难，妨碍旅游，应特别注意旅游交通安全。

②暴雨洪涝　按国家气象局的降水强度标准，炎陵县暴雨较多。1958—1981 年间出现 67 次暴雨，其中 4 ~ 8 月出现 56 次，占总数的 84%，大暴雨仅出现 4 次，平均 6 年出现 1 次。暴雨易引起山洪暴发。炎陵县气象站按照“4 ~ 9 月期间任意 10 天总雨量大于等于 200mm，或 4 ~ 9 月降水量比常年同期多 2 成以上，或 4 ~ 6 月降水量比常年同期多 3 成以上称为洪涝”的标准，炎陵县 1958—1981 年期间出现过 9 次洪涝，平均 3 ~ 4 年一遇。暴雨洪涝阻碍交通，甚至危及人们生命安全。旅游途中，观赏雨景，应注意选择安全的观赏位置；若遇暴雨山洪，千万不要抢渡。山溪水涨得猛落得快，改变一下活动内容，暂避险峰，即可保障旅游安全。

③冰雹　冰雹是一种少见的自然灾害，据炎陵县气象局记载，1958—1981 年间出现过 6 次，多出现在春末夏初，秋季仅 1966 年 9 月出现过 1 次。

④大风　按照风速大于等于 17m/s 或瞬时风力 8 级以上为大风的标准，炎陵县县城 1958—1981 年的 24 年间有 17 年出现过大风，共出现 71 次，平均每年出现 3 次，以 7、8、9 月较多，森林公园境内由于山脉阻挡，少有大风。

10.2.6　桃源洞的气候与旅游

桃源洞国家森林公园境内太阳辐射少，日照时数少，年平均气温较低，气温年较差小，云雾降水多，空气相对湿度大，风向随季节而改变，静风多，风速小，具有亚热带季风湿润气候区山地气候特征，适宜开展多种旅游活动，旅游气候资源丰富，应当积极开发利用并加强保护。

森林公园境内的气候要素有随着海拔升高、气温降低，气温年较差减少，降水量及降水日数增多，夏季持续期缩短，冬季持续期增长，生长期短，霜期长的规律。气候垂直变化大，景观季相特征明显，一山有四季。

森林公园境内，四季分明，冬季寒冷，夏季凉爽，空气湿润清新，是避暑消夏、疗养休假的胜地。

森林公园境内云景、雾景、雨景、雪景等气候景观丰富多彩，变化万千，是观光、猎奇和研究自然的胜地。

森林公园境内冬季有冰冻，春末夏初有过冰雹降落史，夏季有暴雨洪涝等旅游障碍，旅游者应根据当地气候特征合理安排旅游项目，选择适当观赏位置，把握观赏时机，善于趋利避害，获得最佳旅游效果。

10.3 阳明山的旅游气候资源

阳明山位于湖南双牌县东北部，属南岭山系支脉，是国营阳明山林场所在地。1992年经林业部批准，建立阳明山国家森林公园(以下简称阳明山)。地理位置为北纬26°02′00″~26°06′15″。东经111°51′36″~111°57′36″，海拔高度610~1624.6m。阳明山在地质上主要为下古生界葵陶系变质岩类，有中生界印支期花岗岩体入侵。阳明山耸立于群山之中，地势东高西低，山岭受切割甚剧，地貌破碎，峰峦起伏，沟谷纵横，溪流密布，地形复杂，气候垂直变化大。植被茂盛，树种丰富，森林覆盖率94%。

10.3.1 资料来源

海拔900m左右的黄柏洞位于阳明山中部，地形开阔，是阳明山的交通、经济、文化、政治活动中心，阳明山林场曾在924m处设立山区气象哨，观测场位置适宜，有较强的代表性，观测资料由双牌县气象站提供；永州市、株洲市的气象资料向有关部门购买；其他台站的对比资料从《中国地面气候资料》中查取；气候灾害资料引自双牌县《农业气候资料调查及区划报告》。

10.3.2 气候特征

阳明山位于中亚热带季风湿润气候区，气候垂直变化大，根据黄柏洞气象哨的观测资料分析，阳明山气候有如下特征。

(1)气温

阳明山年平均气温14.2℃，平均最高气温19.0℃，平均最低气温10.3℃；绝对最高气温36.0℃，出现在1982年5月25日，绝对最低气温-10.0℃，出现在1980年1月31日；1月最冷月平均气温3.9℃，7、8月最热，月平均气温为23.6℃，气温年较差19.7℃。随着海拔升高，气温降低，各月气温垂直递减率依次为0.30、0.40、0.29、0.37、0.58、0.62、0.61、0.52、0.62、0.48、0.49、0.48℃/100m，全年平均0.48℃/100m。

阳明山境内由于海拔高，植被丰富，全年的气温低于双牌县城，冬季低1.8~4.8℃，春季低3.5~7.4℃，秋季低2.7~5.8℃，年平均气温比县城低2.7~5.6℃。可见，冬季冷夏季凉是阳明山的主要气候特征之一。

与邻近地区相比较，阳明山夏季的旅游气候十分突出。阳明山不仅各月平均气温、年平均气温、绝对最高气温比邻近地区低，尤其是夏季气温比邻地区低的幅度更大。

阳明山夏季各月的月平均气温比邻近的双牌、永州、桂林低3.6~5.6℃，绝对最高气温低7.7℃，日最高气温高于30.0℃的日数少74.0~86.9天，日最高气温高于35.0℃的日数少15.9~34.7天。此外，永州市1954—1970年期间出现过27次最高气温高于40.0℃的日数，平均每年1.4天，是零陵盆地上的“热洲”。

根据武汉气象台的研究，日最高气温高于 37.0℃时，中暑的人数急剧增加，建议将高于 32.0℃的日子作为“暑热日”指标，日最高气温高于 37℃作为“酷暑日”指标，按照这个标准，阳明山“暑热日”极少，无“酷暑日”，堪称湘桂边境“热洲”上的“凉岛”，是人们避暑消夏的理想去处。

按照平均气温低于 10.0℃为冬季，高于 22.0℃为夏季，10.0～22.0℃之间为春秋季的划分标准，阳明山 3 月 11 日入春，6 月 8 日入夏，9 月 8 日秋季开始，11 月 22 日进入冬季，春、夏、秋、冬四季分别为 89、92、75 和 109 天，四季分配比较均匀。

(2)降水季节和空气相对湿度

阳明山年降水量 1607.5mm，全年各月均有降水，5 月最多，月降水量高达 262.0m，12 月最少，降水量仅 48.6mm。年降水日数 159 天，4 月多达 20 天，9 月只有 9 天。

阳明山秋、冬、春三个季节降水量虽少，但降水日数较多，4 月份的降水日数居全年之冠，多达 20 天，一次连续降水日数可长达 8 天。夏季降水量多，降水强度大，最大降水强度为 196.3mm/d，出现在 1981 年 7 月 21 日。阳明山降水季节分配不均匀，春夏两季多雨，降水量占全年的 75%，降水日数占全年 58%；秋季降水量较少，占全年的 14%，降水日数最少，为全年的 19%；冬季降水量最少，仅占全年的 11%。秋季降水日数少，有利于开展登山旅游活动。阳明山降水的年际变化大，最多年降水量 2030mm，最少年降水量 1046mm，相对变率为 26% 和 -35%。这说明阳明山的旱重于涝。年降水量 1333mm 以上的保证率可达 80%。

阳明山由于海拔高、气温低，天上降水充沛，地表溪河潭瀑众多，水汽来源充足，因此空气潮湿，年平均相对湿度达 87%，5、8、9 月的空气相对湿度均在 90% 以上，空气相对湿度最小的 11 月，也有 82%，比永州市大 4%～15%。

阳明山气温低，晴天少(全年 50 天)，空气相对湿度大，衣物、被褥不易晾干，因此阳明山的旅店、宾馆、招待所应配置通风和干燥设施，保持各种旅游设施及用品、衣物的干洁，增加游客的舒适感，减免细菌繁殖。

(3)风向、风速

阳明山静风多，平均风速小，瞬时风力大，年静风频率 78%，年平均风速 1.0m/s，最大风速 18m/s。

阳明山 1 月偏北风频率达 28%，风速 2.7～3.7m/s，7 月偏南风频率 10%，风速 2.0～7.3m/s，有较明显的主风方向，风向随季节而转换的季风气候特征明显。

阳明山瞬时风力大，全年各月都有 4 级以上的和风、清劲风、强风、疾风出现，个别年份有 8 级以上的大风出现。人们常把日最大风速 6 级以上(>10.8m/s)大风作为旅游不利天气，阳明山这种天气出现频率极小仅 0.006%，而且多分布在冬季和初春时节，对旅游影响较小。小于 6 级的疾风，清劲风出现时，树枝摇摆，茫茫林海，波浪起伏，呼呼有声，能给旅游者带来视觉和听觉美的享受，令人陶醉。

(4)日照

由于地形遮蔽和森林覆盖，9 月阳明山的实际日照时数比双牌县城短76～100min。

阳明山由于地形和森林覆盖，日照时间短，年日照数少。根据考察结果计算，阳明山的年日照时数坡地1123.4小时，谷地1022.2小时，属于少日照地区，坡地仅比贵州锦屏多70.1小时，谷地比贵州锦屏还少31.1小时，可称全国之最少。

(5)景观

①雨景　阳明山降水日数159天，春季多连阴雨，夏季多阵雨，往往是瞬间变幻，几小时之前还是晴空万里，即时就落下倾盆大雨，由艳阳蓝天转化为阴霭雨景，昨日还是炎热如火，挥汗如雨，今日却是风声瑟瑟，凉意沁沁。山区气候的多变和速变，丰富了旅游观赏内容。无论是春天的蒙蒙细雨还是夏天的急雨如注，那山野、树林、村舍忽隐忽现，神秘莫测，这种雨中的朦胧美更为丰富。雨过天晴，碧空如洗，青山如画，森林增绿，新鲜空气，沁人肺腑，令人陶醉。

②云景　据双牌县《农业气候资料调查及区划报告》记载阳明山雾日200多天，常有“人在云海走，雾在脚下飞”的美景出现。这种云雾景观既反映了山地气候多变的特点，也增添了山区旅游景观的美感。“山无云则不秀”，由于这一原因，自古以来云雾被列为重要景观。在阳明山，夏季时常可见急剧运行、奔腾上下、波澜壮阔的云海怒潮，令观赏者心潮澎湃、豪情横溢。

③冰雪景　阳明山山高气温低，气候垂直变化大，常出现“山下开桃花，山上飘雪花”“清明时节雪纷纷，山下繁花山上晶”的立体景观。阳明山每年都有飞雪和积雪天气。冰雪与森林、山体、村舍组成一幅幅美丽的画卷，这种“银装素裹”“林海雪原”的冰雪世界是一种天然美景，具有极大的观赏价值，葱翠的松竹与洁白的雪被相辉映，构成壮丽晶莹，格外迷人的冰雪景观。阳明山森林公园应当充分利用这一景观，吸引少雪地区的游客来观赏雪景。

④雨凇景　雨凇是一种过冷却的雨滴或毛毛雨滴落在地面和近地面物体上很快冻结起来的透明和半透明的冰层，密度小时为混浊而无光泽的冰层，密度大时，为透明的冰层，被人们称为“玻璃世界”，堪称一景。阳明山年年有雨凇，雨凇连续时间为3~9天，历史上最长的达70多天(1923年)。阳明山的黄柏洞、陈家有较宽阔的盆地，可以利用这种气候景观资源，建立冬季天然冰场，组织冰雪旅游和滑雪活动，变不利因素为有利因素，以此来丰富冬季旅游活动内容，调节旅游淡旺季。

⑤松涛风　风是气候变化的主要因素之一，虽然看不见，摸不着，既不形象，又无色彩，但可以通过人的感官感受其美，因此风有直接造景功能。“下关风”是大理四绝之一，“白水秋风”是峨眉山十景之一，黄柏洞的“松涛风”也应该成为阳明山的佳景之一。1993年5月和7月，笔者曾在阳明山宾馆小憩，早晨走出户门，只见小草摇动，树叶微响，阵阵和风扑面而来，顿觉清爽舒展，惬情快意。天气晴朗的盛夏，轻轻谷风伴着蝉鸣鸟叫，滚滚松涛，呼呼有声，都能给人甜静优雅或雄劲广阔之美感。

(6)气象障碍

气象和气候条件是开展旅游活动的双重因子：适宜的气候，可以促进旅游活动；恶劣的气候给旅游活动带来困难。一次出游，往往并非都遇到好天气，也并非都遇上坏天气，很可能好坏天气都有，因此安排旅游日程时，要把气象气候因素考虑进去，应该有应付不测风云的准备。

阳明山有干旱、洪涝、冰冻、雪压等多种气象灾害，其中成为旅游障碍的气象气候因子主要有如下几种：

①大雨和暴雨　阳明山 1980—1982 年间降水 464 次，其中日降水量大于 30mm 大雨 7 次，出现频率为 6%；大于 50mm 的暴雨 11 次，频率为 2%；大于 100mm 的大暴雨 3 次，平均每年 1 次，频率小于 1%，多出现在夏季。据载，1976 年 8 月，一次暴雨，日雨量 151.6mm，连续雨量 222.5mm，造成黄柏洞一片汪洋，欧阳承海家进水 1m 多深。阳明山大雨和暴雨出现频率虽小（<9%），但因此而造成的旅游交通障碍却不可忽视。

②冰冻和雪压　阳明山从 11 月底至翌年 3 月，年年有冰冻。冰冻既可造景，又可毁景；既可成为旅游观赏资源，又会妨碍旅游交通。1923 年、1935 年、1944 年、1954 年、1964 年、1969 年、1976 年、1982 年是冰冻较严重的年份，其中 1923 年冰冻 70 多天，河面能走路，鱼虾全冻死，树木压翻蔸，这既妨碍了旅游交通，又破坏了自然景观，此时应特别注意交通安全，谨防交通事故发生。

③低云和浓雾　云雾飘浮可构成美景胜景，有观赏价值，但茫茫雾海也会破坏能见度，造成行车障碍，妨碍旅游者的观赏活动，阳明山山高坡陡雾多，游览时要注意安全，避免事故。

10.4　三爪仑的旅游气候资源

10.4.1　三爪仑森林公园概况

靖安县位于江西省西北部，宜春地区北部。全县三面群山高耸，中间双水夹流，西部山岭高峻，中部山地间杂丘陵，南部有些岗阜平地和河谷平原，境内山脉呈“爪”字形。总面积 137749hm^2，山地占 85% 以上，属九岭山脉及其余脉，全县有海拔 500m 以上的主要山峰 378 座，500~1000m 山峰 265 座，1000m 以上山峰 100 座，1500m 以上山峰 13 座。境内最低海拔 50m，最高海拔 1794m。县城双溪镇地理坐标为北纬 28°52′，东经 115°22′。三爪仑国家森林公园总面积为 12131hm^2，由三爪仑、小湾水库、北河风光及县城况钟园林等 4 个景区组成，又称靖安县百里风光带，主体部分位于国营三爪仑采育林场，其面积占公园总面积的 97%（11733hm^2），1993 年由林业部批准建立三爪仑国家森林公园。1994 年被林业部确定为示范森林公园，属全国 20 个示范森林公园之一。

10.4.2　景区自然环境

三爪仑国家森林公园主体位于靖安县北部的崇山峻岭之中，海拔 16~1400m，境内有千米以上山峰 12 座，山峰多由岩浆岩组成，由于新构造运动上升强烈和剧烈的水流切割作用造成山体雄伟，山坡陡峭，部分岩石裸露，山脊多锯状、垅状。一条溪流从中穿过，北河干流从边缘流过，境内溪流长 15km，森林覆盖率 95%，境内峰峦叠嶂、林海苍茫、曲溪流泉、清溪飞瀑、云雾霞光景观奇丽。境内分为骆家坪、红星、洪屏、三爪仑 4 个小区。

小湾水库主体位于宝峰乡，总面积 330hm^2，四面青山环抱，港汊众多，湖上波光粼粼，水面珍珠养殖场绚丽夺目，情趣盎然。

北河发源于县西的犁头山，其北支流经磉都、三爪仑、宝峰、仁首后入安义县，在靖安境内长119km，宝峰至县城河段水流平缓，鱼游浅底，两岸翠竹古樟掩映、四时如画，既可观光又可漂流。

县城况钟园林位于城郊东门山，面积44hm²。是江西省最早兴建的森林公园。园内绿树成荫，湖泊溪流环绕，亭台水榭掩映其间，组成了狮山仰贤、湖心赏月，竹林留梦、踏雪寻梅、仙洞览胜、双龙喷泉、龙潭观鱼、金猴跳涧、松林听鹤、叶底藏春等颇具韵味的自然景点。"况青天"(况钟)之墓坐落园内，为公园景色锦上添花。

10.4.3 旅游气候资源

(1)热量资源

①光照　靖安县太阳总辐射年总量为4515J/m²，县城年日照为1873小时，三爪仑山区由于高山遮蔽，云雾缭绕，日照时数比县城少5%左右，约为1778小时。最多的1983年为2755小时，最少的1975年仅946小时。县城日照百分率年平均为43%，2月最低为27%，8月最高为62%。少数峡谷地的日照百分率在30%以下，属少日照地区。

②气温　月平均气温根据县气象站提供的1961—1990年资料，县城年平均气温17.0℃，1月最冷月均温4.9℃，7月最热月均温28.4℃，气温年较差23.5℃。根据考察结果，计算出三爪仑森林公园主要景观地段的逐月平均气温并与省城南昌市相比较，结果列入表10-20。

表10-20　三爪仑森林公园与南昌市月平均气温(℃)

地点	海拔(m)	1月	2月	3月	4月	5月	6月	7月	8月	9月	10月	11月	12月	全年
南昌市		5.0	6.4	10.9	17.1	21.8	25.7	29.6	29.2	24.8	19.1	13.1	7.5	17.5
靖安县	79	4.9	5.3	10.8	16.8	21.7	25.0	28.4	28.0	24.1	18.6	12.7	7.0	17.0
小湾水库	200	4.5	5.1	10.5	16.4	21.1	24.4	27.8	27.5	23.5	18.1	12.2	6.6	16.5
三爪仑	240	3.9	5.7	10.6	15.8	20.0	24.5	27.6	27.1	23.3	17.6	11.2	6.3	16.1
骆家坪	660	2.9	3.0	8.5	14.4	18.2	21.1	24.7	24.2	24.0	14.9	10.4	4.7	14.3
红星山	730	2.7	2.7	7.2	12.8	18.0	20.6	24.1	23.7	23.5	14.8	10.6	6.8	13.9
洪屏村	730	2.3	3.7	7.2	12.8	18.3	20.9	24.3	23.7	23.3	14.5	9.4	4.4	13.7

表10-20可知，三爪仑森林公园内气温变化总趋势是海拔越高，气温越低；但由于地表状况不一，海拔相同的红星与洪屏的气温并不相等，冬季群山环抱中的红星居民点比山顶开阔盆地洪屏村的气温高，气温年较差小。由表10-20可以看出，森林公园境内的夏季各月的月平均气温比南昌低，7月低0.7~5.1℃，8月低1.2~5.5℃、9月低0.3~1.5℃，这说明三爪仑国家森林公园夏季比外界凉爽。

③最高气温　靖安县年平均最高气温22.1℃，极端最高气温39.9℃，出现在1966年8月11日，比南昌市的40.6℃低0.7℃，比修水县的44.9℃低5.0℃，极端最高气温比境外许多地方低，也说明三爪仑夏季比外界凉爽。

④最低气温　县城年平均最低气温13.4℃，极端最低气温-11.0℃，出现在1991

年 12 月 29 日。比南昌市的 -7.7℃低 3.3℃，比庐山的 -16.8℃高 5.8℃。

⑤气温年日较差　靖安县城、小湾水库、三爪仑、骆家坪、红星山、洪屏村的气温年较差依次为 23.5℃、23.3℃、23.0℃、21.8℃、21.4℃、22.0℃，气温年较差随海拔升高而减小。县城各月平均日较差依次为 8.4℃、7.9℃、8.1℃、8.1℃、7.4℃、7.8℃、9.1℃、9.2℃、9.3℃、9.7℃、9.6℃、9.0℃，全年平均为 8.7℃，比外界许多地方的日较差小。气温年较差、日较差小，进一步说明三爪仑国家森林公园具有优越的山地气候特征，气候温和，适宜旅游。

⑥候温季节　三爪仑国家森林公园位于中亚热带地区。按候平均温度低于 10℃为冬季，高于 22℃为夏季，10~22℃之间为春秋季的划分标准，三爪仑国家森林公园四季分明，境内因海拔高度不同，各景观地段四季起止日期各异，时间长短也不一，各地起止日期如表 10-21。

表 10-21　三爪仑森林公园的四季分配

地点	春季		夏季		秋季		冬季	
	始日	天数	始日	天数	始日	天数	始日	天数
县城	3 月 22 日	68	5 月 20 日	115	9 月 21 日	60	11 月 20 日	122
宝峰	3 月 22 日	68	5 月 29 日	116	9 月 22 日	60	11 月 21 日	121
毗炉	3 月 23 日	67	5 月 29 日	115	9 月 21 日	61	11 月 21 日	122
三爪仑	3 月 20 日	72	5 月 31 日	112	9 月 20 日	61	11 月 20 日	120
骆家坪	3 月 26 日	65	5 月 30 日	109	9 月 16 日	64	11 月 19 日	127
洪屏村	3 月 31 日	88	6 月 27 日	74	9 月 9 日	32	10 月 11 日	171

由表 10-21 看出，三爪仑森林公园大部分地区 11 月入冬，冬季长 120 天左右，洪屏村因海拔高，地形开阔，降温快，因此入冬早，冬季特长，为 171 天。

气候季节的变化，影响景观的季相变化。三爪仑森林公园的春季日照少、气温低、天气多变，俗话说："春似孩儿面，一天变三变。"这说明三爪仑的春天并非终日阴沉，而是时晴时阴又时雨，这种气候孕育了青山绿水，春花烂漫的绚丽风光，是春游的好去处。

三爪仑森林公园的夏季以凉爽为特色。按照气象部门关于"暑热日""炎热日""酷热日"的指标，长江中下游地区一般炎热日在 20 天以上，而三爪仑森林公园只有两个炎热日，无酷热日。县城平均每年有 0.8 个，酷热日最多的年份 1979 年为 10 个酷热日，且 30 年一遇，骆家坪、红星、洪屏等地未出现过炎热日。凉爽的夏季可以使三爪仑成为避暑、度假、疗养胜地。

"一年一度秋风劲""一阵秋风一阵凉"，我国各地的秋季均不长，三爪仑的秋季尤为短暂，仅 60 天左右，三爪仑的秋季晴天多，蓝天红日，秋高气爽，深秋红叶，层林尽染是人们重阳登高，秋日郊游和野餐、露营、烧烤的旅游佳季。

三爪仑大部分景观地段 11 月中旬入冬，冬季长 3 个月左右，洪屏村 10 月 11 日入冬，冬季长 171 天，年年冬季有冰雪，皑皑白雪，壮丽景观，洪屏地形开阔平坦、交通方便，具有建设天然滑冰场的天时地利。

(2)水分资源

①降水量　靖安县城多年平均年降水量为1644mm，逐月降水量和降水日数见表10-22所列。

表10-22　三爪仑森林公园的逐月降水量及降水日数

月份	1	2	3	4	5	6	7	8	9	10	11	12	全年
降水量(mm)	54.3	108.0	150.0	195.3	266.4	305.1	155.7	136.6	88.6	82.0	64.1	37.8	1644.0
降水日数	16.2	17.4	20.1	19.8	19.1	18.8	14.7	13.4	11.8	12.7	10.1	9.6	183.7

由表10-22可知，三爪仑境内降水季节分配不均匀，降水量春夏多、秋冬少，6月最多，12月最少，夏季最大降水强度为399.7mm/d，出现在1977年6月15日。降水多的年份，年降水量可达2197.9mm，出现在1973年，绝对变率为533.9mm，相对变率为32%；降水最少的年份仅1132.6mm，出现在1964年，绝对变率为-531.4mm，相对变率为-32%。降水年际变化大，雨季的降水相对变率可在32%和-32%，干涝灾害严重。

②降水日数　靖安县城的年降水日数为187.3天，多雨年份为192天，少雨年份为158天；一次最长连续降水日数18天，出现在1977年5月4~21日；一次最长连续无降水日数为59天，出现在1979年9月18日至11月15日。降水日数季节分配不均匀，春季占32%、夏季占25%、秋季占19%、冬季占24%，春季降水量多，雨日也多，均占全年的30%以上；夏季降水量多达36%，降水日数却只有25%，这说明夏季降水强度大，多大雨和暴雨；秋季降水量少，降水日数也少，均在20%以下，这说明秋季晴好天气多，各种需避雨的旅游活动宜在秋季进行；冬季降水量只有全年的12%，而降水日数却占全年的24%，这说明冬季降水强度小，阴雨天气多。

③空气相对湿度和干燥度　靖安县城年平均空气相对湿度为79%，1~12月的月平均相对湿度依次为78%、79%、81%、81%、81%、83%、79%、77%、77%、75%、75%、75%，6月最大，为83%，10~12月最小，均为75%。根据考察结果，三爪仑森林公园境内的空气相对湿度比县城大3%~5%。

靖安县空气干燥度为0.56，按照干燥度小于1为湿润地区的划分标准，靖安县属于湿润地区。

(3)风向、风速

风向、风速是一个地区气候特点的表征，对旅游活动亦有影响，轻风送爽，和风惬意，大风给旅游活动带来不便，狂风阻碍旅游活动的正常进行，所以风是旅游规划必须考虑的气候因子。

①风向　三爪仑国家森林公园主要景观地段的风向随季节和地形的变化而变化，县城西北风频率最大达23%，三爪仑的主风方向与河谷走向一致，红星山的静风频率达90%以上，洪屏村夏季多静风(67%)，冬季多偏北风。

②风速　靖安县城多年平均风速2.1m/s；7月最大，月平均风速2.7m/s；2月小，月平均1.5m/s，逐月分布见表10-23。风速≥17m/s的大风县城年平均为22次，以7月和8月较多，其次是4月和6月。

表 10-23 江西靖安县气候要素值逐月分布

要素	1月	2月	3月	4月	5月	6月	7月	8月	9月	10月	11月	12月	全年	备注
气温(℃)	4.9	6.3	10.8	16.8	21.7	25.0	28.4	28.0	24.1	18.6	12.7	7.0	17.0	1961—1990年
相对湿度(%)	78	79	81	81	81	83	79	77	77	75	75	75	79	1961—1990年
降水量(mm)	54.3	108	150	195	266	305	156	137	88.6	82.0	64.1	37.8	1644.0	1961—1900年
降水日数(d)	16.2	17.4	20.1	19.8	19.1	18.8	14.7	13.4	11.8	12.7	10.1	9.6	183.7	1961—1900年
最长连续降水日数	8	13	13	25	18	11	14	137	7	4	8	10	18	
最长连续无降水日数	41	39	15	9	9	9	19	222.1	21	44	59	31	59	上、下跨月
日照时数(h)	115.7	98.1	103	119	135	154	247	248	195	171	151	136	1872.4	
日照百分率(%)	36	31	28	31	32	37	58	61	53	48	47	43	43	
平均风力(级)	1.9	1.9	2.0	2.1	1.9	1.9	2.3	2.4	2.3	2.3	2.2	2.0	2.1	
大风次数(次)	2	2	2	6	3	6	22	12	3	1	1	0	60	
平均最高气温(℃)	9.8	10.9	15.8	21.5	25.8	29.4	33.5	33.3	29.6	24.2	18.3	12.5	22.1	
平均最低气温(℃)	1.4	3.0	7.7	13.4	18.1	21.6	24.4	24.1	20.3	14.5	8.7	3.5	13.4	
平均日较差(℃)	8.4	7.9	8.1	8.1	7.7	7.8	9.1	9.2	9.3	9.7	9.6	9.0	8.7	
极端最高气温(℃)	23.5	28.7	32.4	33.3	35.2	36.7	38.7	39.9	38.3	34.6	29.7	25.9	39.9	
极端最低气温(℃)	-10.2	-9.3	-1.9	1.7	7.9	15.3	18.5	18.1	11.0	1.0	-4.3	-8.1	-10.2	

(4)气象、气候景观

地球大气的各种物理现象和物理过程称为气象。一个地区短时间的气象变化称为天气，长期综合的天气状况称为气候。不管是短期的天气变化还是长期的气候变化与人类旅游活动都有直接或间接的关系。气象和气候可以直接造景和育景，可以直接成为旅游观赏内容；气候季节变化影响景观季相变化，这属于气候对旅游的间接影响。卢云亭先生把这种可以造景、育景，并具有观赏功能的大气物理现象和物理过程称为风景气象和风景气候。三爪仑森林公园的风景气象和风景气候资源主要有如下几种：

①雨景 降水不仅是主要的气象气候要素，而且是具有观赏功能的自然美景之一。三爪仑森林公园年降水量大于1600mm，降水日大于180天，70%以上集中在春夏两季。春雨天晴，山石如洗，空气清新、沁人肺腑；秋风细雨，山色空蒙，雨中遐思，有愁有乐，百感交集，别有韵味；绵绵冬雨、山林小景，炊烟缭绕，耐人寻味。四季降水四时景，景景迷人，雨中旅游重在提高自己对风景的鉴赏能力，从而获得美的感受。

②云雾景 大气中的水汽，漂浮在近地层称为雾，抬升到低层大气中称为云。云和雾有时难以区分，山区云雾景观既反映了山地气候多变的特点，又是一种吸引游客的胜景。山区云雾积聚，急剧流动，形成瞬息万变的云雾奇观。在三爪仑森林公园红星山远眺，晴天朵朵白云，上下飘动时而聚积成白色玉带、时而飘散成座座孤岛，瞬息万变。阴雨天，云雾弥漫，聚散四合，变化无穷，既是独特的云雾景观，又能将小湾水库的湖光山色衬托得更加绚丽多彩。

③冰雪景 雪是一种特殊的降水现象。山峰、森林、乡村、田野，构成奇异的冰雪景观。富有极大的观赏价值，是重要的气候旅游资料。三爪仑森林公园年年有雪，平均每年8.3个雪日，积雪3.6天，多的年份有19个雪日(1989年)，18个积雪日

(1976年)，年年有雪景。西北的冰川雪岭，东北的林海雪原，南极的冰雪世界，阿尔卑斯山的冰雪公园，都是令人向往的地方，但也是常人难以到达的地方，各有其自己的特色。三爪仑森林公园积雪时，那种"大雪压青松，青松挺且直"的壮丽景象，那种葱翠的苍松修竹与雪被相辉映的晶莹画面，那种大地银状素裹，唯余蟒蟒的磅礴气势，都充满了诗情画意，登上三爪仑的南国山地领略北国冰雪风光，难道不令人惬意吗？洪屏村山高地阔，地势平坦，冬季可以建立天然冰场，开展各种冰上旅游活动。

④霞景　霞是阳光穿过云雾时散射出的彩色光芒。三爪仑森林公园云雾水汽多，空气湿度大，晴天日出日落时，常有彩霞出现。每当晚霞夕照时，那山巅树梢在朦胧中又增添几分神秘，给人无穷的朦胧美感享受。黄昏时刻乘车木筏荡漾在橹崖峡谷，近处山坡树林抹金，远处吊桥朦胧，湖水闪金波，观赏这种落霞余晖，给人"夕阳无限好"的美感享受。晨曦或傍晚时分，汽车行驶在小湾的山道上，透过玻璃，遥望山野，那天际边的云层披彩霞，群峰覆斜阳，氤氲笼其上，雀鸟啼百啭，村舍画中藏的景色又是何等迷人，难怪旭日和夕阳古往今来都被称作美景。

10.4.4　气象气候障碍

气象和气候要素中的冷、热、干、湿、风、云、雨、雪虽有直接造景功能，但其中的严寒、炎热、大风、冰雹、雷暴等灾害性天气现象不仅会破坏自然美景，而且会妨碍旅游活动。三爪仑森林公园亦不例外，旅游活动中主要有暴雨、冰冻、雨凇、大风等多种气象气候障碍，应注意避免，以防给游人造成危害。

(1)暴雨

三爪仑森林公园春夏季节多大雨暴雨，最大强度达399.7mm/d，山间溪流容易陡涨。1994年6月一场暴雨，洪峰夹巨石，将三爪仑通往骆家坪的公路冲毁，游人难以进入景区，迫使已筹备好的景区开业剪彩活动终止，造成重大损失。此外，暴雨还破坏通信和输电线路，妨碍旅游活动。靖安县新中国成立前曾多次闹水灾，新中国成立后修筑了防洪堤岸，但水土流失仍属严重，水灾亦有出现。1955年6月因连续暴雨，造成多处滑坡山崩，1961年南河、北河均发大水，1969年大水，1973年连续暴雨，山洪暴发，1975年、1977年、1981年、1991年均出现过暴雨大暴雨危害，这种造成严重损失的暴雨出现频率为20%。

(2)风灾

靖安县多静风，平均风速小，但历史上也出现过大风危害。据载1234年、1851年、1981年、1983年靖安县城、磉都、高潮、仁首等地也出现过大风和龙卷风危害。1981年5月2日中午的龙卷风卷走上述乡镇油茶籽22万余公斤，吹断嫩竹50万株。

(3)雹灾

近30年中，靖安县出现过一次冰雹危害。历史上有记载的是1543年冰雹如栗杏大，1653年、1729年、1818年、1940年、1981年均有过降雹记载，曾砸死砸伤过人畜。

(4)雷击

新中国成立后靖安县内出现过9次雷击灾害，曾击死10人，击伤数十人。山区旅游活动多在野外开展，雨季千万注意防止雷击危害。

(5) 雨凇

雨凇是过冷却雨滴或寒冷的毛毛雨滴落在地面或近地面物体迎风面上很快冻结起来的透明或半透明的冰层。当雨凇密度大时，为透明冰层，晶莹剔透，被称为"玻璃世界"，有一定的观赏价值，但它更大的危害是妨碍交通，中断通信。三爪仑森林公园的高山地段年年有雨凇，平均每年 0. 97 天，多的年份可达 14 天。

此外，三爪仑森林公园境内旱灾亦频繁，亦应注意保护水源和防止森林火灾。

复习思考题

1. 张家界国家森林公园有哪些旅游气候资源？如何开发利用这些资源？
2. 桃源洞国家森林公园的气候有哪些特色？
3. 阳明山国家森林公园的旅游气候特点如何？
4. 三爪仑国家森林公园有哪些气象气候景观？有哪些气象气候障碍？
5. 作为导游，外出带团有可能遇到哪些气象气候障碍？如何趋利避害，顺利完成工作任务？

第 11 章　小气候

11.1　小气候的概念

小气候是在具有相同的大气候特点的范围内，在局部地区，由于地形方位、土壤条件和植被不一致，使该地区具有独特的气候状况。这种在小范围内，由于下垫面构造和特性不同，使热量和水分收支不一样，形成近地层与大气候不同的特殊气候，称为小气候。小气候的特点，主要表现在个别气象要素(温度、湿度、风)变化剧烈，以及个别天气现象(雾、露、霜)上的差异。气温铅直梯度折合成每 100m 为超绝热梯度，水平温度梯度在小范围内可达几度。

小气候特征影响的水平范围是随下垫面的均一性而定，铅直方向一般从下垫面到几米甚至百米高度，越接近下垫面，小气候特征越显著，离开地面越远，小气候效益就逐渐减弱，到某一高度以上，小气候效应就完全消失。小气候是代表从地面到不受地面影响高度的气候。其高度十几米或 100m。这一层是人类生活和动植物生长的区域和空间。有些文献上称小气候为“近地层气候”“植物层气候”。

由于下垫面构造和特性的多种多样，形成了各种各样的小气候，如森林小气候、城市小气候、水域小气候、地形小气候等。同是森林，由于林分结构，树种组成，疏密度等因子的不同形成各种不同的小气候。

小气候与大气候比较，具有范围小、差别大和很稳定的特点。

所谓范围小，是指小气候现象的水平范围和铅直范围都很小。铅直范围主要在 2m 以下气层内，少数可达 100m 以内高度，这是人类活动和动植物生存的主要空间；水平范围由几毫米到几十千米不等。

所谓差别大，是指小气候现象中各气象要素，无论在水平方向或铅直方向差异都很大，具有明显的日变化和脉动现象。

所谓很稳定，是指小气候规律的相对稳定性。由于小气候尺度小，所以产生的小气候差异不易被混合，只要各种作用面的构造特性存在差异，就会形成不同的小气候特点。

11.2　小气候形成的物理基础

11.2.1　作用面(层)的概念

在小气候研究中，把自然界的各种表面，如地面、水面、冰雪表面、植物表面等称为作用面或活动面。它是能量和水分交换最活跃，并能调节邻近空气层和土壤层的温度和湿度状况的表面。作用面的位置随地表状况而异。如果是裸地，土面就是作用面。在水域，水面就是作用面。如果是农作物，一般有两个作用面，一个在地面或水面(水稻田)上，一个在三分之二作物高处。如果是林地，则视林分状况而异，单层林一般有三个作用面，一个在林地，一个在下灌木层，一个在林冠枝叶最密集处；复层林则有更多的作用面。作用面的位置还随季节，植物生长发育阶段和研究目的而改变。例如：为了研究小气候环境对植物生理过程的影响，此时的作用面可能只是某一叶片。实际上，能量和水分的活跃交换，不仅发生在其作用面上，而且在具有一定厚度的层次内，这一层称为作用层或活动层。作用层的厚度随其性质而异，对短波辐射来说，土壤作用层只有几毫米，水体作用层可达几米至几十米。

总之，作用面是一个物质面，是气层和垫在其下的物质层的交界面，是物理属性急剧变化的地方。

11.2.2　小气候形成的物理基础

(1)作用面上的辐射差额

到达作用面上的太阳总辐射与作用面反射的总辐射之差，就是作用面的吸收辐射。作用面发射的长波辐射与吸收的大气逆辐射之差，称为作用面的有效辐射。作用面的吸收辐射与有效辐射之差，就是作用面的辐射差额，又称作用面的净辐射。其表达式与第 2 章的一致。

$$R_n = (S_b + S_d)(1 - \alpha) - L_n \tag{11-1}$$

式中，R_n为作用面的净辐射；S_b 为到达作用面的太阳直接辐射；S_d 为到达作用面的散射辐射；α 为作用面的反射率；L_n为作用面的有效辐射。

作用面净辐射值越大，得到的能量越多。这是小气候形成的能量基础，是形成小气候的决定性因子之一。

(2)作用面上的热量平衡

根据能量平衡定律，作用面上得到的辐射能量等于支出的能量之和，如果作用面是裸地，则地面热量平衡方式为

$$R_n = LE + P + Q_s \tag{11-2}$$

式中，R_n为表示作用面的辐射净辐射；LE 为作用面的潜热通量；P 为感热通量；Q_s为土壤热通量。

如果作用面上有植物，则其热量平衡方程式为：　(11-3)

$$R_n = LE + A_e + P + Q_s$$

式中，A_e为植物代谢能通量。

在作物地或森林中，多一个作用面就多一个分量。

作用面的热量平衡方程式表示了作用面得到净辐射能后的能量再分配过程。当净辐射不变，LE 和 A_e项大，P 项则小，小气候显示出的温度低；如果 LE、A_e项小，Q_s必然小，P 项必然大，小气候显示出的温度则高。森林环境中，夏季凉爽，除了林冠阻挡太阳辐射，林内的净辐射量小之外，森林植物的蒸发和蒸腾耗热，使其感量通量

减小，温度低，这也是森林小气候形成的主要原因。反之，沙漠或裸地，LE 和 A_e 项小，感热通量(P)大，同一地段的裸地与林地相比，白天裸地比林地热，夜间裸地比林地冷。因此，作用面上的能量平衡是小气候形成的又一物理基础。

(3)作用面上的水分平衡

作用面上的水分来源主要靠降水，主要消耗于蒸发和径流，其中任何一项发生变化，都会影响其他分量变化，都会改变小气候状况，因此作用面上的水分平衡也是小气候形成的物理基础之一，如果作用面是水域，由于水体的净辐射，水的热容量和导热率等因子的不同，使水域小气候与陆地上的各种小气候的差异更加明显。

此外，人类活动改变下垫面性质也会引起小气候变化，形成新的另一类型的小气候。

11.3 裸地小气候

在没有植被的贴地气层中，由于地表面的直接影响及乱流交换作用，使近地面温度、湿度和风等气象要素的时间变化和铅直分布与大气候有差异，表现出梯度大，日变化显著，脉动性强等特征。了解这些小气候特点，对于掌握各种小气候特征有一定的意义。

11.3.1 气温

贴地气层中，白天热量输送方向由地面进入空气，因此气温自下而上呈现递减，这种气温铅直分布形式称为日射型，如图 11-1 中 12 时曲线。夜间，热量输送方向相反，气温由下而上递增，这种气温铅直分布形式称为辐射型，如图 11-1 中 03 时曲线。介于日射型和辐射型之间的过渡型，有早晨过渡型和傍晚过渡型，分别见图 11-1 中 06 时曲线和 18 时曲线。

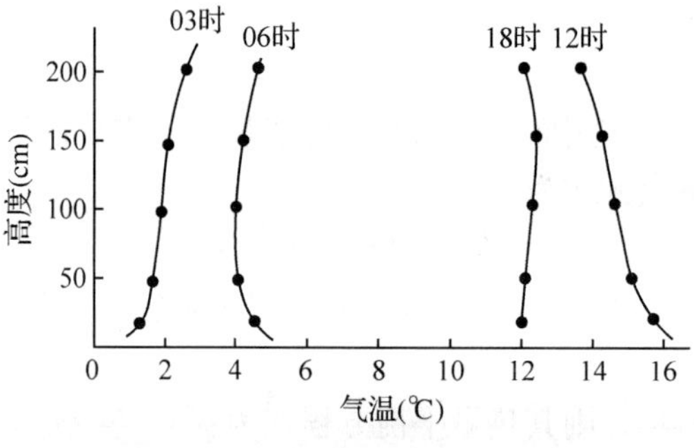

图 11-1 贴地层气温的铅直分布型

贴地层气温的铅直梯度很大，在 5~20cm 的气层内，气温铅直梯度值可达数百千度。当风速增大时，气温铅直梯度减小，地面潮湿，或云量增多时，铅直梯度也减小。

贴地气层中，气温日变化显著；高度增加日较差减小，位相落后。例如，5cm 高度处的气温日较差为 10.5℃，最高气温出现于 13 时，而 150cm 高度处的气温日较差减少至7.6℃，最高温度出现于14时。此外，气温日较差的变化也与地面湿润状况、云及风等有关。

贴地气层中，乱流运动强，温度具有脉动性，有人曾用惰性很小的白金电阻温度表和惰性较大的通风干湿表同时测定5cm高度处的温度，每5s读数一次；在2.5min内，用电阻温度表测得的温度变幅为7.1℃，用通风干湿表所测得的温度变幅为1.7℃。这不仅说明了近地层气温的脉动性大，而且也说明温度脉动给气温观测带来了困难。

11.3.2 空气相对湿度

贴地气层中相对湿度的铅直分布，可分为湿型和干型两种。相对湿度由地面向上递减的称为湿型，多出现在夜间。这是因为夜晚贴地气层中出现逆温，近地面气温低于上层，导致低层相对湿度比上层高。相对湿度由地面向上递增的，称为干型，多出现在白天。日间地面受热增温，蒸发强，水汽压增加，但近地面气温高，导致近地面相对湿度比上层低。此外，在低温高湿地区可能全天出现湿型，而在干热地区也可全天出现干型。

贴地气层中相对湿度的铅直梯度、日变化和脉动性等特征与气温相同，不再细述。

11.3.3 风

在开阔的裸地上，当气流经过时，由于地表面的摩擦作用，使贴地气层中的风速明显减小，地表面风速最小，接近于零；高度增加，风速逐渐增大；到一定高度后，风速基本稳定。贴地气层中，由于乱流交换时强时弱，引起风的脉动，表现为风速具有阵性、风向紊乱。因此在小气候观测中，用惯性小的测风仪器测定风速，往往得出偶然结果。一般取一定时间内的平均风速。

贴地气层中风速的日变化主要决定于乱流交换的日变化，一天中以中午前后的风速最大，夜间最小。

11.4 坡地小气候

坡地分为阳坡（北半球为南坡）、阴坡（北半球为北坡）、半阳坡和半阴坡（如东南坡和西南坡、东坡和西坡、东北坡和西北坡）。坡向相同，其坡度可能不等，这些不同坡向和坡度上的小气候状况都有差异。此外，谷地中的小气候与坡地上也不一样。坡地小气候的形成原因，主要是由于坡地方位和地形形态，导致了山地上的日照时间和太阳辐射不等，并引起温度、湿度、风和降水状况不同，下面分别介绍。

11.4.1 坡地上的日照

傅抱璞计算和分析了坡地上的可照时间，归纳出不同方位坡地上的日照分布有以下特点：

①南坡　夏半年南坡上的可照时间小于水平地面上的，而且坡度越大，南坡上的

可照时间越短，坡度每增加一度，它对可照时间的影响等于纬度降低一度。造成上述现象的原因是，夏半年太阳由东偏北方向而出，由西偏北方向而落，因此，早、晚时刻阳光被坡地本身所遮蔽。冬半年，南坡上的可照时间与水平地面上的相同。

②北坡　夏半年，低纬度北坡上的可照时间和水平地面上的相同，与坡度无关。在纬度较高的地方，如果坡度比较小仍然如此，但坡度较大时，只有夏至前后一段时间内，北坡上的可照时间与水平地面上的相同，其余时间北坡上的可照时间比水平地面上的少。冬半年，北坡上的可照时间显然少于水平地面上的，而且坡度越大，减少越多，甚至整天处在荫蔽中，全日无日照。冬半年北坡的坡度增加一度，它对可照时间的影响相当于纬度升高一度。

③东坡和西坡　无论是夏半年还是冬半年，东坡(或西坡)上的可照时间每日都少于同纬度水平地面上的，而且随着坡度增加迅速减少。

④东南坡和西南坡　东南坡(西南坡)上的可照时间全年都随坡度增加而减少，冬半年减少快，夏半年减少慢。在低纬度(20°以下)，坡度50°以上的东南坡(或西南坡)上夏季可照时间短，冬季则长。

⑤东北坡和西北坡　东北坡(或西北坡)上的可照时间全年都随坡度增加而减少，且纬度越高减少越显著。在低纬度，冬半年比夏半年减少更快。

谷地中，因四周有地形遮蔽，日照最少。必须指出，上面介绍的是在碧空无云情况下，坡地上的可照时间。如果天空有云，日照时间随云量变化，而且阳光被云遮蔽或暴露的时间不定，不同方位坡地上的日照状况更为复杂。

11.4.2　坡地上的辐射

坡地上的辐射分布与日照是一致的。根据南京大学气象系在南京方山的观测结果，各坡向上的太阳直接辐射差异甚大。图11-2是在坡度约22°的方山，晴天情况下，不同坡向斜坡上太阳直接辐射通量的日变化。由图可见，在偏东的坡地上，上午的辐射通量大于下午，其最大值出现在上午。在偏西的坡地上则正好相反。南坡和北坡上的辐射通量在上、下午基本上是对称的，最大值出现在当地正午附近。就通量值来说，在冬半年是南坡最大，东南坡和西南坡、东坡和西坡以及东北坡和西北坡依次次之，北坡最小。坡向偏南的坡地上，其最大直接辐射通量均比水平地面的大；坡向偏北的坡地上则反之；南坡与北坡可相差两倍。

当天空散射各向相同时，坡地上的散射辐射通量与坡向无关，仅随坡度的增大而减小。可见，各种坡地上太阳总辐射的差异主要是由直接辐射引起的。

11.4.3　坡地上的温度和湿度

白天，各方位地面上接受的太阳辐射不等，土壤温度受其影响也出现差异，不过夜间就极不显著了。坡地上的地面温度(日平均)的分布是南坡最高，西南、东南坡次之，北坡最低。土壤最高温度以偏南坡地为最高，北坡为最低。夏季，午后有雷雨时土壤最高温度出现在东南坡，其他季节都出现在西南坡。其原因：午前土壤较潮湿，太阳辐射能主要消耗在蒸发上，午后土壤较干燥，太阳辐射能主要用在土壤的增温

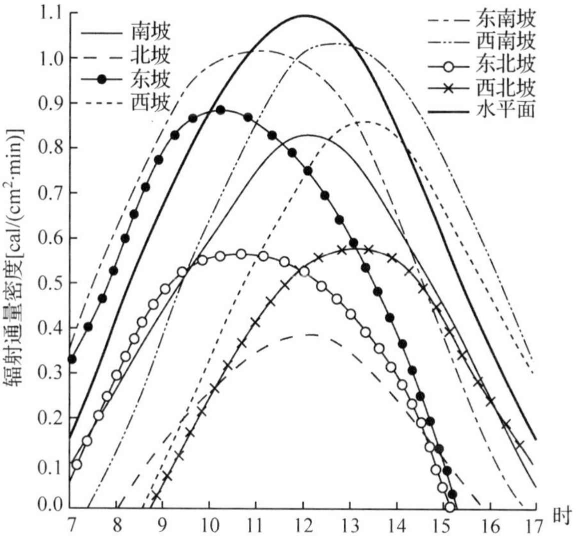

图 11-2　1957—1958 年冬季晴天南京方山各种坡向的坡地上平均太阳直接辐射通量的日变化

上。此外，冬季晨间多云雾，下午多晴朗也有利于西南坡的增温。夏季午后对流旺盛，云量增多并常有热雷雨，土壤最高温度出现在东南坡地上。

各坡向间气温的差异比地面温度的差异小，而且随高度增加，差别很快消失。这主要是由于空气的流动性和混合作用导致的。

此外，山丘顶部、谷底与坡地上的气温都不同。山谷中风速小，乱流交换弱，白天其最高温度高于山丘顶部；夜间，冷空气沿山坡下滑，堆积在谷底，形成“冷湖”，谷底的最低温度低于山丘顶部。山腰中部的坡地上是“暖带”，这里经常是受低温危害最轻的地带。

温度分布与无霜是一致的。由表 11-1 可见，各种地形无霜期长短差异甚大。夜间通风良好的山坡顶部或上部，无霜期比平坦地段长 20 天，封闭的谷地，无霜期比平坦地段短 40 天。

表 11-1　各种地形与平坦地段的无霜期比较(天)

地　形	与平坦地段无霜期比较		
	春	秋	全年
顶部或斜坡上部	+10	+10	+20
起伏较小的谷地	-5	-7	-12
起伏较大的谷地	-10	-15	-25
封闭的谷地	-18	-22	-40

在夜间，特别是冬季夜间，谷地中逆温层厚，持续时间长。例如，在湖南某山区中的测定结果指出，山谷中逆温开始时间比日落早，消失比日出晚，持续时间大约比夜间长 4 小时；逆温层顶部高度可达 300m。逆温层中，大气处于稳定状况，湍流交

换受抑制，空气中的灰尘杂质以及工厂烟囱排放出的烟尘和有害气体不易向上扩散。山谷中风速又小，水平扩散相对地也比较弱，容易使低层空气污染，在工矿区为害很大。因此，在山区选择厂址，架设烟囱时，应调查当地逆温层的出现状况，并给予考虑，尽量避免空气被污染。夜间，谷地中因地势低洼，气温低，空气相对湿度比山冈上高，露、霜和雾等出现的频率也高。白天，山谷中气温高，相对湿度视山谷深度、湿润状况而定。

11.4.4 坡地上的风和降水

当气流经过山冈时，一部分气流从正面越过山冈，一部分气流绕过山冈。因此，山冈顶部和两侧，风速显著比较大。图11-3是南京大学气象系在南京方山的观测结果。由图可见，在东北风下，风速最大的中心在山冈顶上，超过7m/s，西北和东南两侧山坡上，由于气流绕过山冈，风速也比较大，最大部位在山腰上，可达5~7m/s。迎风坡风速不大，背风坡风速最小，风速小于2m/s，这里风向也比较紊乱。

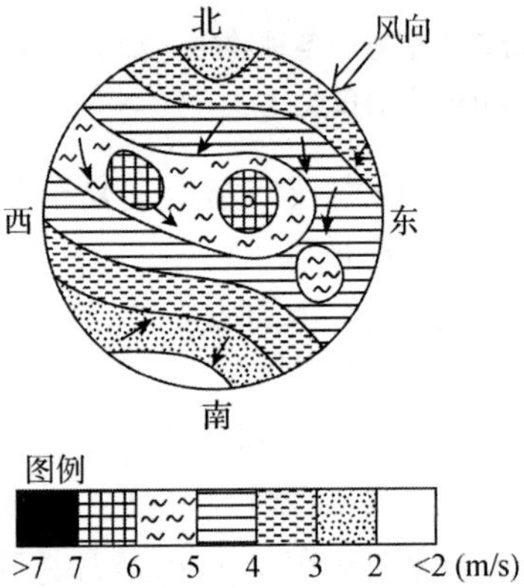

图11-3 小山冈上的风速分布

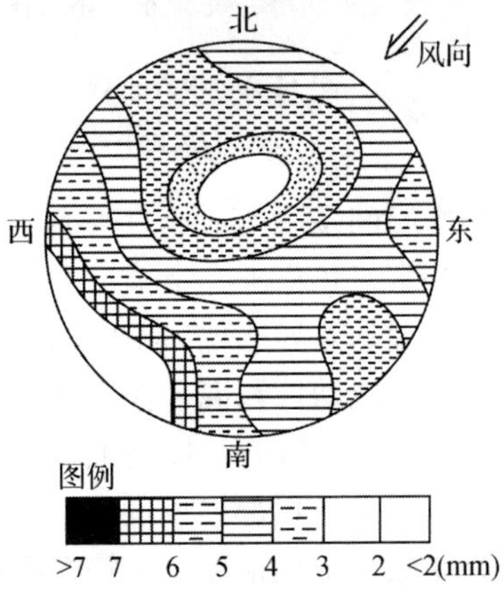

图11-4 小山冈水平面上降水分布

在孤立山冈和丘陵地上，地形对气流的抬升作用不大，坡地上降水分布与风速和坡向有关。当下小雨或雪时，在风速较大的山冈上和迎风的两侧，由于小雨滴常被吹走，降水量少。在风速较小的背风坡等地段上，小雨滴受其自身重力作用而下降，降水量多。图11-4是小山冈上降水量的分布。由图可见，山顶上降水量最少，山腰两侧中下部处降水量也不多，背风坡的降水量多，山麓最多。这种降水分布与山地上的降水分布规律不同。

11.5 森林小气候

森林小气候是指在森林作用层影响下所形成的局部地区的气候。森林小气候的特征决定于树种组成、结构、郁闭度、林龄等因素，一般表现为林内太阳辐射减少，气温日变化缓和，空气湿度和降水量增大以及风速减小等特点。

11.5.1 林内辐射

太阳辐射穿过林冠层时，林冠层在吸收辐射的同时，一部分辐射被林冠表面反射，一部分辐射透射到林内。据洪启发等在郁闭度为 0.68 马尾松幼林中的测定数据指出：晴天时，林冠的反射率为 12%，吸收率为 79.4%，透射率为 8.6%。

太阳直接辐射和散射辐射由林冠的枝叶孔隙间射入林内。林地上的直接辐射表现为圆形或片状光斑，其强度比空旷地上的弱，光质以绿光为主。早上及傍晚，太阳高度低，太阳直接辐射弱，林内几乎得不到太阳直接辐射，其强度约为空旷地的 50%~70%，也以绿光居多。

林内的总辐射显著比林外少，如图 11-5 所示。图中表明：三个林型内测得的总辐射均小于空旷地，其日变化规律和空旷地一样，即随太阳高度的增大而增加，中午达最大值，向两侧逐渐减少。此外，总辐射还随郁闭度增加而减少。

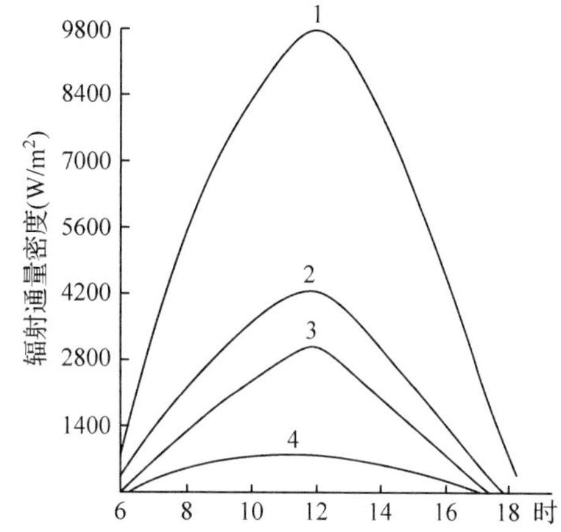

图 11-5 林内总辐射

1-空旷地；2-落叶松林；3-红松林；4-臭松林

表 11-2 是王正非等在东北带岭林区，夏至前后的正午附近，不同树种林冠下测得的太阳辐射量。由表说明，阔叶林中透过的太阳辐射量比针叶林中的多，各树种林冠下的太阳辐射量与林冠结构有密切关系。

影响林内太阳辐射的因子，归纳起来有林冠郁闭度、林分密度、林龄和林木状况等。它们之间不是彼此孤立的，而是相互影响，综合作用，其中林冠郁闭度是主导因子。

表 11-2 不同树种林冠下的太阳辐射相对值(旷野辐射量的百分数)

树种	树高(m)	冠厚(m)	林内太阳辐射(%)	树种	树高(m)	冠厚(m)	林内太阳辐射(%)
青楸子	7	1.4	35.4	色木	13	8.5	6.5
山榆	12	7	19.1	红松	20	10	6.1
水曲柳	15	7	18.2	大青杨	34	16	4.9
紫椴	15	10	17.5	鱼鳞松	19.5	6.5	10.3
丁香	8	6	16.7	臭松	5.5	2.5	6.5
糖椴	13	8	12.6	白桦	—	—	8.3

林内太阳辐射随林冠郁闭度的增加而减少，例如，在郁闭度为 0.5 的落叶松林内，其相对总辐射为 31.9%，在郁闭度为 0.71 的红松林内，其相对总辐射为 22.6%；郁闭度为 0.87 的臭松林内，其相对总辐射为 5.6%。如图 11-5 所示。

林内太阳辐射随林分密度的增加而减少。因为林分密度增加，郁闭度增大，林冠下的太阳辐射量减少。图 11-6 是松林内 90cm 高度处的太阳总辐射与空旷地总辐射比值同株行距的关系。显然，松林内的总辐射随林木株行距的减小而减少，二者几乎呈线性关系。

林龄对太阳辐射的影响也表现在林冠郁闭度的变化上。幼林期，林冠小，林内得到的辐射较多；林分郁闭后，生长加速，林冠伸展，冠层厚，杆材龄阶段的郁闭度最大，林内的辐射量最少；到老龄阶段，林冠疏开，林内辐射量又增加。例如15年生的松林内，其相对总辐射为36.2%；30年生时为16.6%；70年生时为22.7%。

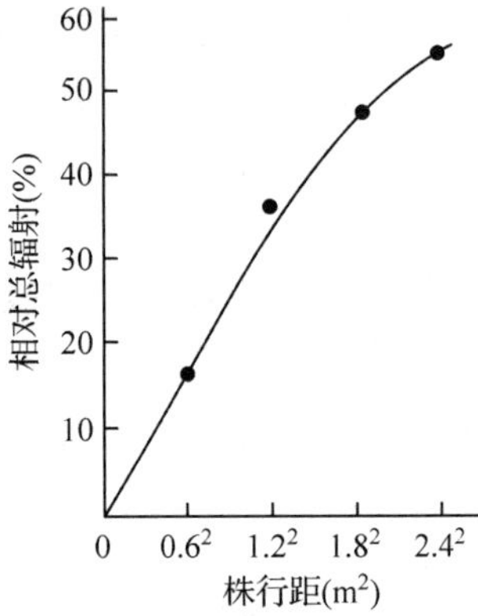

图11-6 松林内相对总辐射与株行距的关系

此外，一年中不同的季节，林木状况发生变化。春季，树木展叶后，林内的太阳辐射逐渐减少；盛夏时最少；秋季落叶后又渐渐增加，冬季最多。这种变化以落叶阔叶林内最为明显。森林作用层的净辐射与裸地比较也有差异，净辐射可能大于空旷地的，也可能小于空旷地的。这主要决定于森林类型、结构、郁闭度等。卢其尧等(1960年)在海南岛阔叶林内观测的结果表明，林内地表净辐射及其分量比林外裸地小得多，白天林内净辐射及其分量只有林外的11%~21%，夜间也只占林外的22%，见表11-3。

表11-3 林内与林外地表净辐射及各分量的比值(%)

时间	白天						夜间
项目	直接辐射	散射辐射	总辐射	反射辐射	有效辐射	净辐射	净辐射(有效辐射)
比值	13	17	15	13	21	11	22

11.5.2 林内温度

林冠层对林内气温有两种作用：一种是林冠吸收和反射太阳辐射，透入林内的太阳辐射少，使白天或暖季时林内净辐射(正值时)也减少，即森林对气温有缓热效应；林冠也能向下反射地面发射的长波辐射，被地面吸收，使夜间或冷季时林内净辐射(负值时)增加，即森林对气温有缓冷效应。可见，这种作用使林内气温日较差和年较差均比林外小。另一种是林冠的摩擦作用等，使风速和乱流减弱，林内外及林冠上下之间的热量交换减少。这样，白天或暖季时，林冠有保温效应，夜间或冷季时，林冠有保冷效应。这种作用使林内日较差和年较差增大。林冠对温度的两种作用，在同一森林内总是存在的。其中必有一种作用占主导地位。观测证明：密林中常常是前一种作用大于后一种作用，所以密林内温度变化缓和，见表11-4和表11-5。

表11-4说明，夏季红松林内的最高气温比林外低2.7℃，最低气温比林外高1.7℃，而且较差比林外小4.4℃。由表11-5说明，红松林内气温年较差比林外小3.5℃。总的说来，密林内具有冬暖夏凉的特征。在疏林中，后一种作用大于前一种作用，即疏林内温度变化大。据中国科学院林业土壤研究所在东北带岭林区观测证明：在落叶松疏林内，气温年较差比皆伐迹地大2.7℃，年平均气温低1.4℃，夏季气温日较差大2.5℃。

表 11-4　夏季小兴安岭红松林内外气温的比较(℃)

气温	林内	林外	差值	气温	林内	林外	差值
日平均	17.0	17.4	-0.4	最　低	10.4	8.7	1.7
最　高	25.4	28.1	-2.7	日较差	15.0	19.4	-4.4

表 11-5　全年小兴安岭红松林内外气温的比较(℃)

测点	1 月	2 月	3 月	4 月	5 月	6 月	7 月	8 月	9 月	10 月	11 月	12 月	年平均	年较差
林内	-16.4	-16.8	-10.7	2.4	10.7	14.8	18.4	16.3	8.6	(2.5)	-6.9	-16.6	0.5	35.2
林外	-19.2	-19.4	-10.7	3.6	11.5	15.5	19.3	17.5	9.7	2.5	-6.1	-17.4	0.6	38.7
差值	2.8	2.6	0.0	-1.2	-0.8	-0.7	-0.9	-1.2	-1.1	(0.0)	-0.8	0.8	-0.1	-3.5

林中，土壤温度受林冠、林地上的枯枝落叶层和土壤物理性质等多方面的影响。一般说来，由于投射到林内土壤上的太阳辐射减少许多，因此林内土壤温度比空旷地低。王正非等在东北小兴安岭红松林(带岭林区)中的观测资料说明了这一现象，见表 11-6。由表可见，全年除 4 月以外，林中地面最高温度都比空旷地低；地面最低温度多数月份比空旷地高；50cm 深度处的温度除 11 月和 12 月外，均比空旷地同深度的地温低。

表 11-6　红松林中与空旷地的地温比较(℃)

地　温		1 月	2 月	3 月	4 月	5 月	6 月	7 月	8 月	9 月	10 月	11 月	12 月	年平均
地面	林内	-4.7	-5.3	4.7	31.8	41.8	36.4	35.1	32.9	23.1	27.5	8.7	-4.5	22.1
最高	林外	1.6	1.3	13.1	27.1	42.1	46.6	49.5	43.1	33.2	29.7	19.0	1.4	26.4
地面	林内	-27.4	-27.1	-23.0	-9.3	-3.2	3.7	10.2	6.4	-1.3	-11.5	-19.2	-33.1	-11.4
最低	林外	-39.3	-41.0	-33.7	-8.8	-5.3	4.6	9.2	7.1	-2.2	-14.1	-29.3	-43.4	-16.5
地中	林内	-8.8	-9.0	-7.3	-1.6	1.4	7.1	11.5	12.7	9.6	(5.2)	1.5	(-2.6)	(1.6)
50cm	林外	-8.2	-7.5	-4.9	(0.0)	6.4	13.7	18.5	18.5	13.6	6.6	0.8	-3.2	(4.5)

11.5.3　林内湿度和降水

林内水汽除来源于水平输送外，森林植物体的蒸腾及林地蒸发也有一定的作用。由于林内水汽来源丰富，气温低，风速又小，乱流交换弱，所以一般来说，林内水汽压和相对湿度全年略高于林外。王正非等在小兴安岭红松林内与林外的观测资料也说明了这一特征，见表 11-7。红松林内空气湿度的最大值出现在夏季，最小值出现在冬季，春、秋季介于其间，林内空气湿度几乎全年高于林外空旷地的湿度。

森林对降水的影响，主要表现在林冠对降水的截留作用，森林对水平降水(指露、

表 11-7　林内与林外空气湿度年变化的比较

湿　度		1 月	2 月	3 月	4 月	5 月	6 月	7 月	8 月	9 月	10 月	11 月	12 月	年平均
水汽压	红松林	1.0	1.5	2.1	4.3	7.9	13.3	20.1	16.4	12.0	5.8	2.9	1.8	7.4
(hPa)	林外	0.8	1.3	2.0	4.2	7.8	13.2	19.8	16.3	11.4	5.2	2.3	1.5	7.2
相对湿	红松林	81	75	69	65	66	74	88	87	86	81	72	85	77
度(%)	林外	76	77	65	59	62	71	81	83	80	73	63	77	72

霜、雪淞、雨淞等近地层水汽凝物)和大气铅直降水(指从云中降下的雨、雪、冰雹等)的影响等。大气铅直降水落到森林表面，受到林冠截留，截留降水中的一部分直接从叶子表面蒸发并进入大气，这部分水量称为截留损失。林内的降水量在数量上等于降落到林冠表面的降水量与截留损失之差。

林冠截留损失随树种、树冠特性、降水量和降水强度而异。森林水量平衡场的观测结果指出：降水截留损失以云杉为最大，红松、落叶松、冷杉依次减小，桦木为最小。一般是林冠郁闭度大，截留损失多。如傅辉恩等人(1975—1978年)在甘肃省祁连山寺大隆林区云杉林内观测后指出，在郁闭度为0.3的林分中，截留损失为14.7%~24.7%，郁闭度为0.6的林分中，截留损失为22.9%~31.2%。阵性降水强度大，雨滴大，林冠截留损失小。毛毛雨历时长，截留的降水均匀地湿润枝叶表面，并蒸发到大气中，截留损失比阵性降水多。降水量大，截留损失也大，但二者不是直线关系。

林区与旷野相比，具有近地层空气温度低、湿度大的特点，这些有利于雾、露、霜和雾淞等水汽凝结物的生成。林木枝叶的表面积较大，捕获的水量多，这就是一般常说的林内能增加水平降水。在西双版纳原始林区，一天浓雾可增加1mm左右的水量，把它计入年降水量内，则该林区的水平降水占年降水量的13%。

林区中，大气铅直降水是否增加的问题，世界各国许多学者都曾作过探索，至今尚未取得一致看法，概括起来存在两种观点：

一种观点认为森林能增加降水量。因为林区相对湿度高于无林地区，森林增大了地面粗糙度，气流经过时被迫抬升，同时林冠上空乱流强，促进水汽向上输送，上空的水汽含量增加，凝结高度降低，有利于形成云和降水。据陕西柳林林场用无林时期(1953—1962年)的平均降水量(516mm)与人工林郁闭后有林时期(1963—1971年)的平均降水量(660mm)作比较，得出结论：有林后增加144mm，即增加28%。此外，有的学者用森林周界长度与降水量作统计分析，也得出了类似的结论。

另一种观点认为森林不能增加降水量，或增加极少。由于森林多分布于山坡上，所以有的学者提出，林区实测降水量增加是地形爬坡作用造成的。地形影响约为40~80mm/(a·100m)。林区风小，雨滴几乎垂直下落，雨量器内接受的降水量比旷野多，约可增加3%。美国林学家利查得·李曾估算了全球森林蒸腾的水量是$6\times10^{12}m^3$，全球每年降水量按容积计约为$4.6\times10^{14}m^3$，估计增加1.3%。蒸腾的水汽随气流移动，因此认为蒸腾的水汽再凝结并降落到大地上同一地区是不合理的。

11.5.4 林内风速

当气流由旷野进入森林地区时，由于受林木阻碍，在迎风面距林缘2~4倍树高处，风速开始减弱，至距林缘1.5倍树高处，气流被迫抬升，林冠上空流线密集，风速比同高度旷野地区的大。由于林冠起伏不平，森林上空的乱流强，并可达几百米高度。

进入林内的气流，受树干、枝叶的阻挡、摩擦和摇摆，迫使气流分散，消耗动能，风速迅速减弱。林内风速与离林缘距离的关系可用下式表示：

$$U_d = U_0 \cdot e^{-kd} \tag{11-4}$$

式中，d为测点至林缘的距离；U_0为林外风速；U_d为距林缘距离为d的林内风速；k

为与森林组成林分结构有关的常数，其值为 0.02~0.06。

林内风速随高度的分布大致是，林冠下风速随高度增加缓慢且风速小，林冠上风速急剧增大。图 11-7 是在落叶松林内测得的比较典型的分布曲线，图上的两个坐标轴都是相对值，U_H 是树冠高度，U_h 是树冠高度处的风速，U_Z 是任一高度 Z 处的风速。由图可见，大约在树冠上部四分之一高度左右，风速开始增大，这里风速随高度的变化最大，近地面处风速变化也很大，其余高度上则风速随高度很少变化；从树冠表面开始，风速随高度变化大致按对数规律分布。

此外，在天气晴朗，大气比较稳定时，森林与邻近空旷地之间形成弱的局地环流。白天，低层空气由森林流向邻近空旷地，在林冠上则由空旷地流向森林。夜间，环流方向相反。

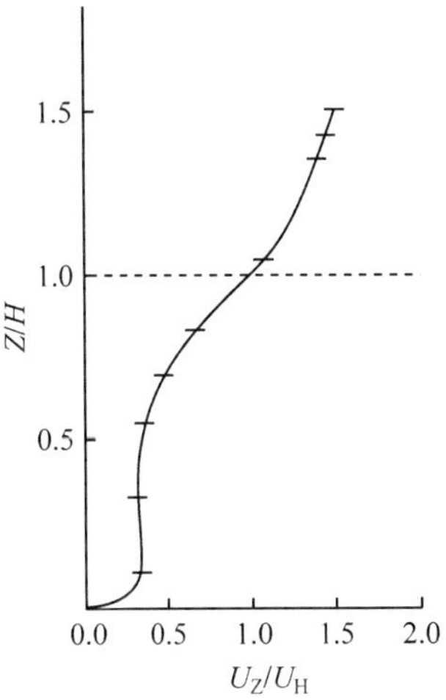

图 11-7　落叶松林内和林冠上风速的铅直分布

11.6　城市小气候

城市地面状况复杂：有高度不等的建筑物，还有砖石、水泥、沥青等各种材料铺设的街道和广场。城市人口密集，生活和生产活动频繁。城市有下水道，排水良好。在这种种因素的影响下，市区内出现了独特的小气候。

11.6.1　城市的辐射和光照状况

城市的辐射和光照受空气污染物的影响最为明显。这些污染物增加了大气混浊度，减少了到达城市地面上的太阳辐射。据国内外的一些城郊对比观测指出，市区的太阳直接辐射可减少 10%~20%。污染空气对直接辐射的削弱，以冬季每日的早晚时刻最为显著。有资料表明，冬季市区的直接辐射只有郊区的 50%。城市中的紫外线辐射比郊区减少 20%~40%。

市区中散射辐射也被削弱，但不如太阳直接辐射明显。综合起来，到达市区地面上的总辐射约比郊区低 15%~20%。由于市内各种建筑物、道路等多次反射，城市地面反射率减小。市区地面上接受的大气长波辐射比郊区多 10%，城郊之间净辐射差异不明显。

市区烟囱中释放的污染物比农村多，市区的日照时数、照度都有所减少。由表 11-8 看出，杭州市区的平均日照时数全年都比其同纬度的农村庵东少。

表 11-8　杭州（市区）和庵东（农村）平均日照时数（1971—1980 年）

季节	春	夏	秋	冬	年平均
杭州	4.4	6.4	4.9	3.8	4.9
庵东	5.1	7.4	5.6	4.3	5.6
城乡差	0.7	1.0	0.7	0.5	0.7

11.6.2 城市的温度状况

城市的温度状况是城市小气候的另一个重要特点，即存在所谓“热岛”效应。其形成原因是：城市上空的污染物增加了大气逆辐射，减小了有效辐射而具有保温作用；城市下垫面的蒸发耗热少，获得的净辐射主要用于加热空气；市区风速小，减少了热量的水平输送，城市人工热源的加热作用以及生物体的热交换等。

城市具有“热岛”效应，市区温度(年平均)约比郊区高0.5~1.0℃。表11-9为北京和莫斯科两地各月城郊之间的气温差。城市“热岛”效应也反映在气温铅直分布上，夜间，郊区常有逆温而市区为超绝热梯度。

表11-9 北京、莫斯科市郊区之间各月气温差(℃)

月份	1	2	3	4	5	6	7	8	9	10	11	12	全年
北 京	0.5	0.5	0.5	0.5	0.8	0.7	0.7	0.9	1.1	0.8	0.6	0.6	0.7
莫斯科	0.6	0.7	1.0	0.8	1.0	1.0	0.9	0.9	0.7	0.6	0.5	0.5	0.8

11.6.3 城市的风状况

城市对风的影响有两方面。一方面，当空气流经城市时，因受建筑物的阻碍，在迎风面一部分气流被迫上升，在城市上空风速增大，乱流加强。市区内近地面的风速明显减弱，风的阵性增加，风向不定，大风频率也低。表11-10是杭州城内、外风速对比情况。另一方面，由于市郊之间存在热力差异，可形成类似于海陆风一样的市区与郊区之间的热力环流。在晴朗无风的傍晚，市中心的热空气上升，并吹向郊区，低空郊区田野中较冷的空气吹向市区以填补，于是就形成了“市郊风”。这种局地风把近郊工业区的污染空气带到市区，增加了市区空气的污染浓度。

表11-10 杭州城内外的年平均风速(m/s)

时间	地点	年平均风速	差值
1980年9月~1981年8月	城内	0.6	1.9
	城外	2.5	

11.6.4 城市的湿度和云雾降水等状况

市区排水良好，地面较干燥，蒸发很少，所以空气中水汽压稍比郊外低，一般差值小于1hPa，这种差别夏季比冬季大。市区温度高，因此相对湿度偏低更多一些。夏季城郊之间相对湿度的差别平均为6%~10%。冬季，由于大气稳定，易有雾，郊区无植被，且地面常覆有雪被或冻结等因素，蒸发很弱，所以城郊间相对湿度的差别不超过3%。

城市凝结核多，所以市区雾日比郊区多。据统计，夏季上海市内雾日比郊区多20%~30%，冬季则多100%。

市区晴天少，阴、云天增多。城市上空云量增加，夏季多对流云，因此市区降水量比郊区多5%~15%，其中主要增加了阵性降水。如1950—1957年期间，南京的年降水量平均比郊区多226mm。此外，市区雷暴、雹日等都有所增加。

绿化可改善和调节城市小气候环境，它的作用是多方面的，如净化空气、降低温度、增加空气湿度等。

11.7　森林公园小气候

森林公园是以大面积森林为基础，以森林为主要景观，具有优美的环境和科学教育、游览休憩价值的地域，经科学地保护和适度地开发建设，为人们提供游览、观光、野营、狩猎、保健疗养、休闲度假和科学文化活动的特定场所。至1999年12月，我国已有森林公园多处。森林公园景观具有多样性，例如，森林小气候、水域小气候、溶洞小气候、地形小气候等。尽管类型多样，但几乎所有森林公园都具有优越的森林小气候。据笔者在广州流溪河，湖南张家界、阳明山、桃源洞，广西姑婆山、江西三爪仑、四川青城山等森林公园的观测研究，在森林覆盖率80%以上，郁闭度0.5~0.8的森林景观地段，具有下列小气候特征。

11.7.1　日照少，日射弱

在森林公园里，由于地形遮蔽和森林覆盖，林内与林外相比，日照时数减少30%~70%，光照强度减弱31%~92%，太阳总辐射通量密度减小23%以上。地形越闭塞、林冠郁闭度越大，其减弱程度越大。因此，森林公园的许多景观地段，成为全国日照时数最少，日照百分率最低的地区。例如张家界国家森林公园的金鞭溪景区的年可照时数4425小时，而实照时数仅809.8小时，日照百分率仅18%，为全国最小。该景区5月上旬正午的太阳直接辐射通量密度为473.5J/(cm^2·min)，日总量仅0.23×10^6J/(m^2·d)，比外界小23%。森林公园的沟谷和森林景观地段具有日照少、日射弱的小气候特征。这种独特的小气候环境具有独特的造景功能，孕育了森林公园里深邃神秘朦胧的幽景。

11.7.2　气温低，日较差小

森林公园与外界临近的依托城市相比，公园内的森林景观地段与裸地相比，水域和陆地相比，公园内、林冠下、水域边，夏季白天气温低、日变化缓和，气温日较差小。夏季晴天，公园内的日平均气温比外界低3.7~9.1℃，阴天低1.7~6.5℃。在森林公园内的同一地段，晴天日平均气温林内比林外低0.1~4.0℃，日最高气温比林外低0.2~24.2℃，日最低气温林内比林外高0.1~4.8℃(竹林例外)，气温日较差比林外小0.2~20.0℃。水体可以使森林公园内的小气候更加优越，广州流溪河的流溪湖水、江西三爪仑的小湾水库、湖南桃源洞的万阳河傍都比无水体地段的森林环境夏季白天降温幅度大0.2~2.4℃。水体面积越大、林地面积越大、林冠郁闭度越高、林内外气温差异越大。在郁闭度相同的情况下，高大阔叶林内白天气温最低；针叶林次之；竹林白天的降温作用、夜间的保温作用最差。森林公园在森林的庇护下，夏季凉爽舒适，小气候宜人。

大多数森林公园地处山区，具有海拔升高，气温降低的特点。林外，夏季海拔每上升100m，日平均气温降低0.4～1.14℃，其中广州流溪河的五指山南坡为-0.79℃/100m、广东惠州象头山南坡为-0.59℃/100m、湖南阳明山为-0.64℃/100m、江西三爪仑的洪屏山为0.65℃/100m、湖南张家界的黄石寨为1.14℃/100m；林内，海拔每升高100m，气温仅降低0.15～0.70℃，林内气温铅直梯度比林外小。在同一山地，冬夏两季气温铅直梯度有明显差异，例如湖南桃源洞的万阳山，海拔每升高100m，日平均气温夏季降低0.73℃，冬季仅降低0.18℃。

森林公园的贴地层大气有明显的逆温现象。张家界国家森林公园150cm内，地形逆温昼夜存在，逆温强度1.0℃/m以上，最大可达4.4℃/m，最大强度出现在14:00左右，其日变化规律与气温日变化规律相似。流溪河国家森林公园的辐射逆温出现在傍晚17:00至次日凌晨6:00之间，持续7～13h，逆温强度0.1～1.69℃/m。几乎所有森林公园，夜间均有辐射逆温。这种局部环境的低层大气逆温结构，使空气静稳，延长了林木释放的各种芳香气体及杀菌素在林内的停留时间，增强了森林卫生保健功能，提高了森林环境质量，有益于人体身心健康。

11.7.3 空气清洁，相对湿度大

森林公园内，由于森林、岩石、瀑布等物质的喷筒效应强，产生的空气负离子多，而空气负离子有杀菌灭菌促进人体新陈代谢和血液循环的作用，使空气清洁新鲜，据中南林学院森林旅游中心观测，广州流溪河、广西姑婆山、江西三爪仑、湖南阳明山、桃源洞国家森林公园及广东惠州象头山，福建武夷山、石门壶坪山自然保护区内每平方厘米的空气负离子平均含量达1000个以上，有水体的森林景观地段为10000～40000个，个别景点高达60000个以上。广东肇庆鼎湖山的飞水潭瀑布下的瞬时值高达10万以上。负离子含量是空气清洁程度的标志之一，上述景区的空气清洁度全部达到Ⅰ级标准。森林公园内负离子含量高的景区，可以开辟为负离子呼吸区，有很大的康体休闲疗养利用价值。

森林公园小气候的另一显著特点是：空气相对湿度大，云雾水汽多。张家界境内年平均空气相对湿度为87%，夏季晴天为87%，阴天为98%，夜间均达90%以上，比外界高11%；流溪河境内，最干燥的10月，晴天为80%，阴天为93%，夜间85%以上；桃源洞、阳明山、姑婆山等森林公园年平均空气相对湿度均在85%以上，有的月份高达93%。晴天相对湿度日变化呈单波型。林内与林外相比，林内相对湿度日平均值比林外高1%～6%，山上与山下相比，随海拔升高，林外相对湿度略有增大；林内的差异较小，桃源洞国家森林公园因林相整齐，溪流水体分布均匀，海拔升高空气相对湿度变化极小。

11.7.4 静风频率大，平均风速小

森林公园境内的风向风速因地形起伏，林木阻挡变化很大。在山顶及山间台地，静风较少、风速较大，一般静风频率为30%～45%，瞬时风速可达8～18m/s。在山坡及谷地或林冠下，静风频率为50%～93%，日平均风速0.2～4.5m/s。同一地段，林

内的静风频率比林外大 21%~30%，日平均风速比林外减小 0.4~2.3m/s。

11.7.5　空气负离子浓度高

城市室内的空气负离子浓度很低，单位体积空气中一般只有几十个，森林、海边、溪流旁空气负离子浓度较高，一般有 1 万个至几万个。笔者于 1993 年 7 月 12 日 15 时 47 分在湖南炎陵县桃源洞国家森林公园的珠帘瀑布旁曾测到 64624 个/cm^3的记录；1998 年 11 月 17 日，鼎湖山飞水潭的最高瞬时值为 100050 个/cm^3；2001 年 5 月 19 日，大雨天珠帘瀑布旁的空气负离子浓度达到 100560 个/cm^3。

11.7.6　植物精气成分多，相对含量高

中南林业科技大学博士生导师吴楚材教授通过多年对 156 个树种、18 种林分的研究，得知这 156 个树种释放的气态物质有 442 种化学成分，其中主要成分为萜类化合物。

研究表明，凡有高等植物的地方，均有植物精气存在。但不同地点空气中植物精气含量不同，例如广州市中心空气中单萜烯含量 5.64%，南岳衡山空气中单萜烯含量 65.25%；不同林分释放的植物精气成分及其含量不同，例如马尾松林分的单萜烯含量 66.51%，柳杉林分单萜烯含量 89.27%，侧柏林分单萜烯含量 79.47%；不同树种释放的植物精气成分和其含量不同，松科和杉科植物的单萜烯含量在 90% 以上，例如长白鱼鳞松木材的单萜烯含量高达 97.65%，银杏木材的单萜烯含量为 77.41%，扁柏木材单萜烯含量 93.45%；同一树种不同器官、不同部位释放的植物精气成分及其含量不同，例如广西良凤江森林公园的白兰叶片单萜烯含量 84.06%，木材单萜烯含量 11.63%，花单萜烯含量 4.76%，湖南南岳森林公园深山含笑叶片单萜烯含量 88.63%，木材单萜烯含量 89.64%，花单萜烯含量 47.21%。

11.7.7　气象景观丰富，感觉舒适时间长

由于森林公园内气温低、空气相对湿度大，水汽容易凝结，因此森林公园内多云雾。张家界、流溪河、三爪仑、姑婆山等许多森林公园内一年四季有雾，千姿百态的云雾、变幻奇特、美妙壮观，成为特有的气象景观，增添了森林公园的美感。

许多有瀑布的森林公园，瀑布直落深潭，溅起水花，形成局部蒙蒙细雾，当阳光穿过水雾，照射瀑布时，形成七色彩虹飞架溪流、艳丽多姿。例如，湖南桃源洞的珠帘瀑布，夏季晴天 14~16 时常有此景。优越的森林小气候孕育了绚丽多姿的气象景观，提高了森林公园的美学价值。

可见，森林公园小气候具有日照少、日射弱、空气相对湿度大、云雾水汽多，气温低、日较差小，逆温明显，静风多，风速小，空气静稳，负离子含量高，气象景观丰富，使人感觉舒适时间长等优良特征，是极为宝贵的旅游资源，是难以用货币估量的无形资产。优越的森林公园小气候环境舒适宜人，具有较高的旅游开发利用价值。但是，森林公园的空间是有限的，如果单位时间内接待的游人过多，超过了公园的环境承载力，植被遭残践，土壤被踩紧，林木会衰败，环境恶化，优越森林小气候就会

变劣；因此，必须在科学保护的前提下，积极开发利用，以促进生态平衡和旅游业的可持续发展。科学地保护、适度地开发利用是人类保护良好气候的重要举措之一。

11.8 景观地段小气候

11.8.1 青城山景观地段小气候

以"青城天下幽"著称的道教名山青城山森林公园，位于四川省都江堰市，地理位置为北纬31°47′，东经103°15′，海拔800~1400m。境内青山蜿蜒起伏，林木葱茏滴翠，道观寺院星星点缀，清风送爽，舒适宜人。为了定量了解青城山的森林小气候特征，在青城山境内设测点4个，青城山至都江堰风景线上设测点2个，共6个，进行不同景观地段小气候和森林小气候对比观测。

(1)测点基本情况

①四川林校　海拔720m，测点设在林校废弃气象观测场内，面积525m^2，测点西北部山地，东部方向为平原，为本次观测的空旷地对照点。

②宝瓶口　海拔775m，为泥江内河，都江堰三大水工设施之一，代表窄谷水域小气候，测点位于离堆公园对岸阶地上，主要植被有悬铃木、银木、蒿类。

③建福宫　海拔800m，青城山脚青城山入园处，水泥路面，店铺鳞次栉比，游人活动频繁，附近主要植被有楠木、银杏、柏木、樟木等。

④二王庙　海拔810m，测点位于山坡下二王庙左侧空旷地，附近主要植被有楠木、柏木、悬钩子等。

⑤天师洞　海拔1025m，代表青城山中上部人文景点环境。

⑥上清宫　海拔1150m，山上部台地，测点设在上清宫东南200m远处的菜地，东侧为花圃，附近主要植被有桦木、青冈、刺楸、盐肤木、杉木、灯台树等。

以上测点均设置在主要景观地段。

(2)小气候状况

①不同景观地段的小气候差异　由于海拔、植被和地面状况的差异，尽管在阴天各景观地段的小气候要素仍有明显差异(表11-11)。由表11-11可知，青城山气温变化总趋势是海拔升高气温降低。150cm高处海拔每升高100m，气温下降0.56℃，山上山下差异大。在同一测点不同高度上，由于地形地物不同，观测结果不一。水体附近(宝瓶口)和山河附近有逆温存在。宝瓶口由于地形狭管效应，主风方向与河谷一致，平均风速比其他测点大，又由于风速较大，所以空气相对湿度较低。

表11-11　不同景观地段的小气候差异

测点名称	气温(℃)		空气相对湿度(%)		平均风速	主风频率	静风频率
	20cm	150cm	20cm	150cm	(m/s)	(%)	(%)
四川林校	23.3	23.3	78	70	0.6	WNW40	40
宝瓶口	22.9	23.3	75	75	1.6	W60	20
建福宫	23.0	22.6	82	82	0.1	E20	70

（续）

测点名称	气温(℃)		空气相对湿度(%)		平均风速	主风频率	静风频率
	20cm	150cm	20cm	150cm	(m/s)	(%)	(%)
二王庙	23.9	23.7	69	71	0.2	SSW20	80
天师洞	21.9	22.2	77	78	0.2	SW60	40
上清宫	21.1	20.9	80	80	0.6	SW36	20

②林内外的小气候差异　6 月 16 日正午前后出现短暂晴天，上清宫林内外小气候有明显差异，林外气温比林内高 0.2～0.7℃，空气相对湿度比林内低 1%～5%（表 11-12）。

表 11-12　林内外小气候差异

观测时间	13:00			14:00			15:00		
测点	林外	林内	差值	林外	林内	差值	林外	林内	差值
气温(℃)	22.0	21.8	0.2	22.4	21.8	0.6	22.1	21.4	0.7
相对湿度(%)	66	68	-2	74	75	-1	73	78	-5

③都江堰市的舒适持续时间　一日内舒适持续时间一般用有效温度持续时间表示。有效温度采用下列公式计算：

$$ET = Ta - 0.4(Ta - 10)(1 - RH/100)$$

式中，ET 为有效温度；Ta 为空气温度；RH 为空气相对湿度。

当 $ET \leq 24$℃，感觉舒适；$ET > 24$℃，感觉闷热；$ET \geq 30$℃，感觉极不舒适而无法忍受。

由于 16 日多云到阴天，17 日阴天有雨，都江堰市和青城山各测点，昼夜 24 小时的温湿度组合使感觉舒适。鉴于都江堰市和重庆市都是主要旅游城市，根据当时已有的对比资料，我们搜集了都江堰市气象站、重庆北碚气象站 1984 年 7 月 8 日的逐时温湿度值，计算结果列入表 11-13。

表 11-13　有效温度持续时间（小时）

地　点	$ET \leq 24$℃感觉舒适	$ET > 24$℃感觉闷热	$ET \geq 30$℃极不舒适
都江堰市	19	12	0
重庆北碚	12	12	0
张家界市区	11	12	1
张家界森林公园	22～24	2～0	0
青城山森林公园	24	0	0

天下名山青城山森林景观美丽，人文景观丰富，气候舒适宜人。景观地段小气候及森林小气候优越，是观光游览、避暑度假、会议旅游、宗教旅游、森林沐浴、探幽揽胜的理想去处。青城山已于 2000 年被列入世界遗产。青城山将以它的旅游资源优势和气候优势吸引更多的中外宾客。

11.8.2 索契国家公园景观地段小气候

索契国家级天然公园，1983年由俄罗斯部长会议批准建立。其范围从图阿普谢区边境到普乌区的边境地带，面积$19\times10^4hm^2$。建立公园的目的是为了开展旅游而保存与集约经营黑海沿岸的森林。公园每年接待游客500万人次，夏天海滨地段人满为患，超负荷接纳游人。国家级索契国家天然公园地区常受集约旅游活动的影响，而今后还打算扩大索契地区旅游、度假和疗养设施的数量，这将导致森林公园游客人数的不断增加，因此有必要充分研究合理进行森林旅游利用的基础。该地的森林经营措施应考虑林分的卫生保健性能和小气候特征。为了显示这方面最优异的景观地段，我们研究了各种类型景观的小气候特征。

研究对象包括各种类型的景观地段：郁闭型、半空旷型、空旷型。郁闭型景观地段为郁闭度0.6~1.0的森林，观测点选在离林缘不少于50m的地方(避免空旷地的影响)，半空旷型景观地段为郁闭度0.5的森林，由于这种林分在索契国家天然公园地区不超过5%，这一类型还包括一些离林缘20m以下的地段，这些地段受到林地和空旷地的影响。

空旷型景观地段是利用一些最小直径为40~80m的林中旷地。按照现有资料，森林的防风作用在迎风面只有相当于树高3~4倍的距离内才很明显，在北风面这一距离要相当树高的10倍，因此空旷地段的直径应不小于200m，同时风速降低时森林对风的影响也会减弱。在我们调查的地区，风速不大，通常不超过2m/s，加之在索契国家天然公园地区，这样大的空旷地段也极罕见，在这里应指出空旷空间的缺陷。

观测时间一天内从9~17时，观测项目有气温、空气相对湿度和风速，在上述三种类型的地段每隔一小时同步读数。1986年7~9月对每一气象学指标共进行了180次观测(每一种类型的景观地段各进行60次)。对所获得的资料进行统计分析，结果见表11-14。

半空旷型地段在其特性方面更接近于郁闭地段，而不是接近空旷地段，见表11-15，不同类型的地段最显著的差异是风速，而气温与空气相对湿度差异不大。在空旷地段

表11-14 各类型景观地段小气候观测值

景观地段类型	气象指标	统计指标			
		算术平均数	平均误差	均方根误差	变异系数
空旷型	风速(m/s)	1.06	0.122	0.924	0.874
	气温(℃)	26.7	0.294	2.222	0.083
	相对湿度(%)	72.5	0.785	5.928	0.082
半空旷型	风速(m/s)	0.61	0.053	0.383	0.626
	气温(℃)	25.3	0.254	1.951	0.077
	相对湿度(%)	75.3	1.291	9.918	0.132
郁闭型	风速(m/s)	0.44	0.032	0.288	0.662
	气温(℃)	25.1	0.264	2.393	0.095
	相对湿度(%)	74.2	0.932	8.441	0.114

与郁闭地段人对热的感觉不一样，原因主要是皮肤表面的辐射增温。

表 11-15　各类型景观地段小气候观测值的差异

景观地段类型	风速			空气湿度			气温		
	绝对风速（m/s）	相对风速（%）	*t*-差别可靠性的判据	绝对湿度（hPa）	相对湿度（%）	*t*-差别可靠性的判据	绝对气温（℃）	相对气温（%）	*t*-差别可靠性的判据
空旷型和半空旷型	0.45	70	3	2.8	4	2.5	1.4	5	6.5
空旷型和郁闭型	0.62	140	4.9	1.7	2	1.7	1.6	6	4.5
郁闭型和半空旷型	0.17	40	52	1.1	1	1.8	0.2	-1.1	

根据观测资料可绘制出小气候几项指标的日变化图，图 11-8 是三种不同类型景观地段的气温、空气相对湿度和风速变化的综合图。

从图 11-8 可看出，空旷地段比半空旷地段和郁闭地段气温变化的差异要大，白天温度的振幅较大。清晨(9 时前)和傍晚(20～21 时后)空旷地段的气温比半空旷型地段和郁闭地段要低。三种类型景观地段的气温高峰都处于 14～15 时的这一段时间。

空气相对湿度和气温的日变化规律性正好相反。尽管风速指标变异性较大(变化系数在 0.7 以上)，但可看出一种明显的倾向，就是中午(12～15 时)风速增大。空旷地段的风速变化比郁闭地段和半空旷地段要明显得多。

温度、湿度、空气流动速度和光线热作用对于人的机体最优组合通常称为舒适区域。气象学指标对人的综合影响按天气条件类型舒适感的等级来评估。通常利用三种气象学指标：气温、风速和太阳直射。这些指标会使人产生一定的热感而影响人的自我感觉。天气条件按上述指标结合的性质分成下列类型：舒适型、次舒适炎热型、次舒适凉爽型、不适型。

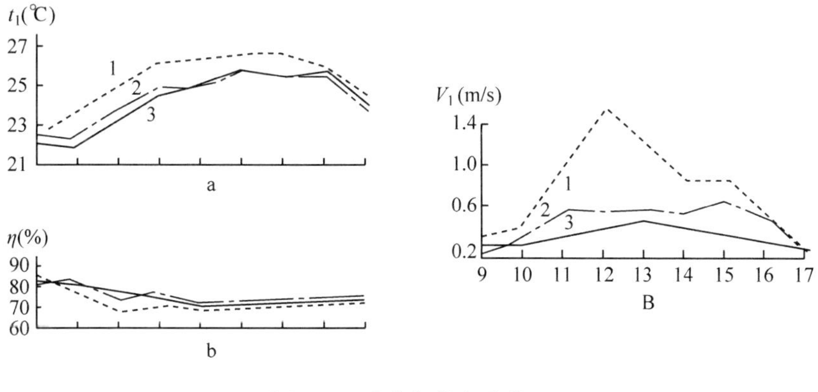

图 11-8　小气候指标变化图

（a、b 分别为气温和空气相对湿度；B 为风速；

1、2、3 分别表示空旷型、半空旷型和郁闭型景观地段的变化）

太阳直射强度的大小通过林冠郁闭度表示出来。特采用符合天气条件舒适度等级次序的次第：空旷地段为0~3，半空旷地段为4~7，郁闭地段为8~10。

夏天高加索黑海岸的山腰和岸边天气条件舒适程度的本质差别在整理观测资料的过程中显示出来，因而以后单独对其进行了分析，结果见表11-16。

表11-16 按景观地类型和舒适感程度天气条件的分布(%)

天气条件类型	黑海岸边			山腰地段		
	空旷地段	半空旷地段	郁闭地段	空旷地段	半空旷地段	郁闭地段
舒适型	4	12	66	89	90	82
次舒适炎热型	61	88	34	11	—	—
次舒适凉爽型	—	—	—	—	10	18
不适型	35	—	—	—	—	—

从表11-16可看出，对于沿海岸的游憩林，在小气候方面最适宜的是郁闭型景观地段(舒适天气条件为66%，完全没有不适的天气条件)，最不适宜是空旷型地段(舒适的为4%，不适的为35%)。至于山腰部分(海拔450~500m)，各种类型的景观地段之间没有实质性差别。

根据对观测资料的分析，可得出以下几点结论：

①从空旷型景观地段到半空旷型和郁闭型地段，实际发生变化的唯一气象要素是风速。

②根据小气候特征，半空旷型地段在更大程度上接近于郁闭型地段，而不是空旷型地段。

③小气候各种指标的变化，在空旷型地段比半空旷型地段和郁闭型地段更不稳定。空气相对湿度与气温的变化正好相反。风速与气温通常在中午达最大值，而相对湿度为最小值。

④国家公园山腰部分和海岸地段森林的小气候，在天气的舒适程度和日变化方面有差别。

⑤郁闭型景观地段具有对人体最有利的小气候条件，如公园的沿海地段舒适型天气占66%，次舒适型天气占34%；而空旷型地段具有最不利的小气候条件。

⑥沿海部分的郁闭型地段，整天均为舒适型天气，而在空旷地段，只有早晨和傍晚才有这种天气。

复习思考题

1. 举例说明小气候与大气候的区别。
2. 用辐射差额方程式和热量平衡方程式说明小气候形成的物理基础。
3. 森林小气候的主要特征有哪些？影响森林小气候的因素有哪些？
4. 林冠层对林内气温有哪些影响？为什么会有这些影响？
5. 森林公园小气候有哪些优势？其价值如何？如何保护和利用这些优势？

第4篇 气象要素观测与气候资料整理

实践出真知，理论联系实际，提高实践技能，更好地为旅游服务、更好地为人类服务。

第 12 章　日照与空气温度的测定

气象要素的观测与资料整理是研究旅游气候的基础，进行旅游地规划设计、开发建设都需要以当地的气象气候资料为依据，同时还需要邻近依托城市的气象气候资料作对比。这些旅游地和对照地的气候从空间尺度上看是属于中气候范畴，但它是在区域气候的背景上形成的，因此和大气候范畴的区域气候有关；同时旅游地景观地段的小气候又是旅游气候的组成部分，因此它又和小气候范畴的景观地段小气候有关。所以常规气象台站的观测资料和景观地段小气候观测资料都是研究旅游气候所必需的，但这还不能完全满足旅游气候研究需要，有时还要进行一些专项观测工作，现在很多地区的气象站、哨已采用整套全自动气象观测仪器进行气象要素观测记录，其日界变更为 00:00 至次日 00:00，但林区气象站、所仍采用传统仪器进行气息观测。

12.1　日照的测定

目前，测定日照时数多用乔唐式日照计。它是利用感光显影原理，根据感光迹线长度来判定日照时数。

12.1.1　乔唐式日照计构造

日照计由暗筒和支架底座等组成。暗筒的一端密闭，筒口有盖 1。筒的两侧各有一个进光小孔 3，两孔前后位置错开，以免上午、下午的日影重合。筒的上方有一隔光板 2，把上、下午日光分开。筒口边缘有一白色标记线，用以确定筒内日照纸的位置。松开暗筒下部的固定螺丝 7 可调节暗筒的仰角。支架下有纬度刻度盘 4 和指标纬度的记号线 5。仪器底座 6 上有 3 个等距离孔，用以固定仪器。暗筒内装一金属弹性压纸夹(图 12-1)。

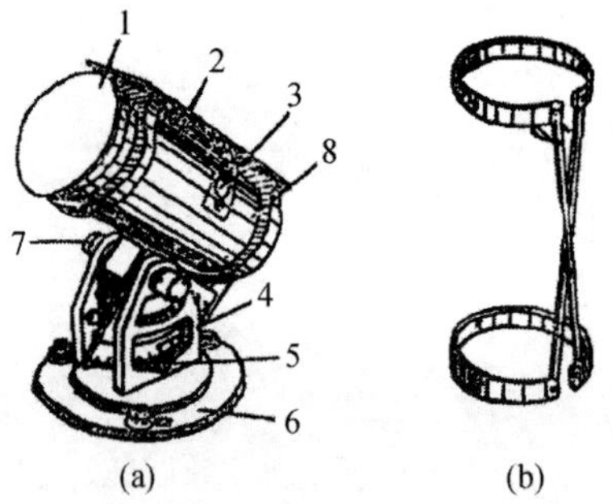

图 12-1　乔唐式日照计

(a)外形　(b)压纸夹

1-筒盖；2-隔光板；3-进光孔；4-纬度刻度盘；5-纬度记号线；6-底座；7-固定螺丝；8-圆筒

12.1.2 安装和使用

乔唐式日照计应安置在终年从日出到日落都能受到阳光照射的地方。要求底座水平，筒口与南北线重合，筒口朝北，固定底座。拧松固定螺丝，使纬度刻度线指示当地纬度值。

每日日落后换纸，先打开筒盖，取出当天日照纸，并放入一张已涂药的新纸(填好年、月、日)，使纸上的10时线对准筒口的白线，纸孔对准进光孔，放入压纸夹(交叉处向上)，盖好筒盖。

12.1.3 维护

经常检查日照计的小孔，有无被小虫、尘沙等堵塞，或被露、霜等遮住。此外，每月应检查仪器的水平、方位、纬度的安置状况，发现问题，及时纠正。

12.1.4 日照记录纸和记录整理

日照记录纸是一张涂了感光药的日照纸。配制感光药时，按1:10配制铁氰化钾水溶液；按3:10配制柠檬酸铁铵水溶液。把两种水溶液分别装入暗色瓶中放在暗处，使用时等量混合后均匀涂刷在日照纸上。

在换下的日照纸上，依感光迹线的长短，在其下面描划铅笔线，然后用清水漂洗3~5min，阴干后将感光迹线与铅笔线相比较，若感光迹线比铅笔线长，则延长铅笔线，使之与感光迹线等长，按铅笔线计算日照时数，准确到0.1h。感光迹线间断处即是日照中断的时间，如全天无日照，日照时数记为0.0。

附：实习内容和要求

1. 目的要求

通过实习，要求了解日照仪器的构造和原理，并掌握测定和统计日照时数的方法。

2. 观测仪器

观测仪器：乔唐式日照计等。

3. 实习内容

①对照仪器熟悉其结构、性能、安置及使用方法；

②按安装要求，把日照计安置在实习场内，测定某一日的日照时数。

③统计指定日照纸上的日照时数，并计算该日的日照百分率，把结果也按表12-1填写。

表12-1 日照记录表

<table>
<tr><td rowspan="5">日照</td><td>日期</td><td colspan="3">年 月 日</td></tr>
<tr><td rowspan="2">实照时数</td><td>上午</td><td>下午</td><td>合计</td></tr>
<tr><td></td><td></td><td></td></tr>
<tr><td>可照时数</td><td colspan="3"></td></tr>
<tr><td></td><td colspan="3"></td></tr>
</table>

4. 实习报告

实习报告是实习工作的全面总结，通常包括下列几部分：①实习名称；②实习目的；③仪器设备；④实验数据；⑤分析。写实习报告时，要求文字简明通顺，字迹端正，图表清晰，结果真实，认真讨论。

12.2 空气温度的测定

在地面气象观测中，空气温度的测定高度是距地面1.5m，该高度基本上避免了地面温度剧烈变化对气温的影响，又是地面上生物活动的一般高度。

测定空气温度用干湿球温度表、最高温度表、最低温度表和温度计等。各种温度表和温度计均需安置在百叶箱内，下面分别介绍。

12.2.1 百叶箱

百叶箱是安置温、湿度仪器的防护设备，它的作用是避免阳光直接照射，免受强风、雨、雪等影响。百叶箱内空气流通，保证了温度表和温度计的感应部分能真实地感应外界空气温度和湿度的变化。

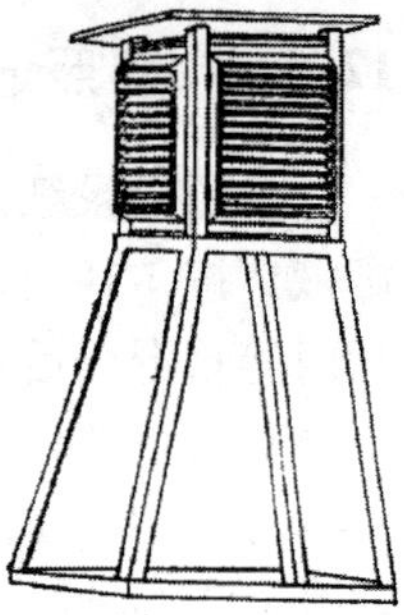

图12-2 百叶箱

百叶箱分大小两种：小百叶箱的内部高、宽、深分别为537、460、290mm；大百叶箱的高、宽、深分别为612、460、460mm。百叶箱固定在观测场内，箱门朝正北(图12-2)。

百叶箱的箱壁由两排薄的木板条(俗称百叶片)组成“人”字形，并与水平面成45°。箱底由高低错开的三块木板组成，中间一块略高于旁边的两块。两板之间留有空隙，空气能自由流通。箱顶由两块木板组成，下层木板较窄且水平；上层木板较宽且略向后倾斜。两块木板间的空气能自由流通。百叶箱的内、外箱壁都漆白色，以减少辐射影响。

12.2.2 玻璃液体温度表的测温原理和温标

测定气温用的温度表是玻璃液体温度表。温度表的感应部分是一充满测温液体的球部，其外形有球状或柱状等。与感应球部相连的是一根一端封闭，粗细均匀的毛细管。

这种温度表利用感应液体随温度改变而引起体积膨胀，由毛细管中液柱的位置变化来测定温度。感应液体有水银和酒精。

为了能定量表示物体的温度，必须选定衡量温度的尺度，称为温标。建立温标实质上是规定温度的起点和它的基本单位。通常以标准大气压下，纯水的冰点和沸点为温标的两个基点，将其间等分为若干份，每一份定为一度。常用的三种温标是：摄氏(℃)、华氏(℉)、开氏(K)，它们之间的换算关系是

$$\text{摄氏温标}\quad t℃ = \frac{5}{9}(t'℉ - 32)$$

$$\text{华氏温标}\quad t℉ = \frac{9}{5} \times t'℃ + 32$$

$$开氏温标 \quad TK = 273 + t'℃$$

12.2.3　干湿球温度表、最高和最低温度表

(1)构造

干湿球温度表(图12-3)用来测定任一时刻的瞬时温度。这种温度表的感应液多用水银。

水银具有比热小、导热系数大、内聚力大、沸点高、与玻璃不发生浸润、不透明以及易于读数等优点。

干湿球温度表由感应部分1、毛细管2、刻度磁板3以及外套管4等四部分组成。温度表有套管式和棒式两种，其区别是：套管式温度表的标尺刻在套管内与毛细管紧贴的白瓷板上；棒式温度表的标尺直接刻在玻璃管外壁上。套管式温度表的测定精度比棒式温度表的高。

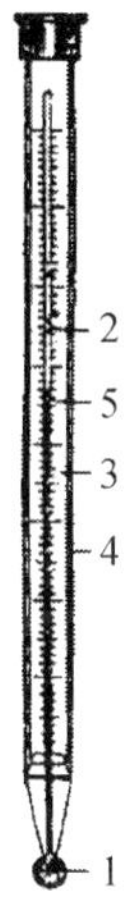

图12-3　干湿球温度表(套管式)

1-感应球部；2-毛细管；3-刻度磁板；4-外套管；5-水银柱

最高温度表(图12-4)测定一定时段内的最高温度。最高温度表与普通温度表的结构有以下不同：①最高温度表中的毛细管顶部抽成真空，普通温度表中充有氧气；②最高温度表的感应球部为柱形且有一玻璃针，针尖伸入毛细管内，使球部与毛细管之间形成一窄道，以增加水银通过时的摩擦力。

当温度上升时，感应球部的水银膨胀，产生的压力大于狭管处的摩擦力，水银能在毛细管的管壁与玻璃针尖之间挤过；温度下降时，水银收缩，在狭管处的摩擦力大于水银的内聚力，管内真空，又无其他外力使水银流回感应球部，水银柱在狭道口断裂，毛细管内的水银不能下降，水银柱指示的刻度不变，保持了过去一段时间内曾经感应到的最高温度值。

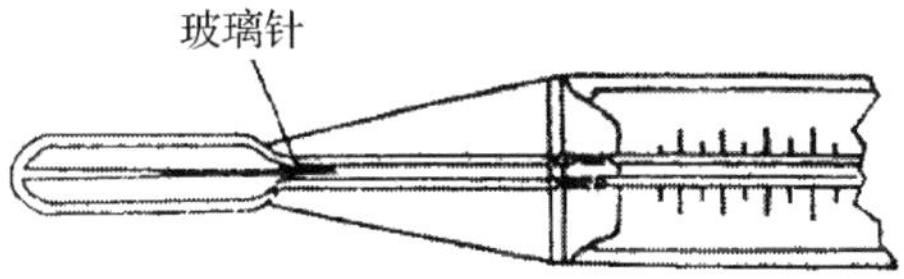

图12-4　最高温度表感应球部的构造

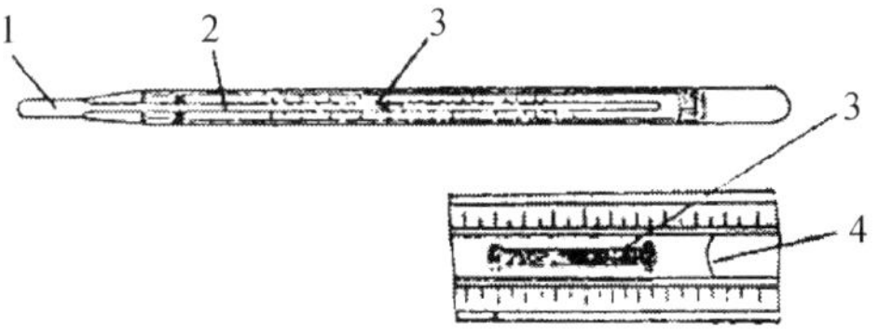

图12-5　最低温度表

1-感应部分；2-酒精柱；3-游标；4-酒精液面

最低温度表(图12-5)测定一定时段内的最低温度。最低温度表的感应液是酒精，毛细管内的蓝色哑铃形游标3。将最低温度表的球部向上，游标下降与酒精柱顶端凹面4相切，尔后水平安置。当温度下降时，毛细管内的酒精退回感应球部，酒精柱相应下降，由于酒精液面的表面张力大于游标的静摩擦力，带动游标一起下降。当温度上升时，感应球部的酒精膨胀，酒精绕过游标而上升，由于酒精的推动力小于游标而上升，小于游标的静摩擦力，游标停留不动。因此，游标指示了调整以后一段时间内曾出现过的最低温度。最低温度为最远离感应球部一端的示度值。

酒精的导热率比水银小，为了减小其惯性系数，最低温度表的毛细管内径比普通温度表或最高温度表的内径大；感应球部也较大，以增加与空气的接触面积。为了防止酒精蒸发，在毛细管的上部充入压缩的惰性气体。

(2)安装

在小百叶箱的底板中心，安装一个温度表支架。将两支普通温度表垂直悬挂在支架两侧的环内，球部向下。其中一支温度表不包纱布，用来测定气温，称为干球温度表；另一支包有纱布，用作测定空气湿度。悬挂温度表时，干球温度表1在东面，湿球温度表3在西面，球部中心距地面1.5m高。湿球温度表球部包扎一条纱布7，纱布的下部浸入一个带盖的水杯6内(杯中盛蒸馏水)，杯口距湿球部约3cm。温度表支架下部横梁上有一对弧钩，其上下分别安置最高温度表4和最低温度表5，感应球部朝东，最高温度表的球部稍向下倾斜，最低温度表则要求水平。温度表支架上部横梁上安置毛发湿度表2，如图12-6所示。

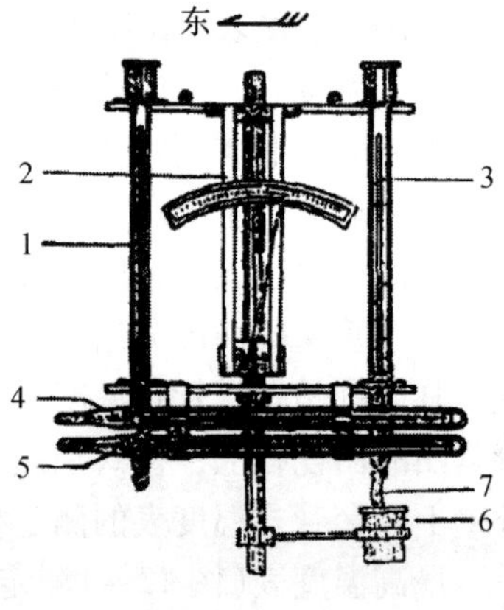

图12-6 小百叶箱内温度表的安置

1-干球温度表；2-毛发湿度表；
3-湿球温度表；4-最高温度表；
5-最低温度表；6-水杯；7-纱布条

(3)观测和记录

各种温度表的读数要求准确到0.1℃。温度在0℃以下时，应加负号“－”。注意，观测时必须保持视线与毛细管内的水银柱或酒精柱的顶端齐平，水银柱读取其凸面的最高点的示度，酒精柱读数取凹面的最低点的示度。读数时，温度表不能离开原来安放的位置，不要对着温度表呼吸，手和照明灯也不要接近感应球部。读数力求敏捷，干、湿球温度一次读完，并复读一次，以免误读或发生“零上”“零下”的差错。

冬季，气温低于－36℃以下时，干、湿球温度表和最高温度表停止使用(因水银的凝固点是－38.9℃)，并改用酒精温度表测定气温，或用最低温度表的酒精柱的示度值代替。

最高和最低温度表读数后均需调整。最高温度表的调整方法是，手握表身，感应球部向下，臂向外伸出约30°，用大臂将温度表前后甩动。在惯性离心力的作用下，毛细管内的水银下落，并挤回感应球部，直到示度与当时的干球温度表上的示度一样时为止。最低温度表的调整方法是，将温度表的感应部分向上，表身倾斜，毛细管内的蓝色游标自动回到酒精柱顶端。安放时，应先放表身，后放感应部分，以防游标下滑。

读出温度表的示度值后，要作器差订正。订正值在每支温度表所附的检定证上查得。例如：3366号温度表的检定证见表12-2：

表 12-2　各示度值的订正值(℃)

示值		订正值	示值		订正值
由	至		由	至	
-30.0	-20.1	+0.1	-4.9	+5.0	0.0
-20.0	-15.0	+0.2	+5.1	+35.0	-0.1
-14.9	-5.0	+0.1	+35.1	+40.0	-0.3

如某时刻温度读数为 20.3℃，查上述检定证，订正值为 -0.1，订正后的温度正确值得 20.2℃。

(4) 维护

干球温度表应保持清洁、感应球部干燥。如果发现温度表内刻度磁板破损，毛细管内有水银滴、黑色沉淀的氧化物或水银(酒精)中断，游标滑出酒精柱外等现象，应及时更换。

12.2.4　自记温度计

温度计是自动记录气温连续变化的仪器。从自记曲线上可获得记录时间内气温的瞬时值，气温极值和出现时间。

(1) 构造和原理

温度计由感应、传递和记录等三部分组成。温度计的感应部分是一双金属片 1，它是由膨胀系数不同的两种金属片(如黄铜和镍或铟钢)铆压而成。传递部分为杠杆系统 2。自记部分有自记钟 6、自记笔 3 和自记纸 8，如图 12-7 所示。

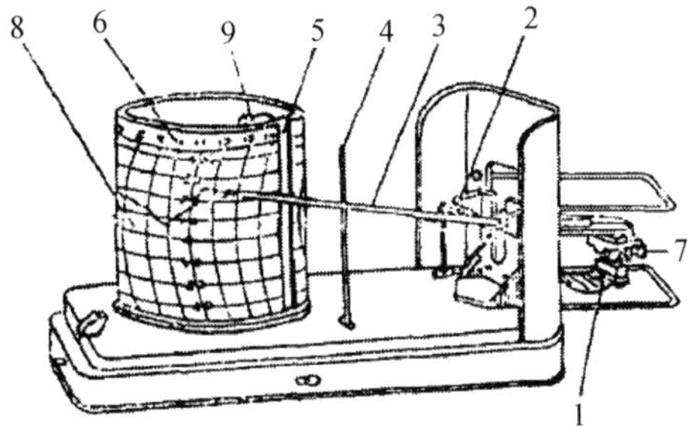

图 12-7　自记温度计

1-双金属片；2-杠杆；3-自记笔；4-笔挡；5-压纸金属条；6-自记钟；7-调整螺丝；8-自记纸；9-钥匙

当温度变化时，双金属片因膨胀系数不同而发生变形。变形很小，通过杠杆系统放大，并传递到自记笔尖。

圆形自记钟内装类似普通钟表的钟机。钟筒套在仪器的主轴上。钟机走动时，通过齿轮带动整个钟筒旋转。自记纸裹紧在钟筒上，用压纸条 5 压紧。自记纸上，横坐标为时间线，纵坐标为温度值。自记笔斗内盛以挥发性极小的特制墨水。随着温度不断变化，自记钟不断运转，这时自记笔尖上下移动，在自记纸上划出连续的温度变化曲线。

自记钟有日转和周转两种，目前使用日转的更为普遍。

(2)安置和使用

温度计被安放在大百叶箱内下面的架子上，底座保持水平，感测时，根据自记笔尖在自记纸上的位置观测读数，并作时间记号(轻抬一下自记笔杆)。在换下的自记纸上，把每次定时观测的气温实测值和自记读数分别读记在相应的时间线上，自记记录以时间记号为正点。

如果自记钟是日转的，应每日更换自记纸，周转的每周换纸一次，换纸步骤如下：

①作记录终止的记号(方法同定时观测作时间记号)。

②掀开盒盖，拔出笔挡4，取下自记钟筒，在自记迹线终端上角记下记录终止时间。

③松开压纸条5，取下自记纸，上好钟机发条(注意不要过紧，一般每周两次或五天一次)，换上已填写好站名、日期的新纸。上纸时，要求自记纸卷紧在钟筒上，两端的刻度线要对齐，底边紧靠钟筒突出的下缘，并注意勿使压纸条挡住有效记录的起止时间线。

④在自记迹线开始记录一端的上角，写上记录开始时间，接着按反时针方向旋转自记钟筒(以消除齿轮间的空隙)，使笔尖对准记录开始的时间，拔回笔挡并作一时间记号，最后盖好仪器的盒盖。

(3)维护

温度计应经常保持清洁，感应部分有灰尘时可用干洁的毛笔清扫。当记录曲线出现“间断”或“阶梯”状现象时，应检查自记笔尖对自记纸的压力是否适当。不要随便调整自记笔尖的位置。当自记纸示度与实测值相差较大时，转动调整螺丝7，把笔尖调到正确位置上。即时在自记笔斗内添加墨水，但不要过满。如果笔尖出水不畅，应用光滑坚韧的薄纸疏通笔缝或更换新笔尖。

严寒冬季，自记钟易产生停摆现象，应清洗自记钟，并在轴和轴孔里加抗凝的表油。当周转型自记钟一周快慢超过半小时，或日转型自记钟一日快慢超过10min时，应调整快慢针，慢了拨向“+”(或A、F)；快了拨向“-”(或R、S)。自记钟使用一年左右应清洗加油一次。

(4)记录整理

自记温度计使用方便，节省人力，但测量精度低于干球温度表，误差在±0.5℃左右，所以自记值必须经过订正后才能使用。自记记录的订正有时间订正(自记钟走时不准引起的)和读数订正(感应部分有误差引起的)。

①时间订正　时间订正是以定时观测所作的时间记号作为订正的依据。时间记号超过正点线时，时差为正，时间记号不到正点线时，时差为负，单位为分。订正方法如下：

总变差=本次时间时差-上次时差，即

$$t = t_n - t_0$$

各时变差=总变差/两次定时观测时间间隔(小时)，即

$$\Delta t = t/n$$

各时时差＝上次时间差＋各时变差×与上次观测的时间间隔(小时)，即

$$t_x = t_0 + \Delta t_x \times n_x$$

最后将各时时差加到各时各正点时间上，得出经过订正后的正确时间，用铅笔在自记纸上作出各时的正确时间线记号。

例如：2 时定时观测时间记号在正点线前 10min，8 时观测时间记号在正点线后 5min，则 2 时到 8 时时间订正如下：

$$t = t_n - t_0 = 5 - (-10) = 15\text{min}$$

$$\Delta t = t/n = 15/6 = 2.5\text{min}$$

于是　3 时时差 $t_1 = -10 + 2.5 \times 1 = -7.5 \approx -8\text{min}$

4 时时差 $t_2 = -10 + 2.5 \times 2 = -5\text{min}$

5 时时差 $t_3 = -10 + 2.5 \times 3 = -3\text{min}$

6 时时差 $t_4 = -10 + 2.5 \times 4 = 0\text{min}$

7 时时差 $t_5 = -10 + 2.5 \times 5 = 2.5 \approx 3\text{min}$

8 时时差 $t_6 = -10 + 2.5 \times 6 = 5\text{min}$

将各时时差分别填入表内得各时正确时间位置，见表 12-3。

表 12-3　各时正确时间位置

时间	2 时	3 时	4 时	5 时	6 时	7 时	8 时
记号	1:50						8:05
器差	10	-8	-5	-3	0	3	5
正确时间位置	1:50	2:52	3:55	4:57	6	7:03	8:05

②记录订正　具体步骤如下：

抄录 2、8、14、20 时 4 次定时观测的实测值(经过器差订正后的干球温度)，读出 2、8、14、20 时的自记值，并算出这 4 次的仪器差

仪器差＝实测值－自记值

按各时时间记号，读出其他各时自记值。

求出各时仪器差。

最后求出正确值。

正确值＝自记值＋仪器差

例如：14 时实测值为 15.8℃，自记值为 15.0℃；20 时实测值 13.4℃，自记值 13.0℃；14~20 时各时正确值计算如下：

$$t = t_n - t_0 = 0.4 - 0.8 = -0.4℃$$

$$\Delta t = t/n = \frac{-0.4}{6} = -0.07℃$$

15 时仪器差 $=0.8 + (-0.07) \times 1 = 0.7℃$

16 时仪器差 $=0.8 + (-0.07) \times 2 = 0.7℃$

17 时仪器差 $=0.8 + (-0.07) \times 3 = 0.6℃$

18 时仪器差 =0.8 +(−0.07)×4 =0.5℃

19 时仪器差 =0.8 +(−0.07)×5 =0.5℃

将各个时间的器差值与自记读数值相加，即得各时正确值，见表12-4。

表12-4 各时温度正确值(℃)

观测时间	14时	15时	16时	17时	18时	19时	20时
自记读数	15.0	15.5	14.8	14.2	13.9	13.5	13.0
实测值	15.8						13.4
器差	+0.8	+0.7	+0.7	+0.6	+0.5	+0.5	+0.4
正确值	15.8	16.2	15.5	14.8	14.4	14.0	13.4

复习思考题

1. 叙述乔唐式日照计的构造原理和安装使用方法。
2. 百叶箱的内外箱壁为什么要涂成白色，安置标准如何?
3. 玻璃液体温度表的测温原理是什么? 有哪些温标? 其换算关系如何?
4. 温度表和温度计有何区别? 观测值为什么要进行订正?

第 13 章　空气湿度、蒸发、降水、风、气压和空气负离子的测定

在地面气象观测中，空气湿度的测定包括水汽压(e)、相对湿度(u)、露点温度(t_d)和饱和差。蒸发和降水的测定是指蒸发量和降水量。风的测定中包括风向和风速。

13.1　空气湿度的测定

测定空气湿度的仪器有：百叶箱内的干湿球温度表和通风干湿表，其测湿原理相同，前者可用于长期定位观测站，后者用于野外观测。此外，还有毛发湿度表和自记湿度计等。

13.1.1　干湿球温度表

(1)测湿原理

小百叶箱内的干湿球温度表处在同一环境中，当空气未饱和时，湿球纱布上的水分随时都在蒸发，蒸发过程中消耗的热量来自周围空气。所以，湿球温度低于干球温度(空气温度)，它们的差值称作“干湿差”。空气湿度小，湿球纱布上的水分蒸发快，失热多，则干湿差大，反之，则干湿差小。因此，可以根据湿球温度和干湿差来确定空气湿度。此外，蒸发速度还与气压、风速等有关。根据这些因子，可以导出下列基本公式，即

$$e = E_w - AP(t - t_w) \tag{13-1}$$

式中，e 为空气的水汽压，hPa；t 为干球温度,℃；t_w为湿球温度,℃；P 为气压，hPa；A 是与通风速度和温度表球部形状有关的测湿系数,℃$^{-1}$，A 值见表 13-1；E_w为湿球温度下的饱水汽压，hPa。

在实际工作中，若每次用公式计算，过于繁杂且易出现错误，为使用方便，国家气象局依据式(13-1)，编制出《湿度查算表》。这样，只要测得 t、t_w、P 值，借助《湿度查算表》，从相应表中可查得水汽压(e)、相对湿度(u)、露点(t_d)和饱和差(d)。

表13-1 不同型号干湿表在一定通风速度下的A值

干湿表型号(通风速度 m/s)	$A\times10^{-3}$(℃$^{-1}$)	
	湿球未结冰	湿球结冰
百叶箱通风干湿表(电动通风3.5)	0.667	0.588
通风干湿表(机械电动通风2.5)	0.662	0.584
球状干湿表(自然通风0.4)	0.857	0.756
柱状干湿表(自然通风0.4)	0.815	0.719
球状干湿表(自然通风0.8)	0.795	0.795

(2)湿球温度表的使用

湿球示度的准确性与包缠纱布、纱布的清洁以及水杯内蒸馏水的纯净度等有关。

湿球纱布包扎(图13-1)用统一规定的吸水性良好的纱布包扎球部,包扎时,把湿球温度表从百叶箱中取出,洗干净手后,再用清洁的水将球部洗净,然后用长约10cm的新纱布在蒸馏水中浸湿,平贴无皱折地包卷在水银球上(纱布的绝大部分留在下边),纱布的重叠部分不要超过球部周围的1/4;包好后,用纱线把高出球部上面的纱布扎紧,再将纱布弄平,用纱线把球部下面的纱布紧靠着球部扎好,不宜过紧,最后剪掉多余的纱线。

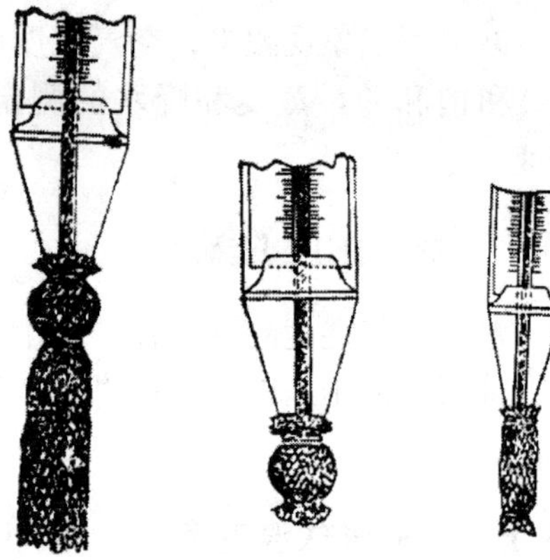

(a) (b) (c)

图13-1 湿球纱布包扎的示意图

(a)温度零上时湿球纱布包扎

(b)湿球纱布冻结时纱布包扎

(c)通风干湿表的湿球纱布包扎

冬季,湿球纱布开始结冰后,取走水杯,并在湿球球部下端2~3mm处剪断。

湿球结冰,不能用水杯供水时,在每次观测前均须润湿湿球纱布,其目的是使湿球纱布能有足够的水分(或冰衣),保持湿球表面有良好的蒸发,以获得正确的湿球示度。溶冰用的水温不可过高,相当于室温的水,能将湿球上的冰层溶化即可。溶冰时,将湿球球部浸在水杯内,待冰层完全溶化(用湿球温度的示度来判断),移开水杯,用杯口将聚集在湿球纱布上的水滴除去。一般在观测前30min左右进行融冰;风大时可在观测前20min进行;风小湿度大时,在观测前50min进行。

(3)观测和记录

湿球温度的观测和记录同干球温度一样。如果溶冰后再观测,则要求示度值稳定后才读数。读数后,用铅笔侧棱试试纱布软硬,确定湿球纱布是否冻结。如已冻结,应在湿球读数右上角记“B”字,供查算湿度用。

气温在-10℃以下时,停止观测湿球温度,用毛发湿度表或湿度计测定湿度。

(4)维护

湿球纱布必须经常保持清洁、柔软和湿润,一般每周换一次。遇有沙尘暴等特殊天气时，应立即更换。水杯中的蒸馏水时常加满，保持洁净。

13.1.2　通风干湿表

通风干湿表携带方便，精确度较高，用于野外测定气温和空气湿度。

(1)构造

由图 13-2 可见，两支型号完全相同的柱状温度表 1、2 固定在金属架上，感应球部装在双重防护辐射外磁管 5 和内套管 6 内。双重护管借三通管 4 与中心管 3 与风扇 8 相连通。此外，还有湿润纱布用的玻璃滴管 12，滴管被插在附有铜夹的橡皮囊 13 内。防风罩 10 用来保护风扇不受强风影响。铁挂钩 11 用来吊挂通风干湿表。每支温度表均有检定证。由于仪器表面镀有反射力强的镍和铬，且球部安装在能防止热辐射和热传导的双重护管中，所以可用于野外观测。

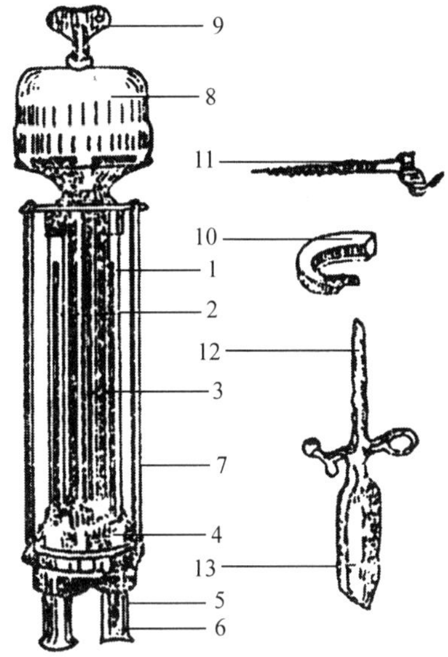

图 13-2　通风干湿表

1、2-干湿球温度表；3-中心管；4-三通管；5、6-双重保护管；7-外保护板；8-风扇；9-钥匙；10-防风罩；11-挂钩；12-玻璃滴管；13-橡皮囊

(2)观测和记录

通风干湿表中湿球纱布的包扎见图 13-1(c)。包扎方法与百叶箱中湿球温度表一样，球部下端的纱布留 2~3mm。

测定前，把通风干湿表挂在测杆上，悬挂高度视要求而定，测定高度在 0.5m 以下，应水平挂，温度表的球部向着迎风面，并避免阳光直射。测定高度在 0.5m 以上者，应竖立悬挂。

读数前 4~5min，用滴管湿润湿球，用钥匙 9 上发条(切忌过紧，应剩下一转)，开动风扇。当风扇转动时，空气由防护管吸入，经过中心管，由顶部的排气口排出，可保持温度表球部附近的风速稳定于 2.5m/s。上发条后 4~5min，方可读数。

当气温低于零时，为使温度表充分感应所测环境，应于读数前 30min，湿润纱布，上发条，挂在所测环境中。读数前 4min 再通风一次，但不再润湿纱布。观测时应注意湿球是否结冰，示度是否稳定。

当风速大于 4m/s 时，应将防风罩套在风扇迎风面的缝隙上，使罩的开口部分与风扇旋转方向一致，这样不影响风扇的正常旋转。

(3)维护

仪器的金属部分，特别是保护管的镀镍面应细心保护，观测后，将通风干湿表置于匣内。取时，应手拿风扇帽盖下的颈部。定期检查风扇旋转是否正常。湿球纱布应保持清洁。

13.1.3　空气湿度的查算

1980 年国家气象局根据式(13-1)编制了《湿度查算表》(甲种本或乙种本)可供百

叶箱通风干湿表、通风干湿表、球状和柱状干湿表等型号干湿表(自然通风)查算 e、u、t_d及 d 值。查算表主要由表1(湿球结冰)、表2(湿球未结冰)及表3(湿球温度订正)等组成，另有表4和表5是在特殊情况下才用，附表2~5是不同型号干湿表的湿球温度订正值。

查算步骤：

这里只介绍用球状和柱状干湿表(自然通风)以及通风干湿表测定干湿球温度后湿度查算方法，步骤如下：

①用观测的 t、t_w值在表1或表2中查出 n 值。湿球未结冰查表2。

②用 n 值和 P 值(个位数四舍五入)由附表1、2、3、4或5中查出湿球订正值 Δt_w。

使用附表5时需注意：当湿球未结冰时，应在气压值的左部查取 Δt_w值；使用附表5时，需注意：当湿球结冰时，则在气压值的右部查取 Δt_w值。

③用 t 及 $t_w+\Delta t_w$再查表1或表2，得 e、u 及 t_d值。

④查算饱和差 d(hPa)有两种方法，一种是根据干球温度 t 在附表1查得饱和水汽压 E_S值，减去当时水汽压 e 即可；另一种是由干球温度 t 查表1(或表2)，该干球温度栏的 $u=100$ 所对应的 e 值时的 E_S值时，由 E_S值把 E_d值减去当时的 e 值即可。

下面以湿度查算表乙种本，举例如下：

【例1】 用球状干湿表(自然通风速度0.8m/s)测得 $t=8.6$℃，$t_w=5.2$℃。$P=$ 1000hPa，求 e、u、t_d及 d。

解：由表2查得 $n=9$，用 n 值和 $P=1000$hPa，查附表5气压值左方的湿球未结冰部分，得 $\Delta t_w=0.3$℃，订正后的 $t_w=5.2-0.3=4.9$℃；再用 $t=8.6$℃和 $t_w=4.9$℃查表2得 $e=6.2$hPa，$u=55\%$，$t_d=0.2$℃。根据 $t=8.6$℃查表2，$u=100\%$所对应的$e=$ 11.2hPa 即为 $t=8.6$℃时的 E_S 值，则 $d=11.2-6.2=5.0$hPa。

【例2】 用柱状干湿表(自然通风速度0.4m/s)测得 $t=-2.6$℃，$t_w=-6.5$B℃。$P=$ 1024.8hPa，求 e、u、t_d及 d。

解：由表1中查得 $n=13$，用 n 值和 $P=1030$hPa 查附表得 $\Delta t_w=-0.7$℃，订正后的湿球温度 $t_w=-6.5\text{B}-0.7=-7.2$B℃，用 $t=-2.6$℃和 $t_w=-7.2$B℃再查表1，查得 $e=0.6$hPa，$u=12\%$，$t_d=-28.0$℃。然后根据 $t=-2.6$℃查表1，得 $u=99\%$所对应的 $e=5.0$hPa 即为 $t=-2.6$℃时的 E_S 值，则 $d=5.0-0.6=4.4$hPa。

【例3】 用通风干湿表测得 $t=20.5$℃，$t_w=14.8$℃。$P=1043.0$hPa，求 e、u、t_d及 d。

解：由表2查得 $n=11$，用 n 值和 $P=1040$hPa，查附表2得 $\Delta t_w=-0.1$℃，订正后的湿球温度 $\Delta t_w=14.8-0.1=14.7$℃，用 $t=20.5$℃和 $t_w=14.7$℃再查表2，得 $e=$ 12.8hPa，$u=53\%$，$t_d=10.7$℃。然后在查得 $t=20.5$，$u=100\%$所对应的水汽压 $e=$ 24.1hPa 即为 $t=20.5$℃时的 E_S值，$d=24.1-12.8=11.3$hPa。

【例4】 用球状干湿表(自然通风0.4m/s)测得 $t=32.0$℃，$t_w=11.2$℃。$P=$ 720.2hPa，求 e、u、t_d及 d。

解：在表2中，$t=32.0$℃栏内，查不到 $t_w=11.2$℃及对应的 n 值。在表5的湿球未结冰部分，用 $t=32.0$℃，$t_w=11.2$℃，查得 $n=45$。用 $n=45$ 及 $P=770$hPa 在附表

3 中查得 $\Delta t_w = 0.7$℃，订正后的湿球温度 $t_w = 11.2 + 0.7 = 11.9$℃，用 $t = 32.0$℃ 和 $t_w = 11.9$℃在表 2 中，查得 $e = 0.5$hPa，$u = 1\%$，$t_d = -29.8$℃，然后查得 $t = 32.0$℃，$u = 100$ 所对应的 $e = 47.5$，$d = 47.5 - 0.5 = 47.0$hPa。

《气象常用表》(第一号)和《湿度查算表》的编制原理相同，仅公式中的测湿系数 A 取值不同，其详细查表方法可参阅该表的说明。

13.1.4　毛发湿度表

毛发湿度表(图 13-3)只能测定相对湿度。

(1)构造和原理

毛发湿度表的感应部分是脱脂人发 1，它具有随空气湿度变化而改变其长度的特征。当相对湿度由 0% 增加到 100% 时，增加其本身长度的 2.5%，但是不同湿度时其伸长量不等。低湿时，毛发伸长量大，毛发表的灵敏度大；高湿时，毛发伸长量小，毛发表的灵敏度小。

毛发的上端固定在支架上部的调整螺丝 2 上，下端固定在支架下部的弧钩 3 上。弧钩与小锤 4 连接，小锤使毛发拉紧。弧钩和指针 5 固定在同一轴上，指针另一端在刻度盘 6 上移动并指示湿度。当空气相对湿度增大时，毛发伸长，小锤因重力作用下压，指针向右移动；反之，相对湿度下降时，指针向左移动。当毛发湿度表的示度不反映实况时，可用调整螺丝来调整。

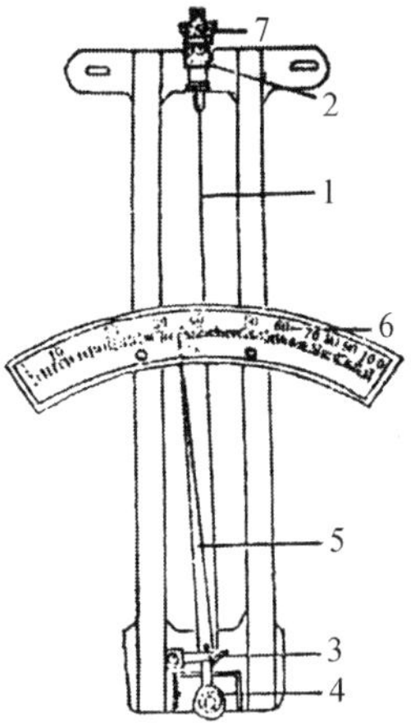

图 13-3　毛发湿度表

1-脱脂人发；2-调整螺丝；3-弧钩；4-小锤；5-指针；6-刻度盘；7-锁紧螺母

(2)安装

毛发湿度表应垂直地悬挂在温度表支架的横梁上，表的上部用螺丝固定。

(3)观测和记录

观测时视线要通过指针并与刻度盘垂直，读出指针所在刻度线，取整数记录。如怀疑指针由于轴的摩擦或针碰到刻度尺而被卡住，可轻击一下毛发表架，或小心地把指针向左(刻度小的一端)轻拨一下，重新读数。

如果指针位置超出 100%，则按 90%~100% 的刻度尺距离外延估计读数，并加括号“( )”。

毛发湿度表精度较差，只有当气温下降到 -10℃以下时才作正式记录使用，但必须作订正。订正方法是：在气温降到 -10℃以前一个月到一个半月内，每天定时观测干湿表和毛发湿度表，用回归法作出毛发湿度表的订正线，编制订正图，供气温在 -10℃以下时查用。

(4)维护

禁止用手触摸毛发，以免手上的油脂覆盖小孔，影响其正常感应。毛发及其部件上附有雾凇、水滴或冰时，应轻击金属架，使其脱落，或取回室内，自然干燥。空气湿度很大时，如果毛发表指针超出刻度范围，则应调整示度。

13.1.5 毛发湿度计

毛发湿度计可自动记录相对湿度的连续变化。

(1)构造与原理

毛发湿度计和温度计一样，有感应、传递放大和自记三部分。感应部分为一束脱脂人发1，传递放大部分的传动机械为杠杆曲臂2，自记部分由自记钟4、自记纸5、自记笔3组成。杠杆曲臂使笔杆上抬，笔尖同时上移；当相对湿度减小时，发束缩短，杠杆曲臂使笔杆下移，笔尖也下落。这样，随时间便连续记录出相对湿度的变化曲线(图13-4)。

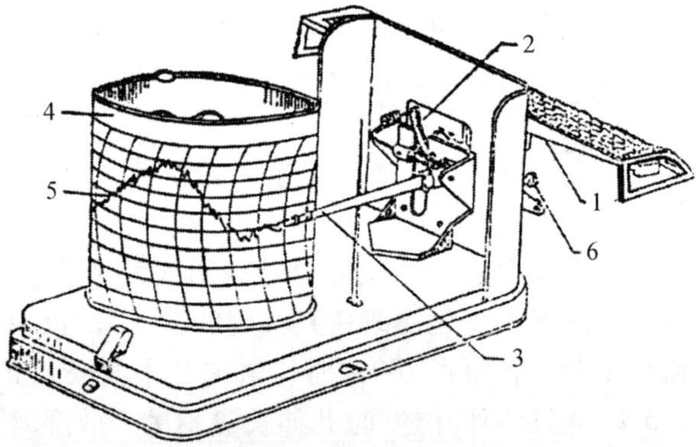

图13-4 毛发湿度计

1-脱脂人发；2-杠杆曲臂；3-自记笔；4-自记钟；5-自记纸；6-调整螺丝

(2)安装

湿度计安置在大百叶箱内温度计的后上方架上，底座保持水平。

(3)观测和记录

定时观测时，根据自记纸上笔尖的位置读出相对湿度(只记整数)，并作时间记号，方法同温度计。换自记纸的步骤与自记温度计一样。

(4)维护

如果毛发脱钩，立即用镊子使其复位。每季度用洁净毛笔蘸蒸馏水清洗毛发一次。

附：实习内容和要求

1. 目的要求

通过实习，了解常用测湿仪器的构造和原理，并能熟练地独立进行观测和应用《湿度查算表》查算空气湿度。

2. 观测仪器

百叶箱内干湿表，通风干湿表，毛发湿度表，湿度计，空盒气压表等。

3. 实习内容

①对照仪器熟悉构造原理、安装方法及《湿度查算表》的结构、格式和查算步骤。

②用百叶箱内干湿表、毛发湿度表及湿度计测定空气湿度。

③用通风干湿表测定所需高度上的空气湿度。

④观测本站气压，使用方法见第5节。

⑤根据测得的百叶箱内干、湿球温度值及通风干湿表的干、湿球温度值，用《湿度查算表》查出空气湿度。

4. 实习步骤

①测定前，在百叶箱附近立一测杆，装上挂钩，把通风干湿表挂在所要求的最低观测高度上，在环境中暴露一段时间(冬季约 30min，夏季约 15min)，使温度表的感应部分与周围空气的热量交换达到平衡。读数前 4min，湿润湿球，上发条，挂在测定高度上。4min 后，待湿球示度稳定后开始读数(先干球后湿球，先小数后整数)每个高度上先后为 3 次读数(先自下而上，自上而下，再自下而上)。读数时从下风方向接近仪器，勿接触双重护管。当风速大于 4m/s 时，使用防风罩。

②记下百叶箱内干湿球温度表上的示度值，方法同气温观测。

③记下毛发湿度表和湿度表上的空气相对湿度。

④测定气压，包括气压读数和附属温度读数。附属温度供订正气压值用。

5. 观测记录的整理和分析

①先把干、湿球读数作器差订正，根据订正后的温度值用《湿度查算表》查出测定时刻的水汽压，相对湿度，露点和饱和差。

②写出实习报告，把各项观测值及查算结果按表 13-2 形式填写。比较百叶箱干湿表和通风干湿表的观测结果，说明其差别的原因。

表 13-2　空气温湿度观测记录表

<table>
<tr><td>时间</td><td colspan="12"></td></tr>
<tr><td>仪器名称</td><td colspan="2">观测项目</td><td colspan="2">表号</td><td colspan="2">读数</td><td>器差</td><td>订正后</td><td>水汽压(hPa)</td><td>相对湿度(%)</td><td>露点(℃)</td><td>饱和差(hPa)</td></tr>
<tr><td>百叶箱干湿表</td><td colspan="2">干球
湿球
最高
最低</td><td colspan="2"></td><td colspan="2"></td><td></td><td></td><td></td><td></td><td></td><td></td></tr>
<tr><td>毛发湿度表</td><td colspan="2">相对湿度(%)</td><td colspan="10"></td></tr>
<tr><td>湿度计</td><td colspan="2">相对湿度(%)</td><td colspan="10"></td></tr>
<tr><td>气压表</td><td colspan="2">气压(hPa)</td><td colspan="10"></td></tr>
<tr><td rowspan="7">通风干湿表</td><td>高度</td><td>温度</td><td>一</td><td>二</td><td>三</td><td>总和</td><td>平均</td><td>器差</td><td>订正后</td><td>水汽压(hPa)</td><td>相对湿度(%)</td><td>饱和差(hPa)</td></tr>
<tr><td rowspan="2">(cm)</td><td>干球</td><td></td><td></td><td></td><td></td><td></td><td></td><td></td><td rowspan="2"></td><td rowspan="2"></td><td rowspan="2"></td></tr>
<tr><td>湿球</td><td></td><td></td><td></td><td></td><td></td><td></td><td></td></tr>
<tr><td rowspan="2">(cm)</td><td>干球</td><td></td><td></td><td></td><td></td><td></td><td></td><td></td><td rowspan="2"></td><td rowspan="2"></td><td rowspan="2"></td></tr>
<tr><td>湿球</td><td></td><td></td><td></td><td></td><td></td><td></td><td></td></tr>
<tr><td rowspan="2">(cm)</td><td>干球</td><td></td><td></td><td></td><td></td><td></td><td></td><td></td><td rowspan="2"></td><td rowspan="2"></td><td rowspan="2"></td></tr>
<tr><td>湿球</td><td></td><td></td><td></td><td></td><td></td><td></td><td></td></tr>
</table>

13.2　蒸发的测定

蒸发观测是指测定蒸发量，即由于蒸发而消耗的水量。台站测定的蒸发量，是指一定口径的蒸发器中的水，因蒸发而降低的深度。蒸发量以毫米为单位，取一位小数。常用小型蒸发器测定蒸发量。

13.2.1 小型蒸发器构造

小型蒸发器为一口径20cm，高为10cm的金属圆盆，器旁有一倒水小嘴，口缘镶有铜圈，呈内直外斜的刀刃形。为防止鸟兽饮水，器口上附有一个上端向外张开呈喇叭状的金属丝网圈(图13-5)。

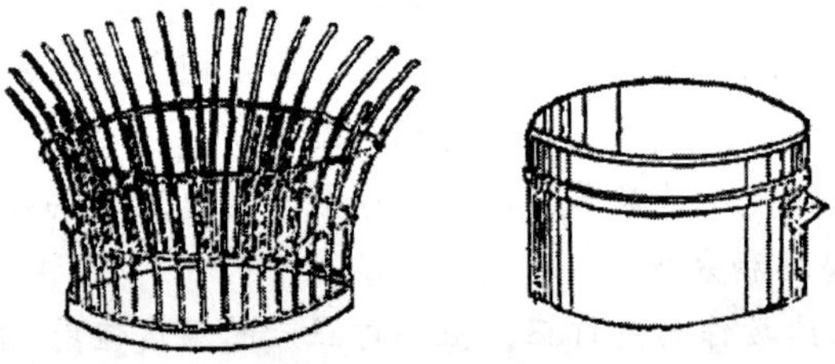

图13-5 小型蒸发器

13.2.2 安置

小型蒸发器安置在观测场内雨量器附近，终日受日光照射的地方，并安装在固定铁架上。蒸发器口缘保持水平，距地面高度为70cm。冬季积雪较深的地区，安置方法同雨量器。

13.2.3 观测和记录

每天20时进行观测，用专用量杯测量前一天20时注入的20mm清水(即今日原量)经24h蒸发后剩余的水量，并作记录。然后倒掉余量，重新量取20mm(干燥地区和干燥季节须量取30mm)清水注入蒸发器内作为次日原量。蒸发量计算公式如下：

$$蒸发量=原量+降水量-余量$$

结冰时，用称量法测量(方法和要求同降水部分)，其他季节用杯量法或秤量法。

如结冰后有风沙，则观测时，应先将器内冰面上的尘沙清扫出去，然后再称量。称量后，须用水再将附着在冰面上的尘沙洗去，再补足20mm的水量。

有降水时，应取下金属网罩；有强降水量，应随时注意从器内取出一定的水量，以防溢出，并将取出量记入当日余量中。

因降水或其他原因，致使蒸发量为负值时，则记为0.0；蒸发器内水量全部蒸发完时，记为>20.0(如原量为30.0mm，记为>30.0)。

为使计算蒸发量准确和方便，在多雨季节，应在蒸发器附近增设一个供测定蒸发用的雨量器，在蒸发观测的同时进行降水观测。

13.2.4 维护

每日观测后，要清洗蒸发器，倒净剩余水，换用干净水。冬季结冰期间，可以10d换一次水。此外，定期检查蒸发器是否水平，有无漏水现象，并及时纠正。

13.3　降水的测定

降水测定中，包括降水量、降水时间和降水强度。测定降水的仪器有雨量器（雨量筒）和雨量计。

13.3.1　雨量器

雨量器（雨量筒）是用来测定一定时段内的液体和固体降水量的仪器。

（1）构造

雨量器的构造十分简单，为一金属圆筒，目前我国所用的筒口直径是20cm（其口面积为314cm^2）。雨量器包括承水器1、漏斗2、储水筒（外筒3）、储水瓶4，并配有与其口径成比例的专用量杯。漏斗口是正圆形，器口为内直外斜的刀刃形，防止雨水溅入。雨量杯是一个特制的玻璃杯，杯上刻度一般从0.05～10.5mm，每小格代表0.1mm降水量，每大格为1.0mm降水量（图13-6）。

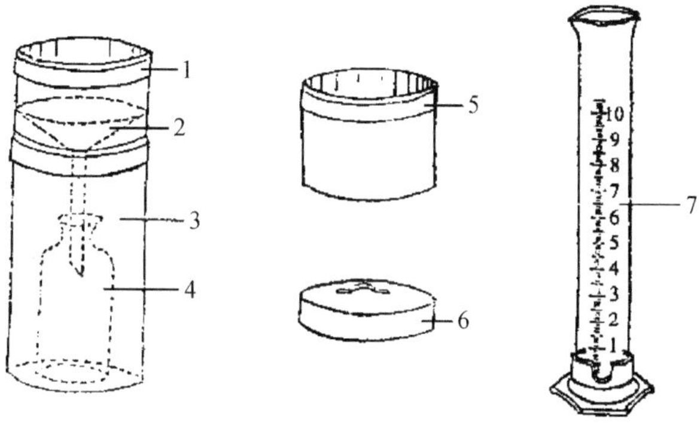

图13-6　雨量器及量杯

1-承水器；2-漏斗；3-储水筒；4-储水瓶；5-承雪口；6-筒盖；7-专用量杯

（2）安装

雨量器安置在观测场内固定架子上，器口保持水平，口沿距地面高度为70cm。冬季积雪较深的地区，应在附近装一备份架子，当雪深超过30cm时，就应把雨量筒移至备份架子上进行观测，口沿距地面高度为1.0～1.2m。降雪时，要求取走漏斗和贮水瓶，直接用外筒接纳降水。

（3）观测和记录

有降水时，每天8时、20时进行降水量观测，在炎热而干燥的季节，为避免蒸发过速而影响记录，降水停止后，应及时进行补充观测。

①液态降水的观测　观测时换取贮水瓶，把换下贮水瓶的水倒入量杯内。然后用食指和拇指夹住量杯上端，使其自由悬垂或将量杯放在水平的桌面上，视线与水的凹面最低处齐平，读取刻度数，并作记录。如果降水量较多，可分几次量取，然后相加；如果降水量不足0.05mm或观测前确有微量降水，而在观测时已蒸发，则降水量应记0.0；如果无降水量，降水量则不作记录。

②固态降水的观测　将已承接固体的贮水筒换下，盖上盖子，清除筒外附着的降

水和泥土等，取回室内用台秤称量，或加入定量温水，待固体降水完全融化后，再用量杯量取，扣除温水量，即为固体降水量。禁止用火烤的办法来融化固体降水物。观测时间、记录同液体降水。

(4)维护

每次巡视仪器时，注意清除承水器、贮水瓶内的昆虫、尘土、树叶等杂物。每次观测后应将承水器放归原处。

每月检查一次雨量器的水平和高度等安置状况，以及外筒有无漏水现象。承水器的刀刃口沿要保持正圆，避免碰撞变形。

13.3.2 虹吸式雨量计

虹吸式雨量计(图 13-7)能连续记录液体降水量和降水时数。筒口直径一般为 20cm。

(1)构造原理

该仪器由承水器 1、浮子室 2、自记钟 3、虹吸管 4 等组成。当雨水通过承水器进入浮子室后，浮子 6 和笔杆 5 即随水面升高而上升。下雨时随着浮子室内水集聚的快慢，笔尖就在自记纸上记录出相应的曲线，从而表示出降水量、降水时间和降水强度。当笔尖达到自记纸上限(一般相当于 10mm 或 20mm 的降水量)时，浮子室内的水从左侧虹吸管排出，流入管下的标准容器中，笔尖立即落到“0”线上。若降水停止，笔尖停止上升，自记线条为水平线；降水强度越大，自记线的坡度则越陡。

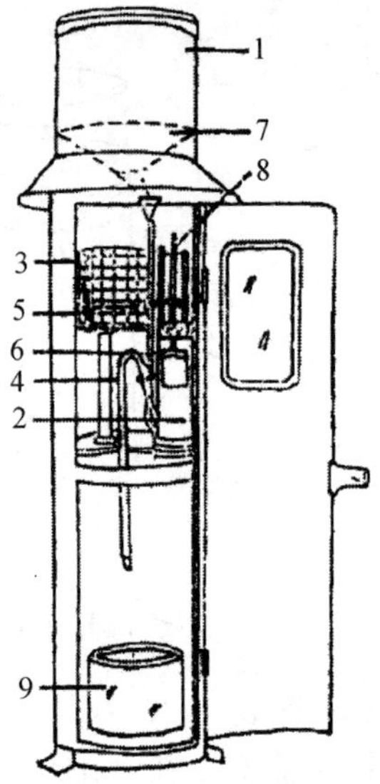

图 13-7 虹吸式雨量计

1-承水器；2-浮子室；3-自记钟；4-虹吸管；5-自记行；6-浮子；7-漏斗；8-笔挡；9-盛水器

(2)安装

虹吸式雨量计应安装在观测场内雨量器附近，承水器口离地面的高度以仪器自身高度为准，器口应水平，并以三根纤绳拉紧。

安装时先把雨量计外壳放在埋入土中的木桩或水泥底座上固定住，然后安装内部机体。先安装浮子室，再安装自记钟，接上虹吸管，笔尖上好墨水，在虹吸管下放置盛水器。

(3)使用前的调节和检查

仪器内部机件装好后，须按顺序调节和检查。

①调整零点往承水器缓缓倒水，直至虹吸管排水为止 待排水完毕，自记笔位置应恰好在自记纸零线位置，否则应拧松笔杆固定螺钉，把笔尖调至零线再固定好。

②仪器作用情况检查 用 10mm 清水缓缓注入承水器，注意笔尖移动是否灵活；如摩擦太大，应检查浮子顶端的直杆能否自由移动，自记笔右端的导轮或导向卡口是否顺着支柱自由滑动。

③虹吸位置的检查 继续将水倒入承水器，至笔尖升到 9mm 时，要求更缓慢地

倒水，待开始虹吸，立即停止倒水，看笔尖所升的最高位置是否恰好在10mm处，最低位置在“0”线，如果不是，则说明虹吸位置不正常，需要调节虹吸管位置。其方法是：先将虹吸管位置调高些，待10mm清水加完后，自记笔停留在自记约10mm刻线时，拧松固定虹吸管的连接螺帽，将虹吸管轻轻下插，直到虹吸作用恰好开始为止，再固定好连接螺帽。之后，反复注水和调节几次，直到虹吸位置为止。

(4)观测和记录

自记记录供整理各时雨量及挑选极值用。固态降水，凡是随降随化的，仍照常读数和记录，否则，应将承水器加盖，停止使用虹吸式雨量计，待有液态降水时再恢复记录。

自记纸的更换无降水时，自记纸可连续使用8~10天，用加注1mm水量的办法来抬高笔位，以免每日迹线重叠，一日内有降水，降水量≥0.1mm时，必须换纸。自记记录开始和终止的两端须作时间记号，可轻抬自记笔根部，使笔尖在自记纸上划一短垂线；若记录开始或终止时有降水，则应用铅笔作时间记号；如果自记纸上有降水记录，但换纸时无降水，应在换纸前加水作人工虹吸，使笔尖回“0”线位置；若换纸时正在降水，则不作人工虹吸。

(5)维护

雨季时，每月应检查1~2次盛水器内的水量与自记纸上计算的降水量是否一致，并将结果记在自记纸背面，供使用资料时参考。如误差较大，且非自然虹吸所造成，则应找出原因，进行调整或修理。

结冰前，应把浮子室内的水排尽；冰冻期长的地区，应将内部机体拆回室内保管。

虹吸管与浮子室侧管连接处应紧密衔接，虹吸管内壁和浮子室内不得粘附油污，以防漏气或漏水而影响正常虹吸。

浮子直杆与浮子室顶盖上的直柱应保持清洁，无锈蚀物；两者应保持平行，以减少摩擦，避免产生不正常记录。其他方面同雨量器。

13.4　风的测定

风的测定包括风向和风速。常用的测风仪器有电接风向风速计和轻便风向风速表。前者用于台站长期定位观测；后者多用于野外流动观测，也可作台站备用仪器。

13.4.1　EL型电接风向风速计

(1)构造原理

EL型电接风向风速计是由感应器、指示器、记录器组成的有线遥测仪器。

感应器(图13-8)风向部分由风标1、风向方位块、导电杯、接触簧片2等组成；风速部分由风杯3交流发电机、蜗轮4等组成。

指示器(图13-9)由电源、瞬时风向指示盘1、瞬时风速指示盘2等组成。

记录器(图13-10)由8个风向电磁铁1、1个风速电磁铁2、自记钟3、自记笔4和5、笔挡6、充放电线路等部分组成。

(2)安装

安装步骤大致如下:

①安装前按包装单检查仪器的各配件是否齐全，并进行装配和运转试验，检验合格，方可进行安装。

②感应器应安装在牢固的高杆或塔架上，并附设避雷装置。风速感应器(风杯)中心距地高度10~12m；若安装在平台上，则风速感应器(风杯)中心距平台面(平台有围墙者，为距围墙顶)6~8m，且距地面不得低于10m。

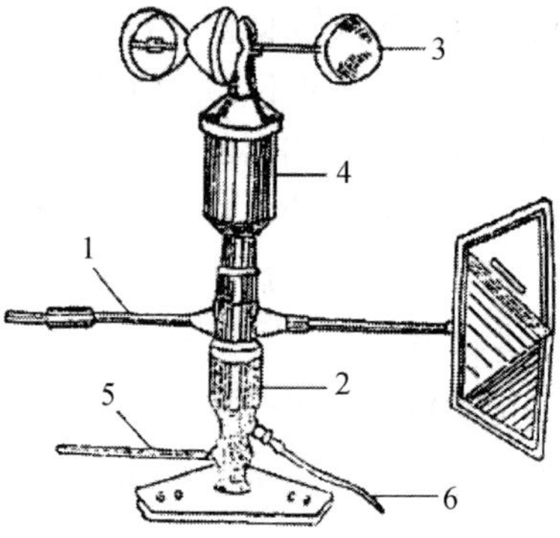

图13-8 EL型风向风速计感应部分

1-风标；2-风向方位块、导电杯、接触簧片；3-风杯；4-风速发电机、蜗轮；5-指南标；6-电缆

③首先将三角铁底座固定在杆顶，安装时感应器中心轴应垂直，指南杆指向正南方，并在高杆或塔架正南方地面上，固定一个小木桩作标志，以便检查校正方位。

④指示器、记录器应平稳安放在室内桌面上，用电缆与感应器相连接。

⑤电源使用交流电(220V)或干电池(12V)。若用干电池，注意正负极不要接错。

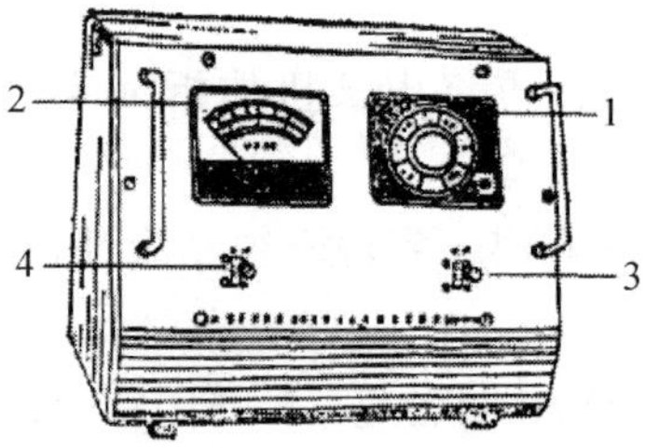

图13-9 EL型风向风速计指示器

1-风向指示盘；2-风速指示盘；3-风向开关；4-风速开关

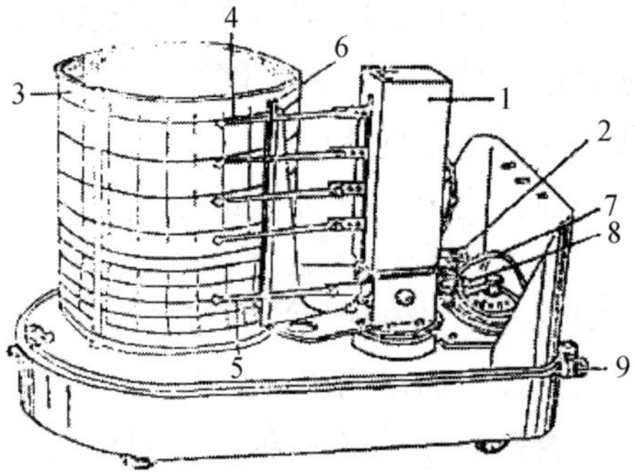

图13-10 EL型风向风速计记录器

1-风向电磁铁；2-风速电磁铁；3-自记钟；4、5-自记笔；6-笔挡；7-凸轮；8-滚轮；9-干电池接头

(3)观测和记录

打开指示器的风向、风速开关，观测2min风速指针摆动的平均位置，读取整数(m/s)记录。风速小时，应把风速开关拨到"20"档上，读0~2m/s标尺刻度；风速大时，把风速开关拨到"40"档上，读0~40m/s标尺刻度。观测风向指示灯，读取2min的最多风向，用16个方位的缩写字母记录，如图13-11所示。静风时，风速记"0"，风向记"C"；平均风速超过40m/s，则记为>40。

自记纸更换方法、步骤与温度计基本相同。其不同点是：时间记号采用下压风速自记笔杆；换纸后不必用逆时针法对时；对准时间后，必须将钟筒上的压紧螺帽拧紧。

自记纸整理：包括时间差订正，各时风速，各时风向及日最大风速。时间差订正，以实际时间为准，根据自记纸上的时间记号，求出各正点的时间位置；各时风速，计算正点前 10min 内的平均风速，按自记曲线通过自记纸上水平格线上的格数(1 格相当于 1.0m/s)来计算；日最大风速，是以每日(20～20 时)风速自记曲线较陡的几处线段上，分别截取 10min 线段的风速进行比较，选出其中最大者，并注明其相应的风向及该时段的终止时间；各时风向，是从各正点前 10min 内的 5 次风向记录(风向自记部分，每 2.5min 记录一次风向)中，挑选其中最多出现次数作为该时风向。

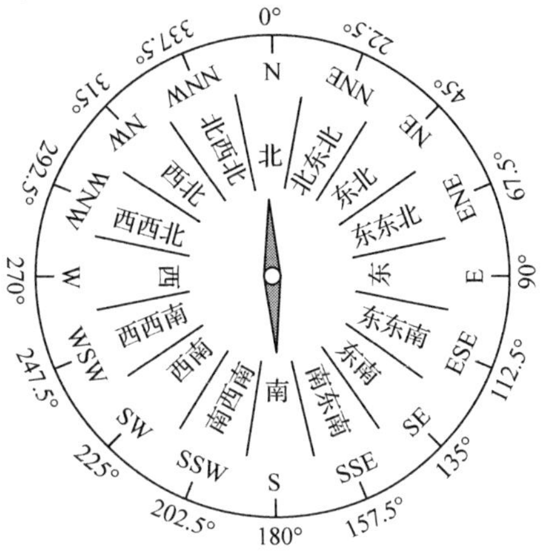

图 13-11　风向的 16 个方位

(4)维护

①因为感应器和指示器是配套检定的，所以撤换仪器时要求二者同时撤换。

②电源(串联的干电池)电压低于 8.5V 时，应调换新电池。干电池与整流电源并联使用时，应经常检查干电池。如发现锌壳变软或有微量糊状物冒出，应立即更换，并找出原因。

③风向划线后，笔尖复位超越基线过多，易造成判断错误，应向里调节笔杆上的压力调整螺钉，以加大笔尖压力；如划线回不到基线上，有起伏，则应调节螺钉，减小笔尖压力。五个风向笔尖如果不在同一时间线上时，应调整风速笔尖在笔杆上的位置，使风向笔尖沿笔杆移动与风速笔尖对齐。移动、清洗或调换笔尖时注意勿使笔杆变形。

，④风向方位块应每年清洁一次。更换风向灯泡时，勿把灯泡相应的方位弄错。

⑤自记钟的走时有较大误差时，应拨正快慢针。若偏慢较多，应检查套在钟轴上的两片大齿轮(上下齿轮)有无相对转动一个角度，钟机内 2 分半钟自动开关对双凸轮的压力是否过大，并加以调节。

13.4.2　轻便风向风速表

(1)构造和原理

三杯轻便风向风速表(图 13-12)是测量风向和 1min 平均风速的仪器。它由风向部分，包括风向标 1、方位盘 2、制动小套管 3；风速部分，包括十字护架 6、风杯 5；手柄三部分组成。当按下风速按钮 7，启动风速表后，风杯随风转动即带动风速表主机体内的齿轮组，使指针在刻度盘 8 上指示出风速。同时，控制系统也开始工作，待

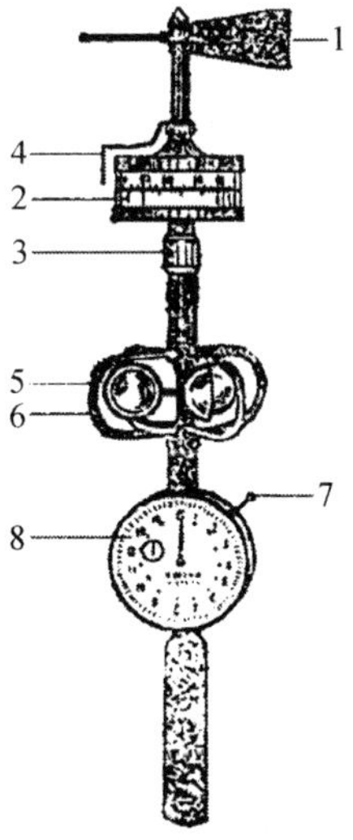

图 13-12　三杯轻便风向风速表

1-风向标；2-方位盘；3-制动小磁管；4-风向指针；5-风杯；6-十字护架；7-风速按钮；8-风速表刻度盘

1min后自动停止计时，风速指针也停止制动。

指示风向的方位盘是一磁罗盘。当制动小套管打开后，罗盘即按地磁子午线方向稳定下来，风向随风摆动，其指针4所指方向，即当时的风向。

(2)观测和记录

观测时应将仪器带至空旷处，由观测者手持仪器(或安装在小气候观测架上)，高出头部，主轴保持垂直，风向刻度盘上与当时风向平等，观测者应站在仪器的下风方向。然后将方位盘的制动小套管向下拉，并向右转一个角度，方位盘即能自由旋转，按地磁子午线方向固定下来，注视风向标约2min，记录其最多风向。

在观测风向的同时，待风杯旋转约0.5min，按下风速按钮，风速指针就回到零位，放开按钮后，时间指针和风速指针开始走动；1min后，指针自动停转，再读出风速示值(即指示风速)，将此值从风速表检定曲线图中再查出实际风速，取1位小数。

观测完毕，将方位盘制动小套管向左转一个角度，小套管即弹回上方，固定好方位盘(切勿再按风速按钮)，将仪器放入盒内。

(3)维护

①保持仪器清洁、干燥，若被雨雪打湿，使用后用软布擦拭干净。

②避免碰撞和震动。非观测时间，仪器放在盒内，切勿用手摸风杯，也不得用口对风杯猛烈吹气。

③平时不要随便按风速按钮，计时机构开始工作(即小红分针开始转动)后，切勿再按风速按钮。

④各轴承和紧固螺母不得随意拧动。当连接或卸下风向部分、风速部分和手柄时不可猛拧，动作要慢而轻，松紧适度。

⑤仪器使用120h后须重新检定。

13.5 气压的测定

测定气压的仪器，有水银气压表、空盒气压表和气压计等。水银气压表的测定精度比较高。在旅游工作中，空盒气压表的精度已满足要求。为此，这里仅介绍空盒气压表。

13.5.1 构造和原理

空盒气压表(或称固定金属气压表)是利用空盒弹力与大气压力相平衡的原理制成的。空盒气压表不如水银气压表准确，但其使用和携带都比较方便，适于野外考察。

空盒气压表由感应、传动放大、指示三部分组成(图13-13)。

感应部分：是一组有弹性的密闭金属空盒1，盒内近似真空，其两面都有圆形波纹，以增大空盒的弹性。当大气压力与空盒弹性相平衡时，空盒就保持一定的形状，由指针指出相应的气压值。为提高仪器的灵敏度，采用空盒组，其一端与传递放大部分连接，另一端固定在金属板上。

传递放大部分：由连接杆2、中间轴3、拉杆4、链条5、滚子6、游丝7、指针轴8、指针9和一套杠杆传动装置组成。游丝用以消除传动间隙。感应部分的微弱变化，

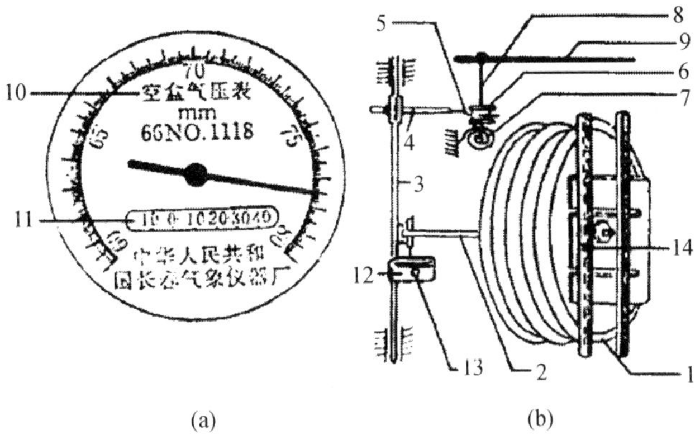

图 13-13　空盒气压表

(a)外形　(b)内部结构

1-空盒组；2-连接杆；3-中间轴；4-拉杆；5-链条；6-滚子；7-游丝；8-指针轴；9-指针；10-刻度盘；11-附属温度表；12-调节器；13-调节螺丝；14-安装螺丝

经过这一装置两次放大后，可放大 100 倍以上。

指示部分：由指针 9、刻度盘 10 和附属温度表 11 组成。气压增大时，空盒被压缩，经传递放大部分带动指针，向右偏转，气压示度升高；反之，气压降低时，向左偏转，示度降低。

此外，空盒气压表上还装有弧形温度表，以便读取仪器温度。在空盒底部有一指针调整螺丝 13，以调整指针位置。平时不许随便触动，否则将改变整个仪器订正值。

13.5.2　观测和记录

①打开盒盖，先读附温，准确到 0.1℃；

②轻击盒面(克服机械摩擦)，待指针静止后再读数；

③读数时视线应垂直于刻度面，读取指针尖端所指刻度示数，精确到 0.1(hPa · mm)；

④读数后立即复读，并关好盒盖。

13.5.3　空盒气压表的读数订正

空盒气压表上的示度必须进行订正，才能得出较准确的本站气压值。这些订正值是：

①刻度订正值　由仪器制造或装配不够精密造成的误差，可由仪器检定证上查出。

②温度订正值　由于温度变化引起空盒弹性改变而造成的误差，其订正值可由下式求得：

$$\Delta p = \alpha t \tag{13-2}$$

式中，α 为温度系数(可由仪器检定证中查出)；t 为附属温度表读数。

③补充订正值　由于空盒的残余变形引起的误差，也由检定证中查出。

将这三个订正值与气压表读数相加，即为本站气压。

附：实习内容和要求

1. 目的要求

通过实习，了解常用的测定蒸发、降水、风和气压等仪器的结构、原理及使用方法，并能进行观测。

2. 观测仪器

观测仪器有：小型蒸发器、雨量器、虹吸式雨量计、轻便风向风速表、空盒气压表。

3. 实习内容

①对照仪器熟悉其结构、性能及使用方法。

②进行蒸发量、降水量、风向风速和气压的测定并记录。

③降水和风向、风速自记记录的整理。

4. 实习报告

①把蒸发量、降水量、风向风速和气压等各项观测记录填入表13-3中，并将查算的结果填入相应的栏内。

表13-3　风、降水、蒸发、气压观测记录表

站名______　纬度______N　气压表海拔高度______m　观测日期______年______月______日

<table>
<tr><td rowspan="4">风</td><td colspan="3" rowspan="2">轻便风向风速表</td><td colspan="4">指示风速(m/s)</td><td colspan="4">实际风速(m/s)</td><td colspan="5">风　向</td></tr>
<tr><td colspan="4"></td><td colspan="4"></td><td colspan="5"></td></tr>
<tr><td colspan="3" rowspan="2">电接风向风速计</td><td colspan="8">风速(m/s)</td><td colspan="5">风　向</td></tr>
<tr><td colspan="8"></td><td colspan="5"></td></tr>
<tr><td rowspan="2">降水</td><td colspan="3" rowspan="2">雨　量　器</td><td colspan="3">降水量(mm)</td><td colspan="2" rowspan="2">小型蒸发器</td><td colspan="2">原量(mm)</td><td colspan="2" rowspan="2">降水量(mm)</td><td colspan="2">余量(mm)</td><td colspan="2">蒸发量(mm)</td></tr>
<tr><td colspan="3"></td><td colspan="2"></td><td colspan="2"></td><td colspan="2"></td></tr>
<tr><td rowspan="3">风向风速自记</td><td rowspan="2">仪器号</td><td rowspan="2">日期</td><td rowspan="2">时间</td><td colspan="12">各正点风向风速(m/s)</td><td rowspan="2"></td></tr>
<tr><td>2</td><td>4</td><td>6</td><td>8</td><td>10</td><td>12</td><td>14</td><td>16</td><td>18</td><td>20</td><td>22</td><td>0</td></tr>
<tr><td></td><td></td><td></td><td></td><td></td><td></td><td></td><td></td><td></td><td></td><td></td><td></td><td></td><td></td><td></td><td></td></tr>
<tr><td rowspan="5">降水自记</td><td rowspan="2">仪器号</td><td rowspan="2">日期</td><td rowspan="2">次序</td><td colspan="12">各次降水起止时间及降水量</td><td rowspan="2">降水总时数</td></tr>
<tr><td>1</td><td>2</td><td>3</td><td>4</td><td>5</td><td>6</td><td>7</td><td>8</td><td>9</td><td>10</td><td>11</td><td>12</td></tr>
<tr><td rowspan="3"></td><td rowspan="3"></td><td>起始</td><td></td><td></td><td></td><td></td><td></td><td></td><td></td><td></td><td></td><td></td><td></td><td></td><td></td></tr>
<tr><td>终止</td><td></td><td></td><td></td><td></td><td></td><td></td><td></td><td></td><td></td><td></td><td></td><td></td><td>降水日总量(mm)</td></tr>
<tr><td>降水量</td><td></td><td></td><td></td><td></td><td></td><td></td><td></td><td></td><td></td><td></td><td></td><td></td><td></td></tr>
<tr><td rowspan="3">气压</td><td colspan="3" rowspan="2">空盒气压表(仪器号)</td><td colspan="2" rowspan="2">读数(mm)</td><td colspan="2" rowspan="2">器差(mm)</td><td colspan="2" rowspan="2">订正后(mm)</td><td rowspan="2">附属温度(℃)</td><td colspan="2" rowspan="2">温度订正值(℃)</td><td colspan="2" rowspan="2">补充订正值(mm)</td><td colspan="2">本站气压</td></tr>
<tr><td>mm</td><td>hPa</td></tr>
<tr><td></td><td></td><td></td><td colspan="2"></td><td colspan="2"></td><td colspan="2"></td><td></td><td colspan="2"></td><td colspan="2"></td><td></td><td></td></tr>
</table>

注：在各正点相应的时间线上。

②根据给定的风向风速自记记录纸，读出各正点的风向、风速及日最大风速，并用铅笔标注在各正点相应的时间线上。

③根据给定的降水自记记录纸，读出一日中各次降水的起止时间、每次降水量及日降水总量，并用铅笔标注在自记纸相应的位置上。

④使用轻便风向风速表观测时应注意哪些问题？

13.6 空气负离子的测定

空气负离子的测定需要使用空气负离子测量仪。20世纪90年代初，使用医疗部门的空气负离子测量仪，但由于体量大，不带电源，不耐潮湿，在林区、野外使用有许多不便。当前一般采用国家林业局委托中南林业科技大学森林旅游研究中心研制的FTP-2型空气离子测量仪或者FTP-3型森林大气负离子测量仪。FTP-3型森林大气负离子测量仪体量小而轻巧，便于携带，可在空气相对湿度98%的高湿环境下持续工作，当空气达到饱和时，可以自动除湿。FTP-2型空气离子测量仪不仅耐高湿，而且带有数据自记器，可自动记录观测期间的平均值。FTP-2型空气离子测量仪是对DLY-3F型的改进仪器，各项技术指标均达到国际先进水平。它首创了镀金收集板，电荷复合时间短，收集效率更高，工作更稳定。仪器由高密封性免维护电池供电，可用220V交流电或汽车电瓶充电，便于野外使用操作。

13.6.1 构造和原理

FTP-2型离子测量仪是测量大气中，特别是森林环境中气体离子的专用仪器。可用于空气本底值及各种空气离子发生器所产生的各种正、负极性离子(主要用于测量中、小离子)。该仪器是根据国际著名空气离子专家Beckett所推荐的Wesix平行板式空气离子收集原理设计，测量准确，灵敏度高，抗潮能力强，电荷复合时间短，收集效力高，使用方便。该仪器由高密封性免维护大容量电池供电(12V，2Ah)；具有充电接口，以及电压监视器，适合野外操作。该仪器与其同类离子测量仪不同的是，所测数据可以连续存储在机内，也可随时读取并可连续打印出来，省去了野外工作人员每组测量数据用笔记录带来的不便，提高了工作效率。

主要技术参数：

①离子浓度检测范围：$10 \sim 1.99 \times 10^9$ 个离子/cm^3。

②最高分辨率：10个离子/cm^3。

③离子迁移率测量范围，分三档：1.0，0.4，0.15($cm^2/V \cdot s$)。

④取样空气流速：180 cm/s。

⑤响应时间常数：约15s。

⑥误差：离子浓度≤±10%，迁移率≤±10%。

⑦电源：DC 12V，2Ah。

⑧额定工作环境：温度0～+40℃，相对湿度0%～100%，如果仪器受潮，请及时使用仪器驱潮功能。另外，工作环境中应避免强的超低频电磁场、放射性等干扰因素。

图13-14为空气离子测量示意图，该仪器由收集器、微电流放大器、主板、液晶显示器、微型打印机、90V极化电源(电池组)、12V4Ah免维护电瓶以及充电电路八个部分组成。图13-15、图13-16分别为FTP-2离子测量仪前面板和后面板示意图。

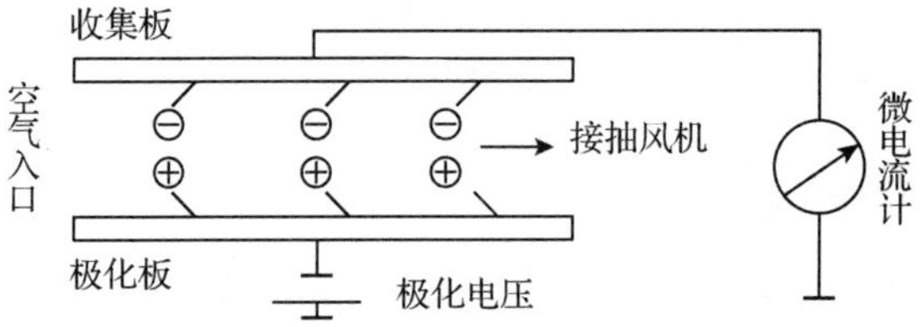

图13-14 空气离子测量示意图

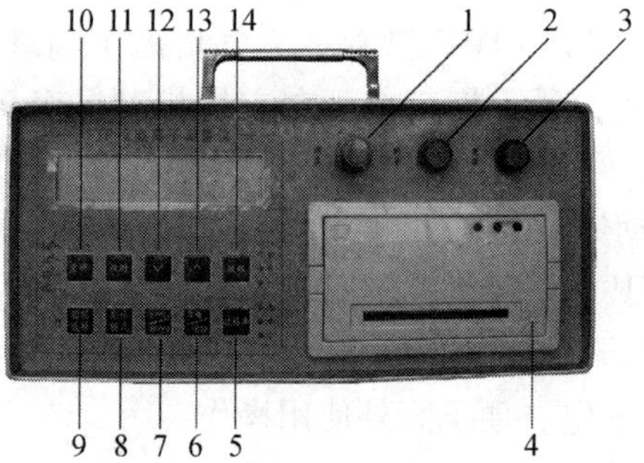

图13-15 FTP-2离子测量仪前面板示意图

1-调零；2-测量；3-电源；4-打印机；5-迁移率选择键；6-存储/清除键；7-打印1/打印2键；8-显示模式键；9-功能选择键；10-倍率量程键；11-校时键；12-减键；13-加键；14-积极选择键

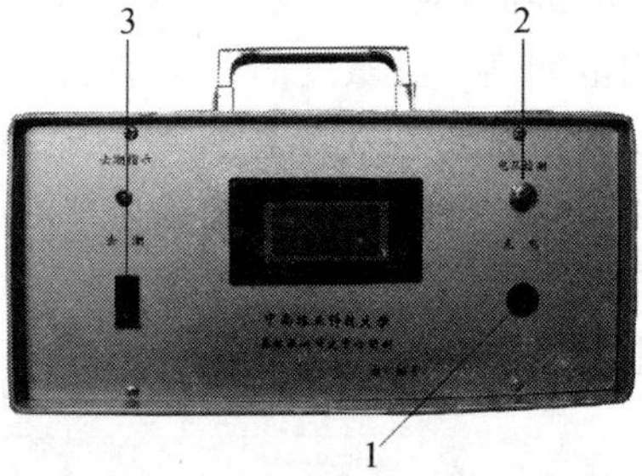

图13-16 FTP-2离子测量仪后面板图

1-充电插口；2-电压检测按钮；3-去潮开关

13.6.2 空气离子测量仪的使用

①打开电源开关，亮灯表示仪器正常。

②打开DC电压监控键，观察到电压是否正常。低于11V必须充电，充电时间为6~15h。

③选极性。按极性开关，再按加减(∧∨)键来选定所测的正负离子。

④迁移率的选定。按迁移率键选定需要监测的大、中、小离子。

⑤量程的选定。根据负离子浓度的高低按加减(∧∨)键来选定 10^0、10^2、10^4、10^6。

⑥调零。按下加减(∧∨)键，将量程倍率调整到“10^0”位，选准调零键，将液晶显示屏的数值调至“0”并基本稳定(能够稳定 3~5s 即可)。

⑦打开风机开关，30s 后开始读数。特殊情况下，如数值一直升高，则可延长时间读数。

⑧数值的存储。当功能选择键没有按时(即指示灯不亮)，此时为存储模式，按一次存储/清除键，则存储一组当前离子测量数据；按二次存储二组数据。当同时按下功能选择键及存储/清除键时，则为清除模式；单片机上存储的所有数据清除。

⑨打印。在测量离子时，显示器稳定后按一下该键，打印一组数据，按二次打印二组数据，依次类推，此时功能选择指示灯不亮，当按下功能选择键时，相应灯亮，再按打印 1/打印 2 键，单片机将储存器里的数据送打印机打印，并在液晶显示器里显示出打印时间，直至打印结束，返回连续测量状态。

⑩充电。仪器电池电压下降后，应对电池充电。充电时将仪器后面的电源插座接到 220V 交流电源上即可，约 15h 可充满。

⑪驱潮。新购买的仪器及已闲置长时间的仪器，可先用电热吹风机对收集器吹热风进行驱潮；也可利用仪器自身的驱潮系统进行驱潮。若在高湿度环境中工作，可按下仪器后面板上的驱潮加热开关进行驱潮，时间约 5~10min。

⑫关闭顺序。在完成离子测量后，应先关闭测量按键，后关闭电源开关。

⑬注意事项。外出时不能将仪器直接放在汽车上，应抱在身上，或者在仪器底部垫上 10cm 厚的海绵。

13.6.3　观测和记录

观测时，要在各个观测区选取具有代表性的观测点多处进行观测。测定时在同一地点的 4 个方向分别观测，待稳定后取 4 个波峰值，分析时取平均值进行分析。同时，要记录好该点的林分因子(树龄、郁闭度、胸径和树高)以及经纬度、气温、天气状况、湿度等，以便对观测点的负离子进行综合分析评价。

当前我国部分学者在对空气负离子清洁度进行评价时，一般以空气离子评价指数的高低将空气质量划分为“最清洁、一般清洁、中等清洁、允许值、临界值”五个等级，见表 13-4。

表 13-4　空气清洁度 CI 评价标准

空气清洁程度	A 最清洁	B 清洁	C 中等	D 允许	E 临界值
空气离子评价指数(CI)	>1.0	1.0~0.7	0.67~0.50	0.49~0.30	<0.29

注：CI 为空气评价指数，CI = $(n/1000)\times(1/q)$。其中，n 为负离子个数，q 为单极系数，q = 正离子数/负离子数。

13.6.4 维护

本仪器在使用过程中应防止灰尘及腐蚀性气体进入收集器，否则将造成测量误差。每次测量完成后应关上风扇，罩好收集器两端后，放置于包装箱内，箱内应备有防潮砂。

如果仪器受到有害气体的污染，经驱潮后仍无法正常使用时，应进行清洗。首先用蒸馏水对拆下的收集板进行浸泡(或去离子水)煮沸，或用超声波清洗器清洗数次，再用氟氯烷洗一次，置烘干箱烘干，再装回去。装配时应注意戴干净的白手套，不要用手直接接触已经洗干净的零件，另外注意烘干温度不要超过200℃。

复习思考题

1. 用干湿球温度表观测空气湿度的原理何在？如何根据干湿球温度表的观测值计算空气湿度？

2. 毛发湿度表和毛发湿度计有何区别？其构造原理和功能有何异同？

3. 雨量器和雨量计有何异同？如何根据自记记录挑选极值？如何使用和维护虹吸式雨量计？

4. 气象观测站如何安装、使用、记录风向风速？小气候观测中如何正确使用和维护三杯轻便风向风速表？

第14章　气候资料的统计整理

气象观测只是记录了一个地方瞬时的气象要素值，要想真正了解一个地方的气象情况，必须将常年累积的瞬时值作统计进行整理和分析，才能揭示其变化规律性，才能为本地的各项生产建设和旅游服务提供必要的气候资料。本章结合森林旅游工作，介绍温度、湿度、降本地的水、风等几个主要气候要素的统计和整编方法，为今后收集和整理气候资料奠定基础。

14.1　地面气象记录月报表和年报表简介

14.1.1　地面气象记录月报表

为了日常服务工作和编制年报表的需要，每个气象观测台站或气候站，必须把每日定时观测的记录和自记纸上的记录，以及有关材料进行汇总，并作初步整理，编制成地面气象月报表，国家气象局把该表称为气表-1。20世纪80年代以前，各台站的气表-1需逐级上报到国家气象局，90年代以后则输入计算机，以备调用。我们做这次练习的目的是熟悉各种气候要素的统计方法，便于正确应用气象资料。

月报表是各级气象台站积累气象情报的基础资料。从月报表中可以查得地面气象观测值，包括各气象要素逐日4次(或3次)定时观测值；日、候、旬总量和平均值；最高、最低气温和地面最高、最低温度的月极值和出现日期；月最多风向和频率；月的日照百分率以及冰雹、雾、雨凇、大风及各种天气现象的出现日期等。

14.1.2　地面气象记录年报表

地面气象记录年报表是在地面气象记录月报表的基础上编制而成的。各级气象观测台站或气候站把每月月报表上各气象要素的候、旬、月平均值和月总量；各气象要素月极值和出现日期；各类天气现象初、终日期；本年度异常气候现象，重大灾害性天气等资料汇总在一起，再作必要的统计或挑选，编制成地面气象记录年报表，国家气象局把年报表称为气表-21。地面气象记录年报表提供了各气象要素年平均值、年总量、气温、地面温度、相对湿度等气象要素的年极值(最高或最低)及出现月份和日期；年最多风向和频率；年日照百分率；本年度无霜期日数等气候资料。

在地面气象记录年报表的基础上，20世纪80年代以前，每隔10年，由省气象局把全省各站历年的资料统计汇编成册，国家气象局把国家基本站(向国家气象局送月报表和年报表的站)的资料加工整理，汇编成全国气候资料册，供各单位或个人使用。

现在各气象台、站，各级气象局的气象观测资料整理后均储存在计算机里，随时可供调用。气象报表是各气象台站所积累的气象情报资料的原始档案，是国家了解某一地方气象情况的宝贵财富。

14.2 气温资料的统计和整理

气温是随时间连续变化的气象要素，它比较有规律。表示气温的指标值有以下几种：

14.2.1 平均气温

平均气温按时段分，有日、候、月、年平均气温等。

(1)日平均气温

日平均气温是统计各种平均气温的基础，也是确定其他温度指标的基本资料。目前最为常用的统计方法是按1日4次定时观测的气温记录值，用算术平均法计算日平均气温。如果2时不观测，每日3次定时观测，2时的气温则用经订正后的温度自记记录值代替。

如果每小时都测定气温，则日平均气温可用24次观测值的算术平均值代替，比较精确。

最粗放的方法是：日平均气温 =1/2(最高气温 + 最低气温)。

(2)候平均气温

当研究植物生长过程中的温度状况和确定四季起止日期时，多用候平均气温。

5日为一候，每月6候，每月1~5日为第一候，6~10日为第二候……26日至月末为第六候。第六候可以是5天、6天(大月)、3天或4天(2月)。候平均气温是该候日平均气温的算术平均值。统计时必须计算至小数第2位，然后四舍五入，取1位小数。

(3)月平均气温和年平均气温

月平均气温是全月各日的日平均气温的算术平均值。年平均气温是全年各日的日平均气温的算术平均值，一般统计时取月平均气温，再计算年平均值。

14.2.2 气温日较差和年较差

气温是随时间连续变化的气象要素。气温日较差是指一日中，最高气温与最低气温之差。绘制气温日变化曲线时，以时间为横坐标，逐时气温为纵坐标，用圆滑曲线连接各点，曲线的波峰为日最高气温，波谷为日最低气温。

平均气温年较差是指多年平均的同一年中最热月月平均气温与最冷月月平均气温之差。绘制年变化曲线时，应先作气温直方图。

14.3 平均初、终霜日和无霜期的统计和整理

每年初、终霜日出的日期不同，需将多年观测记载的初、终霜日进行统计，得出

平均初、终霜日。方法如下，分别以初霜和终霜出现的最早日期为准，求出各年距最早出现日期的天数，求出平均数，将平均数加在最早出现的日期上，便是平均初霜日或终霜日，见表 14-1。本例中平均初霜日为 12 月 9 日，平均终霜日为 2 月 20 日。

计算无霜期日数用下列公式，即

$$无霜期日数 = 初日累计日数 - 终日累计日数 - 1$$

表 14-1　平均初、终霜日期计算表

年　份	初霜日 (日/月)	距最早出现日期的天数	终霜日 (日/月)	距最早出现日期的天数	无霜期 (d)
1982	14/12	21	15/2	19	301
1983	23/11	0	27/1	0	299
1984	25/12	32	2/3	35	296
1985	11/22	18	23/2	27	290
1986	1/12	8	6/3	38	269
总和	—	79	—	119	
平均	—	15.8	—	23.8	

用平均初霜日和平均终霜日求无霜期，或求出每年无霜期，再统计算术平均值亦可。上例平均无霜期为 291 天(1982—1986 年)。

14.4　降水资料的统计和整理

14.4.1　平均降水量

降水量随时间变化是不连续的，所以统计日平均降水量无意义，统计降水量多取月、季、年的总降水量。平均降水量是指月、季、年降水量的多年平均值，统计方法见气温一节。

14.4.2　降水量(或降水日数)的年变化

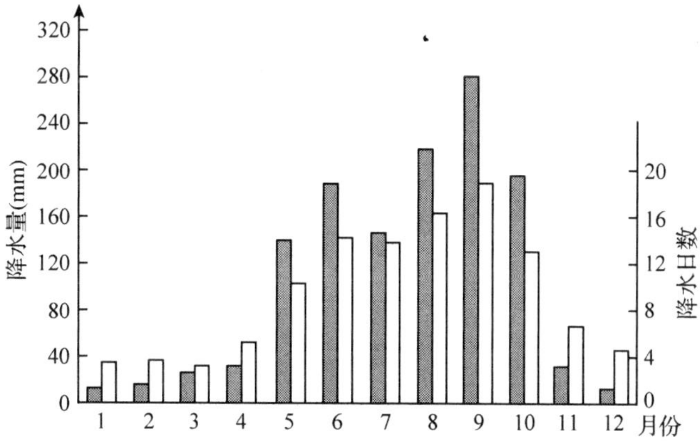

图 14-1　三亚市平均降水量、降水日数年变化图

降水是一个不连续的气象要素，绘制降水量(或降水日数)年变化图，或任一时段降水量随时间的变化一律用直方图，切勿用平滑曲线。降水量(或降水日数)变化图绘制方法如下：取横坐标为时间，纵坐标为降水量(或降水日数)。绘制年变化图时，一个月为一个直方块，高为月降水总量(或月降水总日数)，底为各月日数，如图14-1和表14-2所示。降水量与降水日数也可以分别绘制。

表14-2 三亚市各月平均降水量及降水日数

要素	1月	2月	3月	4月	5月	6月	7月	8月	9月	10月	11月	12月
降水总量(mm)	7.2	8.3	21.3	28.4	130.1	186.3	142.9	218.9	281.9	190.9	29.3	8.3
降水日数(d)	3.5	3.7	3.3	4.9	10.4	14.3	13.5	16.1	18.5	13.1	6.9	4.2

14.4.3 降水变率

降水变率有绝对变率和相对变率，详见4.5节。

以海南岛尖峰岭林区为例。该林区1957—1987年逐年降水量资料见表14-3。经统计平均降水量为1635.9mm；各年降水距平绝对值也列入表14-3；该地绝对变率为310.6mm。

表14-3 尖峰岭林区1957—1987年逐年降水量和降水距平的绝对值(mm)

年份	年降水量 R_i (mm)	距平绝对值 $\|R_i-\bar{R}\|$ (mm)	年份	年降水量 R_i (mm)	距平绝对值 $\|R_i-\bar{R}\|$ (mm)
1957	1504.8	131.1	1973	1581.5	54.4
1958	1443.1	192.8	1974	2423.1	787.2
1959	1531.2	104.7	1975	2030.2	394.3
1960	1508.2	127.7	1976	1340.2	295.7
1961	1317.0	318.9	1977	1495.5	140.4
1962	1699.7	63.8	1978	2391.1	755.2
1963	2539.4	903.5	1979	1097.7	538.2
1964	2081.4	445.5	1980	2059.3	423.4
1965	1553.5	82.4	1981	1694.8	58.9
1966	1589.6	46.3	1982	1771.17	135.8
1967	1181.8	454.1	1983	1742.0	106.1
1968	1304.1	331.3	1984	1685.3	49.4
1969	912.1	723.8	1985	1286.3	349.6
1970	2039.3	403.4	1986	1452.3	183.6
1971	1493.1	142.8	1987	1040.5	595.4
1972	1924.2	288.3			

14.4.4　各级降水量的频率和保证率

某一级降水量的频率是指在一定范围内，该级降水量实际出现的次数(称为频数)与观测次数的百分比，计算式为：

$$f = \frac{m}{n} \times 100\%$$

式中，f 为频率；m 为频数；n 为总次数。

降水量保证率是指高于(或低于)某一级降水量的累积频率(即频率的总和)。从意义上讲，保证率表示可靠性或可靠程度。这里以海南岛尖峰岭林区(1957—1987年)31 年的降水资料为例，说明统计降水量的频率和保证率的方法，资料见表 14-3。

第一步，从统计数列中排出最大值和最小值，了解数列范围。尖峰岭林区 1957—1987 年的降水资料中，年降水量最多为 2539.4mm(1963 年)，最少 912.1mm(1969年)。

第二步，确定组数和组距，组数和组距随资料变动的范围，统计精度以研究目的而定，一般以 6～8 组为宜。各组的组距必须相等。本例分成 7 组，各组的组距是 300mm。

第三步，统计各组出现的次数(频数)。

第四步，计算各组出现的频率，见表 14-4。

第五步，计算保证率，将各组的频率依次累加，但要注意，在求高于某界限的保证率时频率累积方向是以高值向低值方向累计，反之频率累计方向是从低值到高值。

表 14-4　尖峰岭林区 31(1957—1987)年降水频率和保证率

降水量(mm) 上限～下限	2800～2501	2500～2201	2200～1901	1900～1601	1600～1301	1300～1001	1000～701	总数
频　数	1	2	5	5	13	4	1	31
频率(%)	3	7	16	16	42	13	3	100
保证率(%)	3	10	26	42	84	97	100	

若要求统计尖峰岭林区 1300mm 以上的降水保证率，则把表 14-4 中前五组的频率相加，便得到保证率为 84%。

若要求统计该林区 1300mm 以下的降水保证率，则把表 14-4 中 1000～701mm，1300～1001mm 这两组的频率相加，便得到其保证率为 16%。

频率和保证率统计可用于温度、风速等其他气象要素中，方法相同。

14.5　风资料的统计和整理

风是矢量，有风向和风速两部分资料。

14.5.1　风向频率

某一风向的频率是指该风向出现次数占总观测次数的百分比。记载风向一般采用

16个方位，统计风向频率通常按8个方位，有时也用16个方位。将16个方位改成8个方位的方法是，将中间方位的频数(或频率)平分并入左右方位中。当中间方位的频数为奇数时，则将多余的1次加入两边频数较大的方位中；如果左右两边频数相等，则多余的一次加在右边的主要方位上。现以北京多年各风向频率为例说明如下，表14-5是近16个方位计的各风向频率。如果改为8个方位统计，则统计结果见表14-6，表中C代表静风。

表14-5 北京各风向频率(16个方位)(%)

风向	N	NNE	NE	ENE	E	ESE	SE	SSE	S
频率	10	8	6	3	2	2	3	4	8
风向	SSW	SW	WSW	W	WNW	NW	NNW	C	
频率	8	6	2	2	2	4	8	23	

表14-6 北京各风向频率(8个方位)(%)

风向	N	NE	E	SE	S	SW	W	WN	C
频率	18	12	4	6	14	11	4	9	23

14.5.2 风玫瑰图

连续性较差的气象要素，可用极坐标图表示，最常用的是风向频率图，又称风向玫瑰图。用风向玫瑰图表示某地盛行风向和各风向出现频率，最为清晰。制作方法如下：以同心圆的圆心为中心，同心圆的半径为频率值(等距离增加)；从中心向外的辐射线代表8个风向的方位(也可取16个方位)。每两条辐射线间夹角相等。同心圆的中心标出静风频率，根据各风向出现频率按比例点入相应方位上，用折线连接各点成闭合图形。图14-2是北京风向频率图。

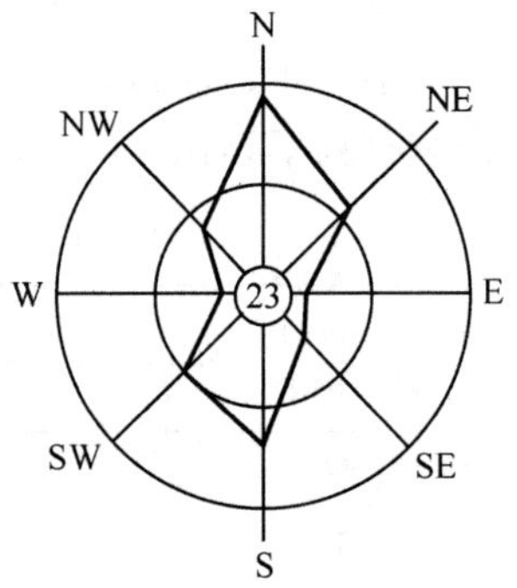

图14-2 北京风玫瑰图(年)

此外，各量级风速出现的风向频率也常用风玫瑰图表示。表14-7是某地不同风速的风向频率，图14-3是相应的风玫瑰图。这种图能直观地看出风向随风速增加的变化情况。由图14-3可见，微风以西风为主，强风则多半是东南风和东风。

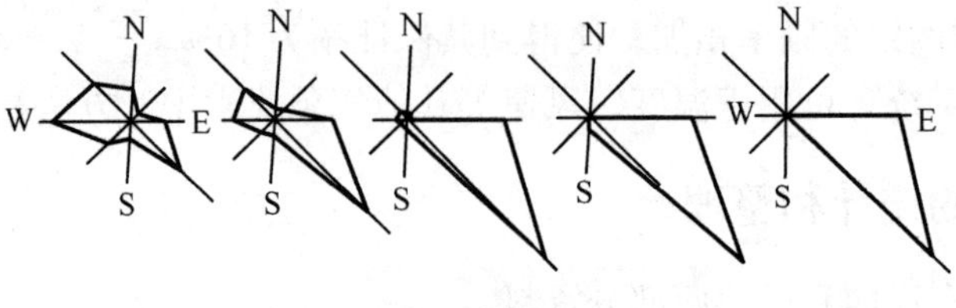

图14-3 各量级风速的风玫瑰图

表 14-7　不同风速的风向频率

风速(m/s)	N	NE	E	SE	S	SW	W	NW	总和
1	9	3	10	22	5	10	25	16	100
2~5	3	3	17	40	4	5	14	14	100
6~10	0	0	30	63	1	1	1	4	100
11~15	0	0	30	65	3	0	0	2	100
>15	0	0	35	65	0	0	0	0	100

附：实习内容和要求

1. 目的要求

①熟悉地面气象记录月报表和年报表的各项内容，为今后收集气象资料奠定基础。

②掌握持续期、降水变率、降水保证率等气候要素的统计方法。

2. 实习内容和实习报告

①根据所给降水资料，统计某地降水的绝对变率、相对变率和各级降水的保证率。

②根据当地风向频率资料，绘出风玫瑰图，并说明主风方向。

③根据当地多年记载的初霜日和终霜日资料，确定平均初霜日和终霜日，以及无霜期多少天。

④说明年最低气温、平均最低气温和极端最低气温的意义。

第 15 章　小气候观测方法

小气候现象的水平范围小，出现高度低，气象台站观测网的分布、观测项目、观测时间不能满足小气候研究的需要。要搞好旅游地的规划和建设，组织好旅游活动，一定需要了解旅游地的旅游气候和小气候特征，必须进行小气候观测。

小气候观测主要有短期观测和长期定位观测两种。

15.1　短期观测

15.1.1　短期流动观测方法

短期流动观测，没有统一的方法，视研究目的和任务、人力和物力的不同而采用不同的方法。通常采用下列几种方法：

(1)目测法

通过对物象、物候、植被、树木年轮等自然现象的观察推断、间接获得小气候资料。例如：坡地上树木长得高大通直，推断此处静风多，风速小；根据树冠偏冠多，可推断此处的盛行风向。油桐一般在气温稳定通过 13℃才开始，当见到油桐开花，可以推断当时的空气温度和季节。许多有指示性的物相变化，都是目测小气候的判据。

(2)路线考察法

根据需要，观测者携带仪器，徒步或驱车沿着一定线路测定某些气象要素或目测记载某些天气现象。例如：研究某地某时段气温分布时，可按规定线路作往返观测，取其平均值，前后观测时间不超过 1.5 小时为宜。

15.1.2　短期定位对比观测法

根据研究目的和任务，在一年中的不同季节，选择典型天气和典型地段，设置固定观测点，进行 3~5 天昼夜连续观测，同时设置对比点(对照点)，便于比较和分析小气候特点。

(1)测点选择及描述

测点选择原则有三：一是研究目的不同，测点选择出发点不同。例如：研究坡地小气候特点，应在不同坡向，不同坡度和不同坡位上设置测点，并且在平地设置对照点。研究森林小气候特征，应在不同类型的林内外设置对比观测点。二是测点应具有代表性和典型性。例如：研究森林小气候，应在林相完好的高大乔木林内外设置对比观测点，避开林缘效应。研究水体小气候时，测点应尽量设在水域中和陆地深处，避开水陆交界处的非独立小气候特点。三是测点应具有比较性。测点的比较性主要通过其他条件完全相同，仅某一特征有明显区别的对比观测点来体现。例如：研究树冠的遮阴效果时，必须在巨大树冠遮蔽下的阴影处和同高度，同样下垫面上设置对比观测点。在小气候观测中，对比观测的原则是十分重要的。

在具体选择测点时，可将测点分为基本测点与辅助测点。小气候特点主要通过基本测点来取得。

测点描述是进行测点小气候分析的重要依据。描述要点：①测点名称(编号)，地理位置，海拔高度；②地形及附近水体，山脉走向及高度，谷地走向及宽度，局部地形特征等；③植被状况；④土壤及岩石状况；⑤周围建筑物状况。

(2)观测项目的确定

只对主要气象要素进行观测，要从实际出发，考虑人力物力条件，保证重点必测项目的观测，不必包罗万象。例如：研究旅游地的小气候优势，必测项目应是气温、空气相对湿度和风向风速；研究林带的防风效应，则以测风为主；研究类型小气候则以反映该类型主要特征的辐射、温度、湿度和风等气象要素为主。

(3)观测高度

观测高度通常取决于下垫面状况和研究目的。研究旅游气候时通常选择地面 0cm、100m 和 150cm 四个高度。0cm 代表地面，20cm 代表林内外基本植物层，100cm 代表林下灌木层，150cm 高度与气象站百叶箱内高度所取资料一致，便于比较。进行森林小气候观测时除了上述高度，有时还观测树干中部，林冠底部，林冠枝叶密集处(林冠作用面)，林冠作用面上 20cm、150cm 等高度。

(4)观测时间

选择一年中的代表月或旅游旺季的代表月的晴稳天气、阴天、多云天气进行，最好三种天气条件均有。其中晴天最为重要，因为小气候特征晴天表现最明显。一天中，每小时观测一次，可得到气象要素日平均值和其随时间的变化规律，应在最典型的天气条件下进行。一天 6～8 次观测，即 2、8、10、12、14、16、18、20 时观测包括了气象站的 4 次观测期，可以比较，还可以测到日变化值和极值；在人力不足时，可取一天 4 次观测，应取与气象站完全一致的时间，即 2、8、14、20 时。此外还有一天观测 2 次的(8、14 时)，一天观测 1 次的(14 时)，这是在观测点远离居民点，不便长时间在点上观测，或由特殊目的进行的特殊观测。

15.2　长期定位观测

长期定位观测是为了特殊任务而设置气象站、哨，进行长期固定的气象观测，积累气候资料为旅游业服务。生态旅游和森林旅游的旅游地多在山区、林区、草原、荒漠或海滨，这些地区，过去人为活动少，缺少气象观测资料。为了开发利用和保护这些地区的生态环境和旅游气候资料，有必要在森林公园、自然保护区、狩猎场等生态旅游场所建立一些气象站哨，长期进行观测，积累气候、水文、物候方面的资料，为旅游资源的深层次开发利用提供科学依据。

长期定位观测场应具有代表性，能代表本园、本区的大部分地区为佳。一旦建立，不要轻易变动，以获得具有连续性和比较性的小气候资料。

因森林公园、自然保护区大部分位于林区，故此处仅以林区森林气象站为例。

15.2.1 森林气象观测的目的

了解森林公园、自然保护区、旅游度假区、野(露)营地的旅游气候资源和天气状况；为旅游规划设计和开发建设提供科学依据；为旅游者掌握气象气候景观的观赏时机；为导游领团人员掌握天时地利、克服气象气候障碍、趋利避害、化险为夷提供坚实而有利的依据。

15.2.2 森林气象站观测场的建立

(1)观测场址的选择

长年观测的森林气象定位观测站，应选择在能够反映本地区气候特点，具有代表性的地段。森林小气候观测场地应选择在当地的主要林型内。观测地段的树种应是当地的主要优势树种。观测场四周必须平坦、空旷，尽量避免局部地形和人类活动的影响。观测场距林缘、建筑物、道路和大水体(水库、河流)等要有一定距离，避免设在陡坡、洼地等地方。

森林气象站观测场建立之前，要做一系列的准备工作。首先了解该地区的地形、气候、土壤、水文、林分状况。如果资料不足，可采用短期流动观测方法对各要素进行野外考察。根据考察的资料，按统计学的方法，并综合考虑社会情况(如交通条件、居民点等)、地形、土壤、林分组成等，选出最有代表性的观测点，建立观测场。定位观测场地的选择因研究的目的、对象不同，考虑的因子也不一样，必须选择对观测项目起主导或决定性作用的那些因子，而对次要因子则不予考虑。为保证观测资料的连续性和比较性，定位观测场地一旦建立起来，就要长期固定下来，不可轻易变动，要注意保护四周的环境条件。

观测场地的大小，根据研究任务和当地环境条件来确定。林区一般气象站的观测场，可参照国家台站地面气象观测场按25m×25m或16m(东西向)×20m(南北向)建造。森林小气候定位观测站的观测场，一般可取10m×10m。

(2)观测场内仪器的布设

为保证观测资料具有代表性、准确性和比较性，以便于观测，对场内仪器的布置和场地条件要求如下：

①避免仪器间互相影响。根据仪器安置的高度(深度)不同，按南低北高、东西成行，东浅西深的原则安置。仪器之间南北距离不少于3m，东西距离不少于4m，仪器距场地围栏的距离不少于3m。

②森林小气候定位观测，仪器安装高度与一般气象台站相同。林内设有梯度观测塔架时，以森林的特征高度为准，即林冠上下，灌木层平均高度、草本植物顶等处。

③林内多点观测的仪器，应分别安在具有代表性的地方。

④把主要的要素观测集中在一个区内进行，其他辅助项目可在区外进行。

观测场地要平整，保持自然状态，不能破坏自然植被。观测场内铺设观测员行走的小路，路宽不超过 0.5m（不能用沥青铺面）。为保护场内仪器设备和空气流畅，观测场四周要用稀疏围栏（白色木栅栏或铁丝网）围住。场地的门最好安在北面，观测人员从北面接近仪器。图 15-1 为观测场内仪器布置，供参考。

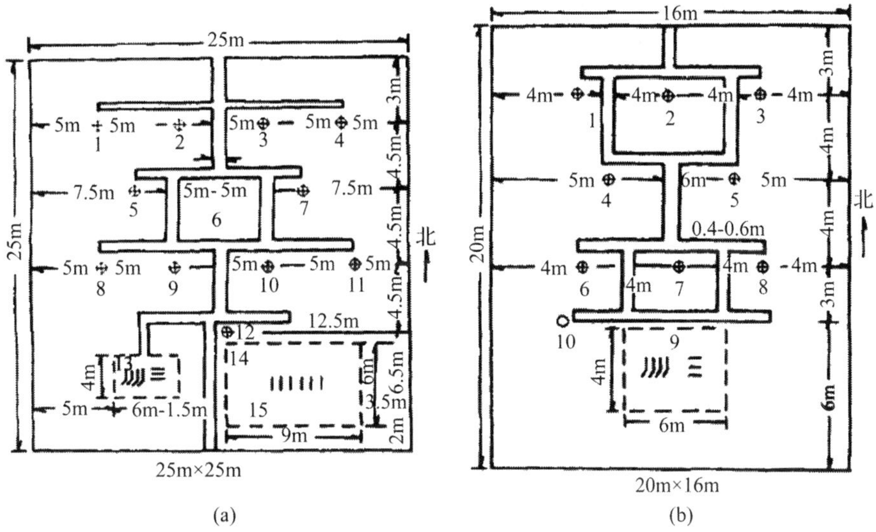

图 15-1　观测场仪器布置参考图

(a)1、2-测风器；3-雨凇架；4-备用；5-大百叶箱；6-小百叶箱；7-备用百叶箱；8、9-大型和小型蒸发器；10-雨量筒；11-虹吸式雨量计；12-日照计；13-地面温度表和曲管地温表；14-直管地温表场地；15-冻土器

(b)1、3-测风器；2-雨凇架；4-大百叶箱；5-小百叶箱；6-小型蒸发器；7-雨量筒；8-日照计；9-地面温度表和曲管地温表；10-空白、备用

15.2.3　森林气象站观测的项目、时间和观测程序

(1)观测项目

森林气象站的观测项目，因研究目的而不同，并从实际出发，考虑人力和物力条件来确定。森林气象定位观测站的观测项目有：

①气象要素的观测　主要有日照、空气温度和湿度、气压、风、蒸发、降水、云、天气现象等。

②水文观测　地下水动态、地表径流、渗漏水、土壤湿度、林木及地被物含水率、土壤冻结等。

③土壤理化性质的测定　土壤容重、比重、孔隙度、组成、结构、pH 值等。

④林木物候观测　主要林木不同生育期的观测，如树液流动、出芽、展叶、开花、结实等。

⑤林木气象灾害的观测　风倒、风折、雪折、日灼、霜冻、冻拔、雷击、旱涝等。

以上项目可根据各站需要选定。一旦选定，不得随意更改。

(2)观测时间和程序

森林气象观测时间，根据任务要求和人员情况，参照一般气象台(站)规定，每天在北京时间8、14、20时进行三次观测；在交通不便的地区可在北京时间8、14时进行两次观测，为了获取更多的资料，尽量采用自记和遥测仪器。

森林气象观测没有固定的观测程序，可根据研究目的、观测项目的多少来确定。程序安排的基本原则是：短时间变化不大的要素，如目测项目可先观测或后观测；短时间变化大的要素，如气压、空气温度和湿度、风等尽可能接近正点观测。观测程序和时间确定后，就不能随意改变。

复习思考题

1. 小气候观测方法有哪些？各有哪些优缺点？
2. 如何选择森林气象站的观测场场址？
3. 如何确定森林气象站的观测项目？
4. 将本校校园视为一个森林公园，请在本公园内选择确定一个长期固定气象观测场，并论证其技术条件。
5. 请你写一个在上述森林公园内组织小气候观测的观测方案。内容包括：观测目的、观测日期、观测方法、观测项目、观测时间、观测程序、观测次数、观测点设置、观测记录表格设计、仪器配备、人力配备、物资准备等。

参考文献

[1]金传达. 大气的奥秘[M]. 北京：气象出版社，2013.
[2]郭远珍，彭密军. 二氧化碳与气候[M]. 北京：化学工业出版社，2012.
[3]郭远珍，彭密军. 臭氧与生态环境[M]. 北京：化学工业出版社，2013.
[4]宋秀杰，等. 臭氧层保护及温室气体减排[M]. 北京：化学工业出版社，2013.
[5]何俊杰，吴耕晨，张国华，等. 广州雾霾期间气溶胶水溶性粒子的日变化特征及形成机制[J]. 中国环境科学，2014，34(5)：1107－1112.
[6]廖晓农，张小玲，王迎春，等. 北京地区冬夏季持续性雾—霾发生的环境气象条件对比分析[J]. 环境科学，2014，35(6)：2031－2044.
[7]翟崇治. 城市灰霾监测与研究初探——以重庆市主城区为例[M]. 重庆：西南师范大学出版社，2012.
[8]贺庆棠. 气象学[M]. 北京：中国林业出版社，1988.
[9]姚丽华. 气象学[M]. 北京：中国林业出版社，1992.
[10]邬平生. 气象学[M]. 北京：农业出版社，1979.
[11]穆彪. 气象学[M]. 贵阳：贵州科技出版社，1997.
[12]张理，江永和. 农业气象[M]. 北京：农业出版社，1980.
[13]张家诚，林之光. 中国气候[M]. 上海：上海科学技术出版社，1995.
[14]张家诚. 气候与人类[M]. 郑州：河南科学技术出版社，1988.
[15]林之光. 气候风光集[M]. 北京：气象出版社，1984.
[16]林之光. 四季变化[M]. 北京：民族出版社，1984.
[17]姚启润，等. 旅游与气候[M]. 北京：中国旅游出版社，1984.
[18]湖南省气象局. 湖南气候[M]. 长沙：湖南科学技术出版社，1979
[19]黑龙江省气象科学研究所. 黑龙江省的气候[M]. 哈尔滨：黑龙江省人民出版社，1977.
[20]高素华，等. 海南岛气候[M]. 北京：气象出版社，1988.
[21]汪奕琮，等. 生活与气候[M]. 北京：农业出版社，1984.
[22]吴章文. 张家界气候资源研究[J]. 自然资源，1993，3：55－63.
[23]吴章文. 青城山景观地段小气候观测[J]. 四川林业科技，1996，1：74－76.
[24]吴章文，吴楚材. 江西三爪仑国家森林公园总体规划[M]. 北京：中国林业出版社，2000.
[25]吴楚材，吴章文，罗江滨. 植物精气研究[M]. 北京：中国林业出版社，2006.